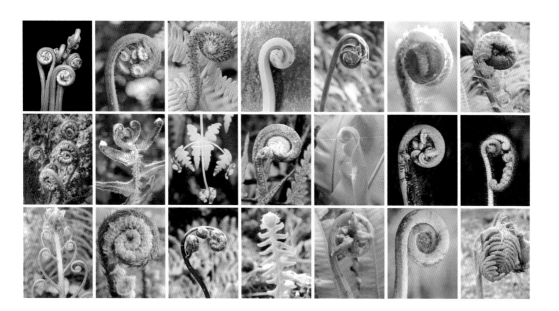

中国石松类和蕨类植物

Lycophytes and Ferns of China

张宪春 著

Xian-Chun Zhang

北京大学出版社

PEKING UNIVERSITY PRESS

图书在版编目（CIP）数据

中国石松类和蕨类植物 / 张宪春著. — 北京：北京大学出版社，2012.7
ISBN 978-7-301-20973-8

Ⅰ.①中… Ⅱ.①张… Ⅲ.①石松纲—中国—图集②蕨类植物—中国—图集
Ⅳ.①Q949.36-64

中国版本图书馆CIP数据核字（2012）第154854号

书　　　　名：中国石松类和蕨类植物
著作责任者：张宪春　著
策　划　编　辑：陈斌惠
责　任　编　辑：陈斌惠
标　准　书　号：ISBN 978-7-301-20973-8/N · 0054
出　版　发　行：北京大学出版社
地　　　　址：北京市海淀区成府路205号　100871
网　　　　址：http://www.pup.cn
电　子　信　箱：zyjy@pup.cn
电　　　　话：邮购部 62752015　发行部 62750672　编辑部 62756923　出版部 62754962
印　　刷　　者：北京汇林印务有限公司
经　　销　　者：新华书店
　　　　　　　720毫米×1020毫米　16开本　45.25印张　787千字
　　　　　　　2012年7月第1版　　2012年7月第1次印刷
定　　　　价：168.00元

　　本书以彩色图片的形式介绍中国石松类（Lycophytes）和蕨类植物（Ferns）的多样性，介绍了中国分布的全部科和几乎全部的属，共计38科和12亚科，160属，1100种（含杂交种、亚种、变种及变型）。

　　基于目前植物系统学研究的最新成果和国际上最新的分类系统，本书提出了中国石松类和蕨类植物的科属分类系统；并按照此新系统，分科属进行介绍。为了方便使用，科下和属下按字母顺序排列。

　　每种植物选择一至数张图片展示其生境、形态和识别特征，均给出中文名和拉丁学名，基原异名，重要的异名，生境、海拔和在中国的分布。形态描述和国外分布则略去，具体内容可查阅中外植物志和有关专著。中国的省级分布采用缩写方式，地名对照见附录Ⅱ。

　　由于属的概念和分类上发生的变化，产生一些名称的改变，但考虑到中文名称的稳定和使用习惯，这些拉丁学名的改变并没有导致中文名的相应改变。

　　全世界现代石松类和蕨类植物有一万多种，我国就多达两千多种，为北半球之首。从1—2cm高的小草到10—30m的大树，从热带到温带，从海洋到湖泊沼泽，从平原到高山，从土生、石生到附生，石松类和蕨类植物形态各异，姿态优雅而充满生机，为广大植物爱好者所着迷。

　　本书基于作者长期野外工作获得的彩色图片，展示中国石松类和蕨类植物的形态和识别特征，以期对认识这些美丽的植物有所帮助。

张宪春

2012年春于北京香山

目 录
Contents

概　论
Introduction

Ⅰ. 分类和系统（Classification and System）

高等植物（Higher plants）是陆地植物的进化类群，包括苔藓植物（Bryophytes）、石松类植物（Lycophytes）、蕨类植物（Ferns）、裸子植物（Gymnosperms）和被子植物（Angiosperms）这5个类群。除了苔藓植物没有形成真正的维管束外，其他都是维管植物（Vascular plants）。传统的蕨类植物（Pteridophyes）包括拟蕨类（Fern allies）和真蕨类（Ferns），它们是孢子植物或称隐花植物（Cryptogams），是高等维管植物中的重要类群。这些合称为蕨类的拟蕨类和真蕨类不同于其他维管植物（即裸子植物和被子植物），没有产生种子，因此，也被称为无种子维管植物（Seed-free vascular plants）。

最新的陆地植物系统发育关系表明小型叶的石松类植物是维管植物分化最早的类群，石松类植物同蕨类植物和种子植物呈并系关系（图1）。原来认为属于拟蕨类的松叶蕨科（Psilotaceae）和木贼科（Equisetaceae）被证明和真蕨类植物近缘（Pryer et al. 2001, Smith et al. 2006）。

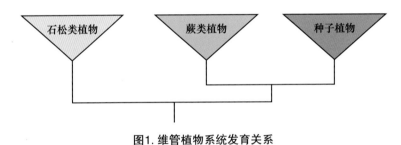

图1. 维管植物系统发育关系
Fig. 1. Phylogeny of vascular plants

现代石松类（拟蕨类）仅有石松（Club-moss）、水韭（Quillwort）和卷柏（Spike-moss）共3个类群，除卷柏外，现存种类都不多。现代蕨类或称真蕨类（Monilophytes、ferns），由木贼类（Horsetails）、松叶蕨类（Whisk-ferns）、厚囊蕨类（Eusporangiate ferns）（包括瓶尔小草类Ophioglossoid ferns和合囊蕨类Marattioid ferns），以及薄囊蕨类（Leptosporangiatae ferns）共4个类群组成，其中前3类起源古老，现存种类不多，但薄囊蕨类繁盛。在薄囊蕨类中，进化的水龙骨类植物（Polypods）种类最多。

蕨类植物的分类系统自19世纪以来，经历了巨大的变化。我国蕨类植物分类学之父秦仁昌院士（Ren-Chang Ching, 1898—1986，图2）早在1940年就发表了"水龙骨科的自然分类"（On natural classification of the 'Polypodiaceae'），奠定了现代蕨类分类的系统研究；其后国际上一系列分类框架被提出（Alston 1956, Copeland 1947, Holttum

1947, Crabbe et al. 1975, Nayer 1970, Pichi Sermolli 1977, Ching 1978, Tryon & Tryon 1982, Kramer 1990）。秦老在1978年发表的完整的中国蕨类植物分类系统被广为使用。

图2. 秦仁昌院士（1898–1986）
Fig. 2. Prof. Ren–Chang Ching
(1898–1986)

20世纪末到21世纪初，分子生物学资料中来自叶绿体基因片段的系统发育分析更新了我们对于整个维管植物演化关系的认识。Hasebe等（1994，1995）以及Pryer等1995年率先对蕨类科级演化关系进行了分析，其后在很多类群上都开展了分子系统学的研究（Crane et al. 1995, Wolf, 1995, Gastony & Ungerer 1997, Yatabe et al. 1999, Pryer et al. 1995, 2001 & 2004, Sano et al. 2000, Schneider et al. 2002 & 2004, Cranfill & Kato 2003, Wang M L et al. 2003, Zhang et al. 2005 & 2007, Li & Lu 2006, Liu H M et al. 2007a, b, 2008 & 2010, Schuettpelz & Pryer 2007, Schuettpelz et al. 2007, Kreier et al. 2008, Metzgar et al. 2008, Murdock 2008a, Tsutsumi et al. 2008, Wang L et al. 2010a, Wei et al. 2010, Liu Y C et al. 2011, Lehtonen et al. 2010），整个蕨类各大类群间的亲缘关系逐渐清晰，一些分类上困难类群的范围得到界定（Wang M L et al. 2004, Ebihara et al. 2006, Parris 2007, Murdock 2008b, Kato & Tsutsumi 2009, Wang L et al. 2010b）。

基于已有分子证据，Smith等（2006, 2008）发表了现代世界蕨类植物分类系统，并得到了很高的认同。一个和APG系统并行的包括石松类和蕨类的完整科属分类系统（Christenhusz et al. 2011）也被正式提出，并受到很好的评述（Lehtonen 2011）和采用（http://michiganflora.net/ferns.aspx），但也有把这两个系统同时拿来使用的（Brownsey & Perrie 2011）。这个新系统在科和亚科的范围界定上已比较稳定，但一些属的分类仍然还存在很大问题，如碎米蕨类cheilanthoids、毛蕨类cyclosoroids、三叉蕨类tectarioids和禾叶蕨类grammitids等，特别是一些大属还有待开展世界范围的研究。这个新的分类系统把全世界现代石松类和蕨类植物划分为49科、12亚科，约280属。

基于现有认识，本书提出了一个中国石松类和蕨类的新的科属分类系统，以期为中国石松类和蕨类植物的分类和进化研究提供依据。根据这个系统，中国产石松类和蕨类植物共38科和12亚科164属。在新的科属分类系统下，类群的发育关系如图3所示。当然，任何分类系统都不可能是最终的和一成不变的，随着研究的深入，特别是对那些疑难类群和大属的了解，属的划分将会被重新讨论。

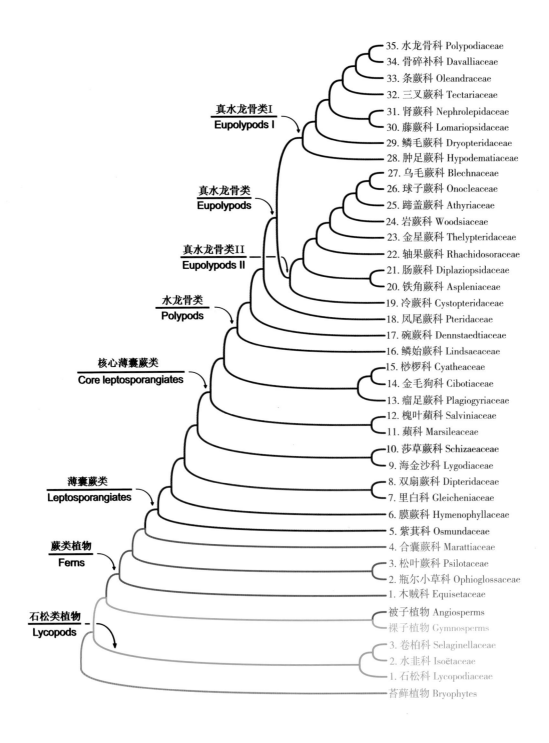

图3. 中国石松类和蕨类植物的系统发育关系

Fig. 3. Phylogeny of lycophytes and ferns

中国石松类和蕨类植物的科属分类系统

石松类 Lycophytes

1. 石松科 Lycopodiaceae P. Beauv. ex Mirb.

石杉属 Huperzia Bernh.

小石松属 Lycopodiella Holub

石松属 Lycopodium L.

2. 水韭科 Isoëtaceae Reichenb.

水韭属 Isoëtes L.

3. 卷柏科 Selaginellaceae Willk.

卷柏属 Selaginella P. Beauv.

蕨类 Ferns

1. 木贼科 Equisetaceae Michx. ex DC.

木贼属 Equisetum L.

2. 瓶尔小草科 Ophioglossaceae Martinov

阴地蕨属 Botrychium Sw.

七指蕨属 Helminthostachys Kaulf.

瓶尔小草属 Ophioglossum L.

3. 松叶蕨科 Psilotaceae J. W. Griff. & Henfr.

松叶蕨属 Psilotum Sw.

4. 合囊蕨科 Marattiaceae Kaulf.

粒囊蕨属 Ptisana Murdock.

天星蕨属 Christensenia Maxon

观音座莲属 Angiopteris Hoffm.

5. 紫萁科 Osmundaceae Martinov

桂皮紫萁属 Osmundastrum (C. Presl) C. Presl

紫萁属 Osmunda L.

6. 膜蕨科 Hymenophyllaceae Mart.

膜蕨属 Hymenophyllum Sm.

厚叶蕨属 Cephalomanes C. Presl

长片蕨属 Abrodictyum C. Presl

毛杆蕨属 Callistopteris Copel.

毛边蕨属 Didymoglossum Desv.

瓶蕨属 Vandenboschia Copel.

假脉蕨属 Crepidomanes C. Presl

7. 里白科 Gleicheniaceae C. Presl

里白属 Diplopterygium (Diels) Nakai

芒萁属 Dicranopteris Bernh.

假芒萁属 Sticherus C. Presl

8. 双扇蕨科 Dipteridaceae Seward ex E. Dale

燕尾蕨属 Cheiropleuria C. Presl

双扇蕨属 Dipteris Reinw.

9. 海金沙科 Lygodiaceae M. Roem.

海金沙属 Lygodium Sw.

10. 莎草蕨科 Schizaeaceae Kaulf.

莎草蕨属 Schizaea Sm.

11. 蘋科 Marsileaceae Mirb.

蘋属 Marsilea L.

12. 槐叶蘋科 Salviniaceae Martinov

满江红属 Azolla Lam.

槐叶蘋属 Salvinia Ség.

13. 瘤足蕨科 Plagiogyriaceae Bower

瘤足蕨属 Plagiogyria (Kunze) Mett.

14. 金毛狗科 Cibotiaceae Korall

金毛狗属 Cibotium Kaulf.

15. 桫椤科 Cyatheaceae Kaulf.

桫椤属 Alsophila R.Br.

黑桫椤属 Gymnosphaera Blume

白桫椤属 Sphaeropteris Bernh.

16. 鳞始蕨科 Lindsaeaceae C. Presl ex M.R.Schomb.

乌蕨属 Odontosoria Fée

达边蕨属 Tapeinidium (C. Presl) C.Chr.

香鳞始蕨属 Osmolindsaea (K.U.Kramer) Lehtonen & Christenh.

鳞始蕨属 Lindsaea Dryander ex Sm.

17. 碗蕨科 Dennstaedtiaceae Lotsy

稀子蕨属 Monachosorum Kunze

蕨属 Pteridium Gled. ex Scop.

姬蕨属 Hypolepis Bernh.

曲轴蕨属 Paesia St.–Hil.

栗蕨属 Histiopteris (J. Agardh) J. Sm.

碗蕨属 Dennstaedtia Bernh.

鳞盖蕨属 Microlepia C. Presl

18. 凤尾蕨科 Pteridaceae E. D. M.Kirchn.

18a. 珠蕨亚科 Cryptogrammoideae S.Linds.

凤了蕨属 Coniogramme Fée

珠蕨属 Cryptogramma R.Br.

18b. 水蕨亚科 Ceratopteridoideae (J. Sm.) R. M. Tryon

卤蕨属 Acrostichum L.

水蕨属 Ceratopteris Brongn.

18c. 凤尾蕨亚科 Pteridoideae C. Chr. ex Crabbe, Jermy & Mickel

翠蕨属 Anogramma Link

蜡囊蕨属 Cerosora (Baker) Domin

金粉蕨属 Onychium Kaulf.

粉叶蕨属 Pityrogramma Link

凤尾蕨属 Pteris L.

竹叶蕨属 Taenitis Willd. ex Schkuhr

18d. 碎米蕨亚科 Cheilanthoideae W. C. Shieh

粉背蕨属 Aleuritopteris Fée

戟叶黑心蕨属 Calciphilopteris Yesilyurt & H. Schneid.

碎米蕨属 Cheilanthes Sw.

黑心蕨属 Doryopteris J. Sm.

泽泻蕨属 Hemionitis L.

隐囊蕨属 Notholaena R. Br.

金毛裸蕨属 Paragymnopteris K. H. Shing

旱蕨属 Pellaea Link

18e. 书带蕨亚科 Vittarioideae (C. Presl) Crabbe, Jermy & Mickel

铁线蕨属 Adiantum L.

车前蕨属 Antrophyum Kaulf.

书带蕨属 Haplopteris C. Presl

一条线蕨属 Monogramma Comm. ex Schkuhr

19. 冷蕨科 Cystopteridaceae Schmakov

羽节蕨属 Gymnocarpium Newman

光叶蕨属 Cystoathyrium Ching

亮毛蕨属 Acystopteris Nakai

冷蕨属 Cystopteris Bernh.

20. 铁角蕨科 Aspleniaceae Newman

膜叶铁角蕨属 Hymenasplenium Hayata

铁角蕨属 Asplenium L.

21. 肠蕨科 Diplaziopsidaceae X. C. Zhang & Christenh.

肠蕨属 Diplaziopsis C. Chr.

22. 轴果蕨科 Rhachidosoraceae X. C. Zhang

轴果蕨属 Rhachidosorus Ching

23. 金星蕨科 Thelypteridaceae Pic.Serm.

针毛蕨属 Macrothelypteris (H. Itô) Ching

卵果蕨属 Phegopteris (C. Presl) Fée

紫柄蕨属 Pseudophegopteris Ching

沼泽蕨属 Thelypteris Schmid.

栗柄金星蕨属 Coryphopteris Holttum

凸轴蕨属 Metathelypteris (H. Itô) Ching

金星蕨属 Parathelypteris (H. Itô) Ching

假鳞毛蕨属 Oreopteris Holub

钩毛蕨属 Cyclogramma Tagawa

溪边蕨属 Stegnogramma Blume

毛蕨属 Cyclosorus Link

24. 岩蕨科 Woodsiaceae Herter

滇蕨属 Cheilanthopsis Hieron.

岩蕨属 Woodsia R. Br.

25. 蹄盖蕨科 Athyriaceae Alston

安蕨属 Anisocampium C. Presl

蹄盖蕨属 Athyrium Roth

角蕨属 Cornopteris Nakai

对囊蕨属 Deparia Hook. & Grev.

双盖蕨属 Diplazium Sw.

26. 球子蕨科 Onocleaceae Pic. Serm.

球子蕨属 Onoclea L.

荚果蕨属 Matteuccia Tod.

东方荚果蕨属 Pentarhizidium Hayata

27. 乌毛蕨科 Blechnaceae Newman

光叶藤蕨属 Stenochlaena J. Sm.

狗脊蕨属 Woodwardia Sm.

苏铁蕨属 Brainea J. Sm.

乌毛蕨属 Blechnum L.

28. 肿足蕨科 Hypodematiaceae Ching

肿足蕨属 Hypodematium Kunze

大膜盖蕨属 Leucostegia C. Presl

29. 鳞毛蕨科 Dryopteridaceae Herter

29a. 鳞毛蕨亚科 Dryopteridoideae B. K. Nayar

肋毛蕨属 Ctenitis (C. Chr.) C. Chr.

耳蕨属 Polystichum Roth

贯众属 Cyrtomium C. Presl

鞭叶蕨属 Cyrtomidictyum Ching

柳叶蕨属 Cyrtogonellum Ching

石盖蕨属 Lithostegia Ching

复叶耳蕨属 Arachniodes Blume

黔蕨属 Phanerophlebiopsis Ching

黄腺羽蕨属 Pleocnemia C. Presl

毛枝蕨属 Leptorumohra (H. Itô) H. Itô

鳞毛蕨属 Dryopteris Adanson

节毛蕨属 Lastreopsis Ching

轴鳞蕨属 Dryopsis Holttum & P. J. Edwards

假复叶耳蕨属 Acrorumohra (H. Itô) H. Itô

柄盖蕨属 Peranema D. Don

红腺蕨属 Diacalpe Blume

鱼鳞蕨属 Acrophorus C. Presl

29b. 舌蕨亚科 Elaphoglossoideae (Pic. Serm.) Crabbe, Jermy & Mickel

实蕨属 Bolbitis Schott

舌蕨属 Elaphoglossum Schott ex J. Sm.

网藤蕨属 Lomagramma J. Sm.

符藤蕨属 Teratophyllum Mett. ex Kuhn

30. 藤蕨科 Lomariopsidaceae Alston

拟贯众属 Cyclopeltis J. Sm.

藤蕨属 Lomariopsis Fée

31. 肾蕨科 Nephrolepidaceae Pic. Serm.

肾蕨属 Nephrolepis Schott

32. 三叉蕨科 Tectariaceae Panigrahi

爬树蕨属 Arthropteris J. Sm.

牙蕨属 Pteridrys C. Chr. & Ching

三叉蕨属 Tectaria Cav.

33. 条蕨科 Oleandraceae Ching ex Pic. Serm.

条蕨属 Oleandra Cav.

34. 骨碎补科 Davalliaceae M. R. Schomb.

骨碎补属 Davallia Sm.

35. 水龙骨科 Polypodiaceae J. Presl & C. Presl

35a. 剑蕨亚科 Loxogrammoideae H. Schneid.

剑蕨属 Loxogramme (Blume) C. Presl

35b. 槲蕨亚科 Drynarioideae Crabbe, Jermy & Mickel

连珠蕨属 Aglaomorpha Schott

节肢蕨属 Arthromeris (T. Moore) J. Sm.

戟蕨属 Christiopteris Copel.

槲蕨属 Drynaria (Bory) J. Sm.

雨蕨属 Gymnogrammitis Griffith

假瘤蕨属 Phymatopteris Pic. Serm.

修蕨属 Selliguea Bory

35c. 鹿角蕨亚科 Platycerioideae B. K. Nayar

鹿角蕨属 Platycerium Desv.

石韦属 Pyrrosia Mirbel

35d. 星蕨亚科 Microsoroideae B. K. Nayar

棱脉蕨属 Goniophlebium (Blume) C. Presl

有翅星蕨属 Kaulinia Nayar

伏石蕨属 Lemmaphyllum C. Presl

鳞果星蕨属 Lepidomicrosorium Ching & K. H. Shing

瓦韦属 Lepisorus (J. Sm.) Ching

薄唇蕨属 Leptochilus Kaulf.

星蕨属 Microsorum Link

扇蕨属 Neocheiropteris Christ

盾蕨属 Neolepisorus Ching

瘤蕨属 Phymatosorus Pic. Serm.

毛鳞蕨属 Tricholepidium Ching

35e. 水龙骨亚科 Polypodioideae B. K. Nayar

睫毛蕨属 Pleurosoriopsis Fomin

水龙骨属 Polypodium L.

鼓蕨属 Acrosorus Copel.

荷包蕨属 Calymmodon C. Presl

穴子蕨属 Prosaptia C. Presl

禾叶蕨属 Grammitis Sw.

锯蕨属 Micropolypodium Hayata

革舌蕨属 Scleroglossum Alderw.

虎尾蒿蕨属 Tomophyllum (E. Fourn.) Parris

分类和系统部分参考文献

1. Alston A H, 1956. The subdivision of the Polypodiaceae. Taxon, 5(2): 23 - 25.

2. Brownsey P J, Perrie L R. 2011. A revised checklist of Fijian ferns and lycophytes. Telopea 13: 513 - 562.

3. Ching R C, 1940. On natural classification of the family "Polypodiaceae". Sunyatsenia, 5 (4): 201 - 268.

4. Ching R C, 1978. The Chinese fern families and genera: systematic arrangement and historical origin. Acta Phytotaxonomica Sinica, 16 (3): 1 - 19 et 16 (4): 16 - 37.

5. Christenhusz M J M, Zhang X C, Schneider H. 2011. A linear sequence of extant families and genera of lycophytes and ferns. Phytotax, 19: 7 - 54.

6. Copeland E B, 1947. Genera Filicum. Waltham, Mass: Chronica Botanica Co.

7. Crabbe J A, Jermy A C, Mickel J T. 1975. A new generic sequence for the pteridophyte herbarium. Fern Gazette, 11: 141 - 162.

8. Crane E H, Farrar D R, Wendel J F. 1995. Phylogeny of the Vittariaceae: convergent simplification leads to a polyphyletic Vittaria. American Fern Journal, 85:283 - 305.

9. Cranfill R B, Kato M. 2003. Phylogenetics, biogeography and classification of the woodwardioid ferns (Blechnaceae). Pp. 25 - 48, in: Chandra S, Srivastava M (eds), Pteridology in the New Millennium. Kluwer Academic Publishers, Dordrecht.

10. Ebihara A, Dubuisson J–Y, Iwatsuki K, Hennequin S, Ito M. 2006. A taxonomic revision of Hymenophyllaceae. Blume, 51: 221 - 280.

11. Gastony G J, Ungerer M C. 1997. Molecular systematics and a revised taxonomy of the onocleoid ferns (Dryopteridaceae: Onocleeae). American Journal of Botany, 84: 840 - 849.

12. Hasebe M, Omori T, Nakazawa M, Sano T, Kato M, Iwatsuki K. 1994. *rbc*L gene sequences provide evidence for the evolutionary lineages of leptosporangiate ferns. Proceedings of the National Academy of Sciences of the United States of America, 91: 5730 - 5734.

13. Hasebe M, Wolf P G, Pryer K M, Ueda K, Ito M, Sano R, Gastony G J, Yokoyama J, Manhart J R , Murakami M, Crane E H, Haufler C H, Hauk W D. 1995. Fern phylogeny based on *rbc*L nucleotide sequences. American Fern Journal, 85 (4): 134 - 181

14. Holttum R E, 1947. A revised classification of leptosporangiate ferns. Journal of Linnean Society, Botany, 53: 123 - 158.

15. Kato M, Tsutsumi C. 2009. Generic classification of Davalliaceae. Acta Phytotaxonomica Geobotanica, 59: 1 - 14.

16. Kramer K U. 1990. Pteridophytes in: Kramer K U, Green P S (eds). The families and genera of vascular plants, vol. 1. Pteridophytes and gymnosperms. Berlin: Springer

17. Kreier H P, Zhang X C, Muth H, Schneider H. 2008. The microsoroid ferns: Inferring the relationships of a highly diverse lineage of Paleotropical epiphytic ferns (Polypodiaceae, Polypodiopsida). Molecular Phylogenetics and Evolution, 48: 1155 - 1167.

18. Lehtonen S, Tuomisto H, Rouhan G, Christenhusz M J M. 2010. Phylogenetics and classification of the pantropical fern family Lindsaeaceae. Botanical Journal of the Linnean Society, 163(3): 305 - 359.

19. Lehtonen S. 2011. Towards resolving the complete fern tree

of life. PloS One, 6(10): e24851.

20. Li C X, Lu S G. 2006. Phylogenetic analysis of Dryopteridaceae based on chloroplast *rbc*L sequences. Acta Phytotaxonomica Sinica, 44: 503 – 515.

21. Liu H M, Wang L, Zhang X C, Zeng H. 2008. Advances in the studies of lycophytes and monilophytes with reference to systematic arrangement of Families distributed in China. Acta Phytotaxonomica Sinica,46: 808 – 829.

22. Liu H M, Zhang X C, Chen Z D, Dong S Y, Qiu Y L. 2007a. Polyphyly of the fern family Tectariaceae sensu Ching: insights from cpDNA sequence data. Science in China ser. C: Life Sciences, 50(6): 789 – 798.

23. Liu H M, Zhang X C, Wang W, Qiu Y L, Chen Z D. 2007b. Molecular phylogeny of the fern family Dryopteridaceae inferred from chloroplast *rbc*L and *atp*B genes. International Journal of Plant Science, 168: 1311 – 1323.

24. Liu H M, Zhang X C, Wang W, Zeng H. 2010. Molecular phylogeny of the endemic fern genera Cyrtomidictyum and Cyrtogonellum (Dryopteridaceae) from East Asia. Organisms Diversity & Evolution (Org Divers Evol), 10: 57 – 68.

25. Liu Y C, Chiou W L, Kato M. 2011. Molecular phylogeny and taxonomy of the fern genus Anisocampium (Athyriaceae). Taxon, 60(3): 824 – 830.

26. Metzgar J S, Skog J E, Zimmer E A, Pryer K M, 2008. The paraphyly of Osmunda is confirmed by phylogenetic analyses of seven plastid loci. Systematic Botany, 33: 31 – 36.

27. Murdock, A G. 2008a. Phylogeny of Marattioid ferns (Marattiaceae): Inferring a root in the absence of a closely related outgroup. American Journal of Botany, 95: 626 – 641.

28. Murdock, A G. 2008b. A taxonomic revision of the eusporangiate fern family Marattiaceae, with description of a new genus Ptisana. Taxon, 57: 737 – 755.

29. Nayar B K. 1970. A phylogenetic classification of the homosporous ferns. Taxon, 19:229 – 236.

30. Parris B S. 2007. Five new genera and three new species of Grammitidaceae (Filicales) and the re-establishment of Oreogrammitis. The Gardens' Bulletin Singapore, 58: 233 – 274

31. Pichi Sermolli R E G. 1977. Tentamen pteridophytorum genera in taxonomicum ordinem redigendi. Webbia, 31: 313 – 512.

32. Pryer KM, Schneider H, Smith AR, Cranfill R, Wolf PG, et al. 2001. Horsetails and ferns are a monophyletic group and the closest living relatives to seed plants. Nature 409: 618 – 622.

33. Pryer K M, Schneider H, Smith A R , Cranfill R , Wolf P G , Hunt J S, Sipes S D. 2001. Horsetails and ferns are a monophyletic group and the closest living relatives to seed plants. Nature, 409: 618 – 622.

34. Pryer K M, Schuettpelz E, Wolf P G, Schneider H, Smith A R, Cranfill R. 2004. Phylogeny and evolution of ferns (monilophytes) with a focus on the early leptosporangiate divergences. American Journal of Botany, 91: 1582 – 1598.

35. Pryer K M, Smith A R, Skog J E. 1995. Phylogenetic relationships of extant pteridophytes based on evidence from morphology and *rbc*L sequences. American Fern Journal, 85: 205 – 282.

36. Ranker T A, Smith A R, Parris B S, Geiger J M O, Haufler C H, Straub S C K, Schneider H. 2004. Phylogeny and evolution of grammitid ferns (Grammitidaceae): a case of rampant morphological homoplasy. Taxon, 53: 415 – 428.

37. Sano R, Takamiya M, Ito M, Kurita S, Hasbe M. 2000. Phylogeny of the lady fern group, tribe Physematieae (Dryopteridaceae), based on chloroplast *rbc*L gene sequences. Molecular Phylogenetics Evolution, 15 (3): 403 – 413.

38. Schneider H, Smith A R, Cranfill R, Hildebrand T, Haufler C H, Ranker T A. 2004. Unraveling the phylogeny of the polygrammoid ferns (Polypodiaceae and Grammitidaceae): Exploring aspects of the diversification of epiphytic plants. Molecular Phylogenetics and Evolution, 31: 1041 – 1063.

39. Schuettpelz E, Korall P, Pryer K M. 2006. Plastid atpA data provide improved support for deep relationships among ferns. Taxon, 55: 897 – 906.

40. Schuettpelz E, Pryer K M. 2007. Fern phylogeny inferred from 400 leptosporangiate species and three plastid genes. Taxon, 56: 1037 – 1050.

41. Schuettpelz E, Pryer K M. 2007. Fern phylogeny inferred from 400 leptosporangiate species and three plastid genes. Taxon, 56: 1037 – 1050.

42. Schuettpelz E, Schneider H, Huiet L, Windham M D, Pryer K M. 2007. A molecular phylogeny of the fern family Pteridaceae: Assessing overal relationships and the affinities of previously unsampled genera. Molecular Phylogenetics and Evolution, 44(3): 1172 – 1185.

43. Smith A R, Pryer K M, Schuettpelz E, Korall P, Schneider H, Wolf P G. 2006. A classification for extant ferns. Taxon, 55: 705 – 731.

44. Smith A R, Pryer K M, Schuettpelz E, Korall P, Schneider H, Wolf P G. 2008. Fern classification, Pp. 417 – 467 in: Ranker, T A, Haufler, C H (eds), Biology and Evolution of Ferns and Lycophytes. Cambridge , Cambridge University Press.

45. Tsutsumi C, Zhang X C, Kato M. 2008. Molecular phylogeny of Davalliaceae and implications for generic classification. Systematic Botany, 33(1): 44 – 48.

46. Wang L, Qi X P, Xiang Q P, Heinrichs J, Schneider H, Zhang X C. 2010a. Phylogeny of the paleotropical fern genus Lepisorus (Polypodiaceae, Polypodiopsida) inferred from four chloroplast DNA regions. Molecular Phylogenetics and Evolution, 54: 211 – 225.

47. Wang L, Wu Z Q, Xiang Q P, Heinrichs J, Schneider H, Zhang X C. 2010b. A molecular phylogeny and a revised classification of tribe Lepisoreae (Polypodiaceae) based on an analysis of four plastid DNA regions. Botanical Journal of the Linnean Society, 162: 28 – 33.

48. Wang M L, Chen Z D, Zhang X C, Lu S G, Zhao G F. 2003. Phylogeny of the Athyriaceae: evidence from chloroplast trnL–F region sequences. Acta Phytotaxonomica Sinica, 41(5): 416 – 426.

49. Wang M L, Hsieh Y T, Zhao G F. 2004. A revised subdivision of the Athyriaceae. Acta Phytotaxonomica Sinica, 42: 524 – 527.

50. Wei R, Zhang X C, Qi X P. 2010. Phylogeny of Diplaziopsis and Homalosorus based on two chloroplast DNA sequences: rbcL and rps4 + rps4–trnS IGS. Acta Botanica Yunnanica, suppl. 17: 46 – 54.

51. Wolf P G, 1995. Phylogenetic analysis of rbcL and nuclear ribosomal RNA gene sequences in Dennstaedtiaceae. American Fern Journal, 85: 306 – 327.

52. Yatabe Y, Nishida H, Murakami N. 1999. Phylogeny of Osmundaceae inferred from rbcL nucleotide sequences and comparison to the fossil evidences. Journal of Plant Research, 112: 397 – 404.

53. Zhang G M, Zhang X C, Chen Z D, Liu H M, Yang W L. 2007. First insights in the phylogeny of Asian cheilanthoid ferns based on sequences of two chloroplast markers. Taxon, 56: 369 – 378.

54. Zhang G M, Zhang X C, Chen Z D. 2005. Phylogeny of cryptogrammoid ferns and related taxa based on rbcL sequences. Nordic Journal of Botany, 23(4): 485 – 493.

Ⅱ. 生活史 (Life History)

　　和苔藓植物不同，石松类和蕨类植物的生活史中孢子体（sporophyte）和配子体
（gametophyte）均能独立生活，孢子体显著，而配子体微小，不易被观察到。孢子
体，即绿色的有根、茎、叶分化的植物个体（2n），在其可育叶（孢子叶）上产生孢
子囊（石松类）或孢子囊群（蕨类）。孢子囊内的孢子母细胞（2n）经减数分裂形成
单倍体的孢子（n）。孢子成熟后，传播到适宜的环境下，萌发、生长，先形成丝状
体，逐渐发育成原叶体prothallus（n），即配子体。配子体一般生活在阴暗、潮湿的土
壤表面，进化的蕨类多呈心形的片状体，其上产生颈卵器和精子器，分别产生卵子和
精子。精子具有鞭毛，通过水能游动到颈卵器中同卵子结合，形成受精卵（2n）。再
由受精卵发育成胚，胚分化成幼孢子体，寄生在配子体上继续发育生长。在配子体很
快衰亡的过程中，幼孢子体开始独立生活，长大，成熟，再产生孢子囊和孢子，完成
一个生活周期，如此循环，世代不绝，种群得以繁衍（图4）。

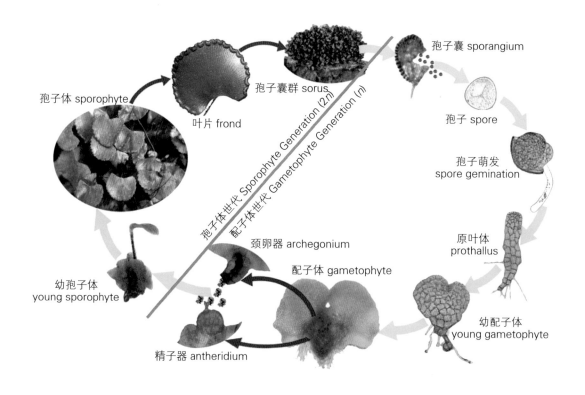

图4. 生活史

Fig. 4. Life history

Ⅲ. 形态特征（**Morphology**）

本部分仅介绍孢子体的形态及其分类上的主要识别特征。石松类植物（Lycophytes）除水韭科（Isoetaceae）外，茎发达而叶不发达；蕨类植物除木贼（horsetails）和树蕨类（tree ferns）外，茎不发达而叶发达。

根（root）：现代石松类和蕨类植物没有真正的主根，只有不定根，着生在茎上。

茎（stem）：除树蕨类和一些藤本状蕨类植物外，蕨类植物的茎一般都不发达，地面生或地下生，覆盖叶柄基部残存根和鳞片或毛，又称根状茎（rhizome）。根状茎通常横走、斜生或直立。茎内中柱组织较为复杂，从原始类型的单中柱到星状中柱、编织中柱和进化的网状中柱（图5）。

直立
erect

直立
erect

直立
erect

横卧先端斜升
decumbent

短横走或横卧
short-creeping

短横走或横卧
short-creeping

长横走
long-creeping

长横走
long-creeping

长横走
long-creeping

图5. 蕨类植物茎的类型
Fig. 5. Rhizome

叶（leaf）：石松类植物的叶为小型叶，结构简单，单叶，一条叶脉，叶二型，分不育叶和孢子叶，孢子叶常聚成孢子叶穗。蕨类植物的叶为大型叶（除叶退化的松叶蕨和木贼等），结构复杂，叶形变化很多，是绿色植株的主体部分。叶幼时呈拳卷式（除叶退化的松叶蕨、木贼和瓶尔小草），长大以后，分为叶柄和叶片两部分（图6）。

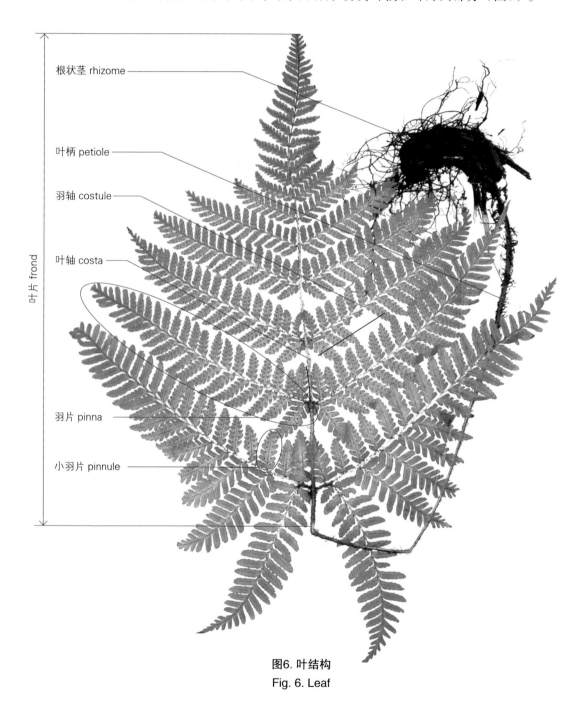

根状茎 rhizome

叶柄 petiole

羽轴 costule

叶轴 costa

叶片 frond

羽片 pinna

小羽片 pinnule

图6. 叶结构
Fig. 6. Leaf

叶柄（stipe, petiole）：叶柄的形状、颜色和叶柄中维管束具有一定的分类价值。在原始类群中叶柄中只有一条维管束，金星蕨科（Thelypteridaceae）、铁角蕨科（Aspleniaceae）、蹄盖蕨科（Athyriaceae）等只有两条维管束，鳞毛蕨科（Dryopteridaceae）、水龙骨科（Polypodiaceae）则有多条维管束。叶柄有时有关节，如岩蕨（woodsioids），或叶足，如水龙骨科（Polypodiaceae）。

肿足蕨	翅轴蹄盖蕨	中华蹄盖蕨	黑足鳞毛蕨
Hypodematium crenatum	*Athyrium delavayi*	*Athyrium sinense*	*Dryopteris fuscipes*

叶片（leaf blade, lamina）：蕨类植物的叶片形状变化很大，从单叶到分裂程度不一的一至多回羽裂或羽状。

单叶	掌状	一回羽状	一回羽裂
simple	palmatifid	1-pinnate	pinnatifid

一回羽状–羽片羽裂
1-pinnate–pinnatifid

二回羽状
2-pinnate

三回羽状
3-pinnate

二回羽状–小羽片羽裂
2-pinnate–pinnatifid

三回羽状–小羽片羽裂
3-pinnate–pinnatifid

四回羽状
4-pinnate

五回羽状
5-pinnate

上先出
anadromous

下先出
catadromous

幼叶（crozier, fiddlehead）：蕨类植物有一个奇特的共性，其幼叶呈拳卷状。不同物种拳卷的幼叶形态各异，具有很高的观赏价值。

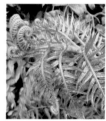

福建观音座莲
Angiopteris fokiensis

紫萁
Osmunda japonica

紫萁
Osmunda japonica

亚洲桂皮紫萁
Osmundastrum asiaticum

铁芒萁
Dicranopteris linearis

大芒萁 *Dicranopteris splendida*	芒萁 *Dicranopteris pedata*	芒萁 *Dicranopteris pedata*	里白 *Diplopterygium glaucum*	阔片里白 *Diplopterygium blotianum*
中华里白 *Diplopterygium chinense*	海南海金沙 *Lygodium circinnatum*	海南海金沙 *Lygodium circinnatum*		金毛狗 *Cibotium barometz*
白桫椤 *Sphaeropteris brunoniana*	大叶黑桫椤 *Gymnosphaera gigantea*	毛轴蕨 *Pteridium aquilinum* subsp. *revolutum*	毛轴蕨 *Pteridium aquilinum* subsp. *revolutum*	蕨 *Pteridium aquilinum* subsp. *japonicum*
栗蕨 *Histiopteris incisa*	栗蕨 *Histiopteris incisa*	栗蕨 *Histiopteris incisa*	峨眉凤了蕨 *Coniogramme emeiensis*	野雉尾金粉蕨 *Onychium japonicum*

栗蕨
Histiopteris incisa

西南凤尾蕨
Pteris wallichiana

蜈蚣草
Pteris vittata

蜈蚣草
Pteris vittata

疏裂凤尾蕨
Pteris finotii

全缘凤尾蕨
Pteris insignis

粉叶蕨
Pityrogramma calomelanos

掌叶铁线蕨
Adiantum pedatum

巢蕨
Asplenium nidus

东北对开蕨
Asplenium komarovii

虎尾铁角蕨
Asplenium incisum

普通针毛蕨
Macrothelypteris torresiana

渐尖毛蕨
Cyclosorus acuminata

云贵紫柄蕨
Pseudophegopteris yunkweiensis

新月蕨
Cyclosorus gymnopteridifrons

延羽卵果蕨
Phegopteris decursive-pinnata

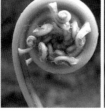

异果毛蕨
Cyclosorus heterocarpus

沼泽蕨
Thelypteris palustris

沼泽蕨
Thelypteris palustris

荚果蕨
Matteuccia struthiopteris

荚果蕨
Matteuccia struthiopteris

草绿短肠蕨
Diplazium viridescens

中华蹄盖蕨
Athyrium sinense

乌毛蕨
Blechnum orientale

乌毛蕨
Blechnum orientale

乌毛蕨
Blechnum orientale

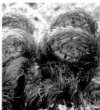

肿足蕨
Hypodematium crenatum

桫椤鳞毛蕨
Dryopteris cycadina

粗茎鳞毛蕨
Dryopteris crassirhizoma

粗茎鳞毛蕨
Dryopteris crassirhizoma

粗茎鳞毛蕨
Dryopteris crassirhizoma

狭顶鳞毛蕨
Dryopteris lacera

虎耳鳞毛蕨
Dryopteris saxifraga

红盖鳞毛蕨
Dryopteris erythrosora

长鳞耳蕨
Polystichum longipaleatum

全缘贯众
Cyrtomium falcatum

全缘贯众
Cyrtomium falcatum

鞭叶蕨
Cyrtomidictyum lepidocaulon

鱼鳞蕨
Acrophorus paleolatus

海南肋毛蕨
Ctenitis decurrentipinnata

肾蕨
Nephrolepis cordifolia

线蕨
Leptochilus ellipticus

大瓦韦
Lepisorus macrosphaerus

槭叶石韦
Pyrrosia polydactyla

叶脉（vein）：蕨类的叶脉从分离到网状，在不同类群中形式多样。

二歧分叉的
dichotomous

分叉的
forked

分离的
free

新月蕨型
meniscioid

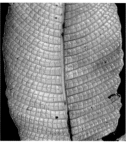
圣蕨型
dictyoclineoid

毛蕨型
goniopterid

网结型具沿轴大网眼
anastomosing with large
costule areole

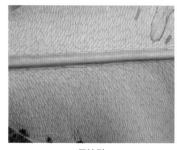
网结型
anastomosing

网结型具分枝小脉
anastomosing with branched
included veinlets

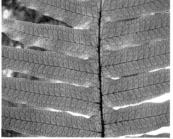
网结型具内藏不分枝小脉
anastomosing with simple
included veinlets

孢子囊群（sorus）：蕨类中孢子囊群的形状和排列方式以及囊群盖的性状有重要的分类价值。

囊群盖（indusium）：蕨类植物的囊群盖有的是由叶片反卷而成，为假囊群盖（false indusium），如凤尾蕨属（Pteris）、铁线蕨属（Adiantum）、蕨属（Pteridium）、姬蕨属（Hypolepis）等。大多数覆盖孢子囊群的囊群盖为特化的圆形、圆锥形、瓣状、球形、肾形、马蹄形、碟形、杯形和线形等。

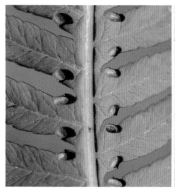
两瓣状囊群盖
bivalvate indusium (involucre)

管状囊群盖
tubular indusium (involucre)

圆锥形囊群盖
conical indusium (involucre)

球形囊群盖
globular indusium

球形囊群盖
globular indusium

马蹄囊群盖
hippocrepiform indusium

边缘假囊群盖
marginal false indusium

边缘假囊群盖
marginal false indusium

边缘假囊群盖
marginal false indusium

线形囊群盖
linear sorus and indusium

线形囊群盖
linear sorus and indusium

线形囊群盖
linear sorus and indusium

杯形囊群盖
cup-shaped indusium

杯形囊群盖
cup-shaped indusium

圆肾形囊群盖
round kidney-shaped idusium

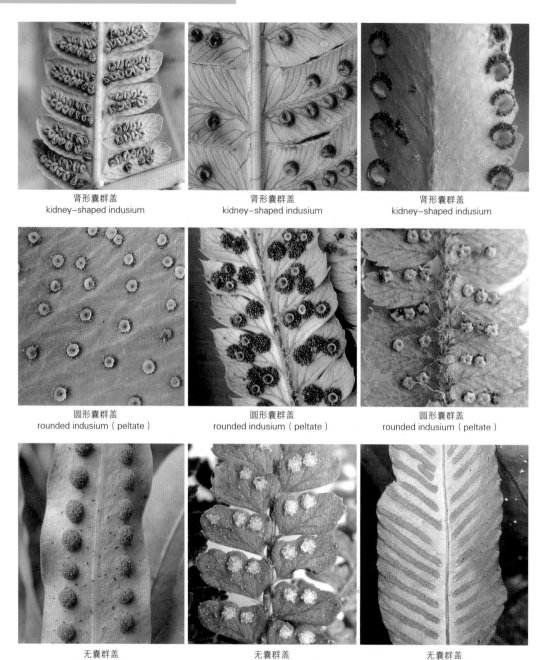

肾形囊群盖
kidney-shaped indusium

肾形囊群盖
kidney-shaped indusium

肾形囊群盖
kidney-shaped indusium

圆形囊群盖
rounded indusium（peltate）

圆形囊群盖
rounded indusium（peltate）

圆形囊群盖
rounded indusium（peltate）

无囊群盖
exindusiate sorus

无囊群盖
exindusiate sorus

无囊群盖
exindusiate sorus

孢子囊（sporangium）：孢子囊是由表皮细胞发育而来的，在原始类群中孢子囊较大，无柄，囊壁厚，由多层细胞构成；在进化的类群中，孢子囊小，有细长柄，囊壁薄，由一层细胞构成。孢子囊环带的存在与否，细胞壁加厚程度，排列方式和位置，显示着类群的演化等级。在原始类群中，没有环带或仅有部分的增厚细胞，如观音座莲属（Angiopteris）；在最进化的类群中，有纵行而下部中断的环带，如水龙骨类（polypods）；在过渡的中间类群中，有横行至斜行而不中断的环带，如里白属（Diplopterygium）、瘤足蕨属（Plagiogyria）。

| 海南海金沙 | 华南紫萁 | 瘤足蕨 | 骨牌蕨 |
| *Lygodium circinnatum* | *Osmunda vachellii* | *Plagiogyria adnata* | *Lemmaphyllum rostratum* |

孢子（spore）：孢子是孢子囊里孢子母细胞经过减数分裂而形成的单倍（*n*）染色体的繁殖细胞。蕨类植物的孢子多为三裂缝和单裂缝，多数类群为同型孢子，无大小之分，少为异性孢子，如水韭科（Isoetaceae）、卷柏科（Selaginellaceae）、蘋科（Marsileaceae）、槐叶蘋科（Salviniaceae）和满江红科（Azollaceae）。

隔丝（paraphysis）：又称夹丝或侧丝，是指着生于孢子囊柄囊体上的毛或腺体，也指混生在孢子囊群中的丝状或棒状不育结构，以及如瓦韦类等植物孢子囊群上覆盖的小鳞片状盾状隔丝（scale–like paraphysis, peltate –paraphysis）。

鳞片（scale）：鳞片主要分布在根状茎和叶柄基部以及叶片上，性状、质地和颜色具有分类价值。鳞片的类型有原始毛状鳞片、细筛孔鳞片和粗筛孔鳞片，基部着生（多数科）或腹部着生（水龙骨科等）。

| 粗筛孔鳞片 | 粗筛孔鳞片 | 细筛孔鳞片 |
| clathrate scale | clathrate scale | non–clathrate scale |

染色体（chromosome）：植物的染色体数目和细胞遗传学行为与其繁殖方式密切相关。蕨类植物中多倍体、杂交现象比例很高。蕨类植物的繁殖方式复杂，有三种

有性生殖方式：（1）配子体内自交（intragametophytic selfing）；（2）配子体间自交（intragametophytic selfing）；（3）配子体间异交（intragametophytic crossing）。此外，还有无孢子生殖（apospory）、无配子生殖（apogamy）和无融合生殖（apomixis）以及营养生殖等繁殖方式。进化的薄囊蕨类植物正常有性生殖种每个孢子产生64个单倍的孢子，而无融合生殖种通常只产生32个二倍的孢子。网状进化（reticulate evolution）在许多蕨类植物中有，特别是铁角蕨属（Asplenium）的一些复合体中。

无性繁殖（vegetative production）：除了产生孢子进行有性繁殖外，一些植物能在植株上产生芽孢（gemma, bud）进行无性繁殖。常见的如顶芽狗脊蕨（Woodwardia unigemmata）、东方狗脊蕨（Woodwardia orientalis）、倒挂铁角蕨（Asplenium normale）以及稀子蕨（Monachosorum henryi）等等。而肾蕨（Nephrolepis cordifolia）以根状茎上发出游走茎和产生球形的珠芽的方式无性克隆繁殖。

长江蹄盖蕨
Athyrium iseanum

大齿叉蕨
Tectaria coadunata

大齿叉蕨
Tectaria coadunata

稀子蕨
Monachosorum henryi

倒挂铁角蕨
Asplenium normale

胎生铁角蕨
Asplenium yoshinagae

过山蕨
Asplenium ruprechtii

假鞭叶铁线蕨
Adiantum malesianum

长叶实蕨
Bolbitis heteroclita

顶芽狗脊蕨
Woodwardia unigemmata

东方狗脊蕨
Woodwardia orientalis

肾蕨
Nephrolepis cordifolia

鞭叶耳蕨　　　　　　　　　灰绿耳蕨
Polystichum craspedosorum　*Polystichum anomalum*

Ⅳ. 植物的命名和命名法（Nomenclature and Nomenclature Code）

目前国际上通用的植物命名法，是采用瑞典植物分类大师林奈（C. Linnaeus，1707—1778）在其1753年出版的巨著《植物种志》（*Species Plantarum*）中固定下来的双名方法。所谓的双名方法是指每一个物种的种名，都由两个拉丁词或拉丁化的词构成，第一个词是属名，第二个词是种加词。分类上一个完整的植物学名还需要加上最早给这个植物命名的作者名。因此，属名+种加词+命名人，表示了该种植物完整的名称。如果是亚种、变种或变型，则为属名+种加词+subsp., var.或f.+亚种、变种或变型加词+命名人。

《国际植物命名法规》（International Code of Botanical Nomenclature, ICBN）是1867年8月在法国巴黎举行的第一次国际植物学大会上产生的。每届国际植物学大会后都会出版新的法规以代替旧的法规，它是各国植物分类学家对植物命名时必须遵循的规章。2011年7月在墨尔本的国际植物学大会上，对法规提出了新的重大修改，取消了新分类群的发表必须使用拉丁文的硬性规定，2012年1月1日以后发表新分类群可以只使用英文进行描述，并且可以在有资质的网络出版物上在线发表。新的法规将更名为《国际藻类、真菌和植物命名法规》（International Code of Nomenclature for algae, fungi and plants, ICN）。

本书中除给出每种植物的学名（接收名）外，对其基原异名和一些分类上重要的异名以斜体的形式附在接收名后，以反映对该种植物不同的分类处理。由于系统的变动，属或种分类概念上发生的变化，本书还提出了一些新的学名，包括新组合、新等级和新名称。这些改变了学名（拉丁名）的类群的中文名仍然被沿用，避免制造太多的名称，给使用和检索带来不便。此外，一些广为大家熟知的中文名，如三叉蕨、瓶尔小草、观音座莲、凤了蕨等名称也被继续使用。

Ⅴ. 生态（Ecology）

按照植物生活的生态环境和植物对环境的适应性，我国分布的石松类和蕨类植物大致分为以下几种主要的生态类型。

土生植物（Terrestrial）：又分为阳生、阴生和耐荫三类。土生阳生植物包括里白属（Diplopterygium）、芒萁属（Dicranopteris）、姬蕨属（Hypolepis）、碗蕨属（Dennstaedtia）、鳞盖蕨属（Microlepia）、凤尾蕨属（Pteris）、粉叶蕨属（Pityrogramme）、粉背蕨属（Aleuritopteris）、毛蕨属（Cyclosorus）、乌毛蕨属（Blechnum）、苏铁蕨属（Brainea）、狗脊属（Woodwardia）和肾蕨属（Nephrolepis）等属。其中那些具有细长横走根状茎的物种常形成大片居群。蕨类中大部分植物是阴生或耐荫的森林植物，有的还是林下草本层的优势物种。常见的鳞毛蕨属（Dryopteris）、耳蕨属（Polystichum）和蹄盖蕨属（Athyrium）这三个大属的植物多是林下阴生植物。这些植物的根状茎短而直立或斜升或横卧，也有细长横走的但并不像阴生植物成片生长，也没有阳生植物的叶片质地厚和光亮。某些阴生植物，如瘤足蕨科（Plagiogyriaceae）植物叶二型，孢子叶位于中间并高出不育叶，以利于孢子的散播。

攀援植物（Vining）：包括海金沙属（Lygodium）、光叶藤蕨属（Stenochlaena）、网藤蕨属（Lomagramma）、符藤蕨属（Teratophyllum）、藤蕨属（Lomariopsis）、爬树蕨属（Arthropteris）和实蕨属（Bolbitis）等属的植物。藤本攀援植物中的二型叶较多，有些种类如实蕨属（Bolbitis）和藤蕨属（Lomariopsis）植物，只有当植株攀援到一定高度时才长出可育叶，而符藤蕨属等植株下部和上部营养叶的叶形也不同。

附生植物（Epiphytes）：又分为阴附生和阳附生两类，前者如膜蕨科（Hymenophyllaceae）、书带蕨属（Vittaria）、禾叶蕨类（grammitid ferns）等，后者如鹿角蕨属（Platycerium）、连珠蕨属（Aglaomorpha）和铁角蕨科的巢蕨群（Asplenium nidus group）等植物。全世界有1/3的薄囊蕨类植物是附生植物，特别是进化类群如骨碎补科（Davalliaceae）和水龙骨科（Polypodiaceae）。在附生高等植物中，附生蕨类占1/10。此外，石松类的石杉属（Huperzia）的大部分也是附生植物。

化石记录表明薄囊蕨类历史上曾有过三次多样性的快速分化，其中最后一次变化是进化的薄囊蕨类植物的快速分化，并且是随着白垩纪被子植物的繁荣而发生的。白垩纪以来，被子植物形成的森林植被为适应阴生环境的土生蕨类创造了良好的条件。最新的分子系统发育分析表明，薄囊蕨类还经历了第四次新生代的快速分化，这次分化是附生植物类的繁荣，特别是在现代被子植物形成的热带雨林中占据树冠中的生态位。这使得现代薄囊蕨类植物能够在被子植物主导的生态位中成功地占据一席之地。

石生植物（Lithophytes）：除附生现象是蕨类植物的一大特点外，蕨类植物中石生现象也很普遍，并且很多植物是兼性附生和石生的，如槲蕨属（Drynaria）和石韦属（Pyrrosia）的一些种。在我国西南石灰岩岩溶地貌地区的岩石或溶洞内有大量的石生植物，其中不乏特有物种，如铁角蕨属（Asplenium）植物。

急流植物（Rheophytes）：在森林茂密的山地溪流紧靠水边的河床上生活着一些能耐水淹的植物，被称为急流植物。特别是在热带雨林山地，雨季溪水快速增加，冲刷着岸边的植物，那些韧性好，叶片或羽片细长披针形的植物能够生存下来，如狭叶紫萁（Osmunda angustifolia）、菜蕨（Callipteris esculenta）、狭翅星蕨（Kaulinia pteropus）、星毛蕨（Ampelopteris prolifera）和木贼属（Equisetum）的一些种。

水生植物（Hydrophytes, aquatic plants）：水生蕨类数量不多，主要有在淡水中生活的蘋属（Marsilea）、满江红属（Azolla）、槐叶蘋属（Salvinia）、水蕨属（Ceratopteris）、水韭属（Isoëtes）植物以及在海水中生活的卤蕨属（Acrostichum）植物。

Ⅵ. 应用（Utilization）

观赏（Ornamental plants）：石松类和蕨类植物虽然无花无果，但四季常绿，姿态优雅，叶片细嫩，因而越来越受到都市人们的喜爱。铁线蕨（Adiantum capillus-veneris）、巢蕨（Asplenium nidus）、瓦氏鹿角蕨（Platycerium wallichii）、肾蕨（Nephrolepis cordifolia）、骨碎补（Davallia mariesii）、卷柏（Selaginella tamariscina）等都属于常见室内栽培植物，而树蕨（tree ferns）、金毛狗（Cibotium barometz）、紫萁（Osmunda japonica）、观音座莲属（Angiopteris）、狗脊蕨（Woodwardia japonica）、贯众（Cyrtomium fortunei）等大中型蕨类是很好的庭院栽培植物，一些植物有细长的茎或叶柄，被用来编织工艺品和编织品，如石松属（Lycopodium）、海金沙属（Lygodium）、里白属（Diplopterygium）等属的植物，又如金毛狗的根状茎可被加工成小狗形状的工艺品，桫椤的树干可被制成笔筒等。

巢蕨
Asplenium nidus

巢蕨
Asplenium nidus

肾蕨
Nephrolepis cordifolia

二歧鹿角蕨
Platycerium bifurcatum

药用（Herb medicine）：我国的中草药应用具有悠久的历史和良好的传统。李时珍的《本草纲目》中就记载了一些石松类和蕨类植物。最新研究表明，蛇足石杉（Huperzia serrata）、江南卷柏（Selaginella moellendorffii）、金毛狗（Cibotium barometz）、骨碎补（Davallia mariesii）等有很好的药用价值。在我国民间常用的药用石松类和蕨类植物就有几百种之多。

食用（Edible plants）：一些蕨类植物的幼叶是著名的山野菜，如荚果蕨（Matteuccia struthiopteris）、紫萁（Osmunda japonica）、中华蹄盖蕨（Athyrium sinense）、双盖蕨属（Diplazium）、蕨属（Pteridium）等。

绿肥和饲料（Green manure and forage）：水生植物满江红（Azolla imbricata）能与蓝藻共生而固氮，是非常经济的家畜饲料和绿肥植物。

指示植物（Indicator plants）：石松类和蕨类的大多数种类对生境反应敏感，要求不同的生态环境条件，因此它们也可以指示当地的生态环境。如柳叶蕨（Cyrtogonellum fraxinellum）、蜈蚣草（Pteris vittata）、肾蕨（Nephrolepis cordifolia）、虹鳞肋毛蕨（Ctenitis rhodolepis）、肿足蕨（Hypodematium crenatum）、岩凤尾蕨（Pteris deltodon）、贯众属（Cyrtomium）和铁线蕨属（Adiantum）等一些石生种类生于石灰岩或钙性土壤上，石松科（Lycopodiaceae）、里白科（Gleicheniaceae）、瘤足蕨科（Plagiogyriaceae）等科的一些植物则通常生于酸性土壤上，指示岩石或土壤的酸碱性。还有一些植物能指示气候，如桫椤科（Cyatheaceae）、观音座莲科（Angiopteridaceae）和附生蕨类如巢蕨（Asplenium）、鹿角蕨（Platycerium）、崖姜蕨（Aglaomorpha coronans）等常生于热带或亚热带湿热气候，膜蕨科（Hymenophyllaceae）植物多生活在阴湿环境，垫状卷柏（Selaginella pulvinata）、旱生卷柏（Selaginella stauntoniana）、旱蕨属（Pellaea）和粉背蕨属（Aleuritopteris）的一些种类则生活在干旱环境。岩蕨科（Woodsiaceae）、冷蕨科（Cystopteridaceae）和粗茎鳞毛蕨（Dryopteris crassirhizoma）、香鳞毛蕨（Dryopteris fragrans）等标志着温带气候。最为典型的是芒萁（Dicranopteris pedata），它常伴生于马尾松林下，指示亚热带气候和酸性土壤生境。也有一些植物能够耐受土壤中超量的一些元素，也可能对指示矿藏有一定的意义，如问荆（Equisetum arvense）和金矿，石松（Lycopodium japonicum）和铅矿，栗蕨（Histiopteris incisa）和铜矿等。

植物修复（Phytoremediation）：蜈蚣草（Pteris vittata）是被发现的第一种砷超富集植物。有资料显示，蜈蚣草具有非常强的耐砷和富集砷能力，吸收的砷可很快地转移到地上部，羽片含砷量是普通植物的数万倍，可超过普通植物的含磷量。由于其生长速度快、量大、地理分布广、适应性强，故在修复砷污染土壤方面具有广泛的应用前景。除蜈蚣草外，凤尾蕨属的凤尾蕨（Pteris cretica、Pteris umbrosa）和粉叶蕨（Pityrogramma calomelanos）也能超富集砷元素。

VII. 珍稀濒危植物（Rare and Engdangered Species）

在我国两千多种石松类和蕨类植物中，有一批属于珍稀濒危物种，其中不少是中国的特有种类。早在1987年出版的《中国植物红皮书》中就列出了13种濒危石松类和蕨类植物，它们是中华水韭、宽叶水韭、荷叶铁线蕨、原始观音座莲、对开蕨、桫椤、光叶蕨、笔筒树、玉龙蕨、狭叶瓶尔小草、鹿角蕨、扇蕨和中国蕨。1999年颁布的第一批国家重点保护植物名录又增加了金毛狗、法斗观音座莲、二回原始观音座莲、苏铁蕨、天星蕨、七指蕨、单叶贯众、水蕨属和水韭属全属以及桫椤科全科。

目前我国不少石松类和蕨类植物属于濒危物种，其濒危的主要原因是繁殖能力弱，种群过小，环境恶化以及人为采挖等。

基于作者的野外调查实际情况，提出下面一份重要的珍稀濒危植物名单，供生物多样性保护和研究参考。

中国重要的珍稀濒危石松类和蕨类植物
Important rare and endangered lycophytes and ferns in China

石松科 Lycopodiaceae

石杉属 Huperzia spp.

卡罗利拟小石松 Lycopodiella caroliniana (L.) Pich. Serm.

小石松 Lycopodiella inundata (L.) Holub

水韭科 Isoëtaceae

高寒水韭 Isoëtes hypsophila Hand.–Mazz.

东方水韭 Isoëtes orientalis H. Liu & Q. F. Wang.

中华水韭 Isoëtes sinensis Palmer

台湾水韭 Isoëtes taiwanensis De Vol

云贵水韭 Isoëtes yunguiensis Q. F. Wang & W. C. Taylor

瓶尔小草科 Ophioglossaceae

七指蕨 Helminthostachys zeylanica (L.) Hook.

带状瓶尔小草 Ophioglossum pendulum (L.) C. Presl

松叶蕨科 Psilotaceae

松叶蕨 Psilotum nudum (L.) Beauv.

合囊蕨科 Marattiaceae

观音座莲属 Angiopteris spp.

天星蕨 Christensenia aesculifolia (Blume) Maxon

粒囊蕨 Ptisana pellucida (C. Presl) Murdock

紫萁科 Osmundaceae

粤紫萁 Osmunda × mildei C. Chr.

膜蕨科 Hymenophyllaceae

大球杆毛蕨 Crepidomanes grande (Copel.) Ebihara & K. Iwats.

球杆毛蕨 Crepidomanes thysanostomum (Makino) Ebihara & K. Iwats.

毛边蕨 Didymoglossum wallii (Thwait.) Copel.

双扇蕨科 Dipteridaceae

燕尾蕨 Cheiropleuria bicuspis (Blume) C. Presl

莎草蕨科 Schizaeaceae

分枝莎草蕨 Schizaea dichotoma (L.) Sm.

莎草蕨 Schizaea digitata (L.) Sw.

蘋科 Marsileaceae

埃及蘋 Marsilea aegyptiaca Willd. (EX)

桫椤科 Cyatheaceae

中华桫椤 Alsophila costularis Baker

兰屿桫椤 Alsophila fenicis (Copel.) C. Chr.

阴生桫椤 Alsophila latebrosa Wall. ex Hook.

南洋桫椤 Alsophila loheri (Christ) R. M. Tryon

桫椤 Alsophila spinulosa (Wall. ex Hook.) Tryon

毛叶黑桫椤 Gymnosphaera andersonii (Scott ex Bedd.) Ching & S.K. Wu

滇南黑桫椤 Gymnosphaera austroyunnanensis (S. G. Lu) S. G. Lu

粗齿黑桫椤 Gymnosphaera denticulata (Baker) Copel.

大叶黑桫椤 Gymnosphaera gigantea (Wall. ex Hook.) J. Sm.

喀西黑桫椤 Gymnosphaera khasyana (T. Moore ex Kuhn) Ching

小黑桫椤 Gymnosphaera metteniana (Hance) Tagawa

黑桫椤 Gymnosphaera podophylla (Hook.) Copel.

白桫椤 Sphaeropteris brunoniana (Hook.) R. M. Tryon

笔筒树 Sphaeropteris lepifera (J. Sm. ex Hook.) R. M. Tryon

碗蕨科 Dennstaedtiaceae

岩穴蕨 Monachosorum maximowiczii (Baker) Hayata

台湾曲轴蕨 Paesia taiwanensis W. C. Shieh

凤尾蕨科 Pteridaceae

卤蕨 Acrostichum aureum L.

尖叶卤蕨 Acrostichum speciosum Willd.

荷叶铁线蕨 Adiantum nelumboides X. C. Zhang

中国蕨 Aleuritopteris grevilleoides (Christ) G. M. Zhang ex X. C. Zhang

粗梗水蕨 Ceratopteris pteridoides (Hook.) Hieron.

水蕨 Ceratopteris thalictroides (L.) Brongn.

泽泻蕨 Hemionitis cordata Roxb. ex Hook. & Grev.

连孢一条线蕨 Monogramma paradoxa (Fée) Bedd.

针叶蕨 Monogramma trichoidea (Fée) J. Sm. ex Hook. & Baker

隐囊蕨 Notholaena hirsuta (Poir.) Desv.

铁角蕨科 Aspleniaceae

细辛蕨 Hymenasplenium cardiophyllum (Hance) Nakaike

水鳖蕨 Asplenium delavayi (Franch.) Copel.

东北对开蕨 Asplenium komarovii Akasawa

巢蕨类 Asplenium nidus group

金星蕨科 Thelypteridaceae

边果蕨 Stegnogramma sinensis (Ching & W. M. Chu) L. J. He & X. C. Zhang, *comb. nov.* (EX)

   Craspedosorus sinensis Ching & W. M. Chu in Acta Phytotax. Sin. 16 (4): 26. 1978.

乌毛蕨科 Blechnaceae

苏铁蕨 Brainea insignis (Hook.) J. Sm.

扫把蕨 Blechnum fraseri (A. Cunn.) Luerss.

蹄盖蕨科 Athyriaceae

光叶蕨 Cystoathyrium chinense Ching (EX)

鳞毛蕨科 Dryopteridaceae

单叶贯众 Cyrtomium hemionitis Christ

水龙骨科 Polypodiaceae

顶育蕨 Aglaomorpha acuminata (Willd.) Hovenkamp

连珠蕨 Aglaomorpha meyeniana Schott

戟蕨 Christiopteris tricuspis (Hook.) Christ

雨蕨 Gymnogrammitis dareiformis (Hook.) Ching ex Tardieu & C. Chr.

扇蕨 Neocheiropteris palmatopedata (Baker) Christ

三叉扇蕨 Neocheiropteris triglossa (Baker) Ching (EX)

鹿角蕨 Platycerium wallichii Hook.

南洋石韦 Pyrrosia longifolia (Burm. f.) Morton (EX)

革舌蕨 Scleroglossum pusillum (Blume) Alderw.

修蕨 Selliguea feei Bory (EX)

上述种类只是中国珍稀濒危石松类和蕨类植物的一部分，还有很多物种也应列为珍稀物种。中国的桫椤科（Cyatheaceae）、水韭科（Isoetaceae）和水蕨属（Ceratopteris）都已全部列入保护名录。其实石杉属（Huperzia）、观音座莲属（Angiopteris）、巢蕨类（Asplenium nidus group, *Neottopteris*)的全部物种也都应该列为保护对象。作者曾对边果蕨（Stegnogramma sinensis, *Craspedosorus sinensis*）、光叶蕨（Cystoathyrium chinense）、埃及蘋（Marsilea aegyptiaca）和三叉扇蕨（Neocheiropteris triglossa）进行原产地调查，均无发现；另外，修蕨（Selliguea feei）和南洋石韦（Pyrrosia longifolia）几十年来也未曾有新的标本记录，估计这6种植物在我国境内已经野外绝灭。

Ⅷ. 标本的采集和制作（Collection of Specimens）

石松类和蕨类植物多为多年生草本植物，叶片占植株的主要部分，多呈二维平面，较易压制处理。植株的各个部分均具有分类价值，标本尽量要完整，但也要兼顾保护，不能随便采挖和破坏。好的标本要包括根状茎、鳞片、叶柄、叶片、孢子囊群等，应尽量采集可育的成熟植株。以居群概念为指导，注意居群的变异。标本制作时，对小型的植物务必保证同一台纸上的个体来自同一居群；中型植物如超过台纸大小进行"之"字形折叠；大型植物可剪取分类鉴定之重点部分，制作成系列标本。采集记录要包括采集信息和植物信息，如采集人、采集号、采集日期、产地、生境、海拔、经纬度、生活型、根状茎形态、叶形、孢子囊群等特征以及学名、科名和当地俗名等。

Ⅸ. 常用描述术语 （Common Used Terms for Description of Lycophytes and Ferns）

石松类和蕨类植物的描述术语很多，并且有很多是特指的。传统上蕨类的叶子英文称frond，叶柄称stipe，而叶片称lamina，而相应的在种子植物的描述上称leaf, petiole和blade；孢子叶称sporophyll；小型叶蕨类（石松类）的叶称小型叶microphyll。不同于一般植物的茎（stem），蕨类植物的茎不发达，地下或地面生，覆盖着叶柄基部残存、鳞片和须根，称根状茎（rhizome）。

有些术语有两个以上的英文词汇也尽量列出，不规则的复数形式以括号表示。蕨类植物描述词汇很丰富，达数百个；而这里列出的只是部分较常使用的。

孢子体 sporophyte

植株 plant

    土生的 terrestrial

    石生的 lithophytic, petrophytic

    附生的 epiphytic

    水生的 aquatic

    旱生的 xerophyte

    常绿的 evergreen

    落叶的 deciduous

    季节性的 seasonally green

    夏绿的 summer-green

    冬绿的 winter-green

    真菌营养的 mycotrophyic

    适蚁的 myrmecophilous

根状茎 rhizome, caudex

    直立的 erect

    近直立的 suberect

    斜升的 ascending

    攀援的 climbing, scandent

    横走的 creeping, repent

    短卧的 short-creeping

    长横走的 long-creeping

    短卧而先端斜升的 decumbent

    平卧的 prostrate

    辐射对称的 radial

    背腹对称的 dorsiventral

    节间 internode

直立茎（树蕨等）caudex, stem

游走茎 stolon, runner

根 root

根托 rhizophore

组织 tissue

    表皮 epidermis

薄壁组织 parenchyma

厚壁组织 sclerenchyma

维管束 vascular bundle

中柱类型 stele types

    星状中柱 actinostele

    网状中柱 dictyostele

    分生中柱 meristele

    编织中柱 plectostele

    原生中柱 protostele

    管状中柱 siphonostele

    疏隙管状中柱 solenostele

鳞片 scale

鳞片的着生

    基部着生的 basifixed

    盾状的 peltate

    假盾状的 pseudopeltate

鳞片的形状 shape of scales

    披针形的 lanceolate

    钻状的 subulate

    纤维状的 filiform

    毛发状的 bristle-like

    泡状的 bullate

    星状的 stellate

鳞片的颜色 color of scales

    一色 concolorous

    二色 bicolorous

    具边的 marginate

    黄色 yellow

    棕色（褐色）brown

    黑色 black

    具虹彩的 iridescent

鳞片的类型 scale types

    粗筛孔状的 clathrate

非粗筛孔状的 non-clathrate

鳞片的先端 apex of scales

渐尖的 acuminate

急尖的 acute

具芒的 aristate, bristle

钻状的 subulate

鳞片的边缘 margin of scales

全缘的 entire

锯齿状的 dentate

细锯齿状的 denticulate

具缘毛的 ciliate

具短缘毛的 ciliolate

流苏状的 fimbriate

叶柄 stipe, petiole

禾秆色的 stramineous

有沟槽的 sulcate, groove

气囊体 aerophore, pneumatophore

气囊线 pneumatic line

有关节的 articulate

无关节的 non-articulate

关节 articulation

叶足 phyllopodium (phyllopodia)

叶枕 pulvinus (pulvini)

翼（翅）ala (alae)

具翼的 alate

近轴面的 adaxial

远轴面的 abaxial

叶 frond, leaf

拳卷幼叶 crozier, fiddlehead

拳卷的 circinnate, circinal

基生叶 base frond (腐殖质聚集叶 humus-collecting frond)

落叶的 deciduous

常绿的 evergreen

单叶的 simple

复叶的 compound, decompound

大型叶 macrophyll

小型叶 microphyll

孢子叶 sporophyll

大孢子叶 megasporophyll

小孢子叶 microsporophyll

一形的 monomorphous, monomorphic

二形的 dimorphous, dimorphic

不完全二形的 hemidimorphous, hemidimorphic

不育叶 sterile frond; trophophyll, trophyll (石松类); trophophore (瓶尔小草类)

能育叶 fertile frond; sporophore (瓶尔小草类)

基生不育叶 nidophyll, nest fronds

顶生成熟叶 acrophyll (藤蕨类)

基生幼叶 bathyphyll (藤蕨类)

同形叶的 homophyllous, isophyllous

异形叶的 heterophyllous, anisophyllous

互生 alternate

对生 opposite

交互对生 decussate

复瓦状 imbricate

簇生 clustered

螺旋状 whorled

叶舌 ligule

叶片 lamina (laminae), blade

叶轴 rachis, rhachis (rachises, rhachises)

叶片分裂情况 division of lamina

单叶不分裂的 simple

羽裂的 pinnatifid

羽状浅裂的 pinnatilobate

羽状全裂的 pinnatisect

篦齿状的 pectinate

羽状的 pinnate

奇数羽状的 imparipinnate

偶数羽状的 paripinnate

一回羽状的 1-pinnate

一回羽状-羽片羽裂的 1-pinnate-pinnatifid

二回羽状的 2-pinnate (bipinnate)

二回羽状-小羽片羽裂的 2-pinnate-pinnatifid

三回羽状的 3-pinnate (tripinnate)

四回羽状的 4-pinnate (quadripinnate)

掌状的 palmate

掌状分裂的 palmatifid

鸟足状的 pedatifid

叶片形状 shape of lamina

心形 cordate

正三角形 deltate

对开的 dimidiate

椭圆形 elliptic

镰刀形 falcate

扇形 flabellate

戟状的 hastate

披针形 lanceolate

线性 linear

倒披针形 oblanceolate

长圆形 oblong

倒卵形 obovate

圆形 orbicular

卵形 ovate

卵圆形 oval

五角形 pentagonal

肾形 reniform

斜方形 trapeziform

三角形 triangular

叶片基部 base of lamina

对称的 symmetric

不对称的 asymmetric

急尖的 acute

渐尖的 acuminate

渐狭的 attenuate

心形的 cordate

近心形的 subcordate

楔形的 cuneate

下延的 decrescent

无耳的 exauriculate

戟形的 hastate

箭头形的 sagittate

盾状的 peltate

斜的 obligue

具耳的 auriculate

两侧具耳的 biauriculate

单侧具耳的 uniauriculate

圆钝的 obtuse

圆的 rounded

平截的 truncate

叶片顶端 apex of lamina

渐尖的 acuminate

急尖的 acute

具芒的 aristate

渐狭的 attenuate

尾状的 caudate

骤尖的 cuspidate

微缺的 emarginated

短尖的 mucronate

圆钝的 obtuse

浅凹的 retuse

圆的 round

平截的 truncate

叶片边缘 margin of lamina

重锯齿的 biserrate, doubly serrate

具缘毛的 ciliate

具圆齿的 crenate

具细圆齿的 crenulate

全缘的 entire

锯齿状的 serrate

细锯齿状的 serrulate

具牙齿的 dentate

具细牙齿的 denticulate

外卷的 revolute

内卷的 involute

平展的 plane

波状的 undulate

裂的 lobed

羽状裂的 pinnately lobed

掌状裂的 palmately lobed

缺刻 sinus (sinuses)

软骨质的 cartilaginous

叶片表面 surface of lamina

光滑的 glabrous

具毛的 pilose

具卷曲毛的 villous

具糙伏毛的 strigose

具糙硬毛的 hispid

具长硬毛的 hirsute

粗糙的 scabrous

被微柔毛的 puberulent

被绒毛的 tomentose

叶片质地 texture of lamina

肉质的 carnose

软骨质的 cartilaginous

厚纸质的 chartaceous

革质的 coriaceous

草纸的 herbaceous

透明的 hyaline

膜质的 membranaceous

纸质的 papyraceous

叶片颜色 colour of lamina

绿色的 green

褐色的 brown

灰白色的（有腊粉的） glaucous

具虹彩的 iridescent

羽片 pinna (pinnae)

羽轴 costa (costae)

上侧的 acroscopic

下侧的 basiscopic

羽轴 costa (costae)

小羽片 pinnule

小羽轴 costule

上先出的 anadromous, anadromic

下先出的 catadromous, catadromic

裂片 lobe (pinnulet)

末回裂片 ultimate segment

中脉 midvein, midrib

叶脉 vein

小脉 veinlet

叶脉图式 venation pattern

上先出的 anadromous, anadromic

下先出的 catadromous, catadromic

网结的 anastomosing

分离的 free

游离内藏小脉 free included veinlet

具连接边脉的 commissural

羽状的 pinnate

网状的 reticulate, anastomosing

网眼 areole, areola (areolae)

沿羽轴的网眼 costal areole

沿小羽轴的网眼 costular areole

假脉 false vein

气孔 stoma (stomae)

水囊 hydathode

蜜腺 nectary

毛 hair

单细胞 unicellular

分节的 septate

多细胞，多节 multicelluar

单列细胞 multicellular, uniseriate

二列细胞 multicellular, bieriate

多列细胞 multicellular, multiseriate

针状的 acicular

腺毛状的 glandular

星状 stellate

念珠状 intestiniform

蠕虫状 vermiculiform

腺体 gland

具腺体的 glandular

棒状的 clavate

头状的 capitate

芽孢 gemma (gemmae)

孢子囊群 sorus (sori)

卤蕨型的 acrostichoid

汇生囊群 coenosorus (coenosori)

聚合囊群 synangium (synangia)

孢子叶穗（瓶尔小草等）fertile spike

孢子叶穗（石松等）strobilus, cone

孢子囊群线 sori line

孢子果 sporocarp

孢子囊群托 receptacle

背生的 dorsal

边生的 marginal

中生的 medial

顶生的 terminal

叶表面生的 superficial

下限的 sunken

隔丝 paraphysis (paraphyses)

囊群盖 indusium (indusia)

有囊群盖的 indusiate

无囊群盖的 exindusiate

两瓣的 bilabiate, bivalvate

球状的 sphaeropteroid

肾形的 reniform

盾状的 peltate

长圆的 elongate

圆形的 orbiculate

杯状的 cup-shaped

囊瓣 involucre

假囊群盖 false indusium

盖膜 velum

孢子囊 sporangium (sporangia)

环带 annulus (annuli)

唇细胞 stomium (stomia)

孢子囊柄 pedicel, stalk

无柄的 sessile

大孢子囊 megasporangium

小孢子囊 microsporangium

孢子 spore

同型孢子的 homosporous

异型孢子的 heterosporous

大孢子 megaspore

小孢子 microspore

绿色的 chlorophyllus

无色的 achlorophyllus

单裂缝 monolete

三裂缝 trilete

周壁 perispore

赤道 equator

裂痕 laesura

弹丝 elater

四分体 tetrad

表面纹饰 surface ornamentation

刺状的 aculeate

棒状的 baculate

棍棒状的 clavate

鸡冠状的 cristate

具刺的 echinate

乳头状的 gemmulate

网状的 reticulate

具皱纹的 rugate

具瘤的 tuberculate

具疣的 verrucate

配子体 gametophyte

原叶体 prothallus (prothallia); thallus (thalli); thalloid

精子器 antheridium (antheridia)

颈卵器 arachegonium (archegonia)

假根 rhizoid

染色体数目 chromosome number

染色体基数 basic number (x)

单倍体 haploid (n)

二倍体 diploid (2n)

三倍体 triploid (3n)

四倍体 tetraploid (4n)

五倍体 pentaploid (5n)

六倍体 hexaploid (6n)

八倍体 octoploid (8n)

多倍体 polyploid

非整倍体 aneuploid

同源多倍体 autopolyploid, autoploid

异源多倍体 allopolyploid, alloploid

繁殖（生殖）方式

propagation (reproduction) mode

有性的 sexual

无性的 asexual

营养繁殖的 vegetative

无配子生殖 apogamy, apogamous

无融合生殖 apomixis (apomixes)

无融合生殖种 apomict

无融合生殖的 apomictic

无孢子生殖 apospory

杂种 hybrid

Ⅹ. 多样性和分布（Diversity and Distribution）

全世界有多少石松类和蕨类植物？一般认为约有一万两千种之多。最新的比较保守的估计，全世界的种类可能不到一万一千种，其中石松类占十分之一多。这些植物广泛分布于世界各地，但以热带和亚热带山地种类最多，尤其是在热带美洲和热带亚洲物种多样性最高。在北半球，我国的石松类和蕨类植物种类最为丰富，分布有全世界五分之一的种类。

由于分类研究历史较短，物种划分问题很多，我国的物种还不完全清楚。秦仁昌院士早在1958年基于他1940年的分类系统，统计出中国有1650种，隶属于165属，49科。到1972年，邢功侠先生在编写《中国高等植物图鉴》蕨类部分时，指出我国约有2600种。1959—2004年，中国蕨类植物学家历时45年，出版了《中国植物志》5卷10册的蕨类部分，按照秦仁昌院士1978年的中国蕨类植物分类系统，植物志记载了石松类和蕨类植物63科，220属，2539种，8亚种，158变种，33变型和4个杂种，总计2742个种和种下等级。

我们在《中国植物志》的基础上，参考国内外分类学最新研究成果，采用新的分类系统，统计出我国石松类和蕨类植物有38科和12亚科，164属，约有2300种。但这不是最终的数据。随着研究的不断深入，特别是对一些困难类群，在新的分类学修订研究之后，才能得出更为客观、准确的关于我国石松类和蕨类植物的具体物种数目。此外，随着调查的详细，也会有一些新的物种和新的分布记录在我国被发现。

中国石松类和蕨类植物没有特有的科，过去认为的一些特有属，按照最新的分子系统学研究，也多并入其他较广布的大属下。但我国有不少东亚特有属和以中国及邻近地区为分布中心的一些属。中国石松类和蕨类植物约有45%的特有种（图7），这一比例亦是很高了。中国周边国家共有物种最多的依次是印度、日本和越南（图8）。

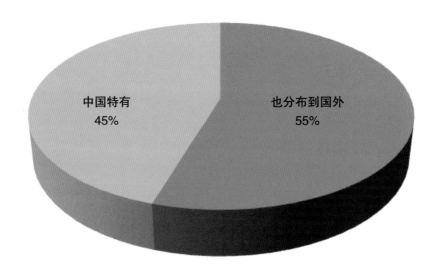

中国特有
45%

也分布到国外
55%

图7. 中国石松类和蕨类植物特有种比率

Fig.7. Ratio of endemism of lycophyte and fern species in China

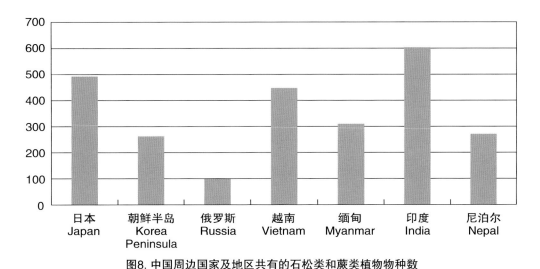

图8. 中国周边国家及地区共有的石松类和蕨类植物物种数

Fig.8. Lycophyte and fern species of China in common with adjacent countries or regions

　　我国幅员辽阔，山川地貌复杂，南北气候迥异，从北到南，从西到东，石松类和蕨类的区系不同，物种数量变化很大。从图9可以看出，我国西南地区物种最为丰富，尤其是云南省无愧为蕨类植物王国。石松类和蕨类植物多为山地森林植物，在我国各大山系的多样性最高，有的一座山就有数百种。我国著名的观察蕨类植物的名山有四川的峨眉山，重庆的金佛山，湖北的神农架，福建的武夷山，台湾的中央山脉，海南的五指山，东北的长白山，陕西的秦岭，云南的玉龙雪山和高黎贡山，西藏的东南部和喜马拉雅南坡聂拉木等地。其中面积不大的峨眉山和金佛山分别分布着400多种石松类和蕨类植物。

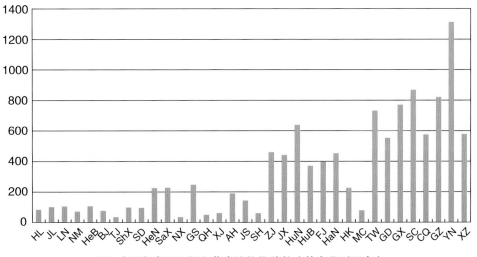

图9. 中国各省区石松和蕨类植物物种数（从东北到西南）

Fig.9. Number of species of lycophytes and ferns by province or district in China (from NE to SW)

　　石松类和蕨类植物以山地森林为主要生活场所，对环境反应比较敏感。在同一山脉的不同海拔地段，物种组成也不相同，呈现非常明显的垂直分布规律和替代现象。在全国范围内统计每种分布的海拔幅度，可以发现在海拔500—2500m 分布的物种数量最多（图10）。

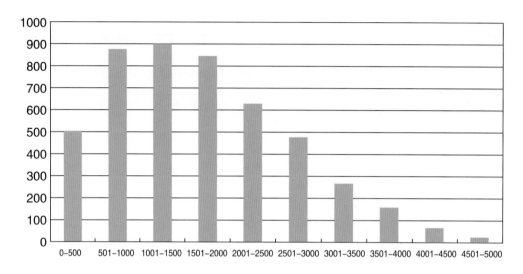

图10. 中国石松类和蕨类植物物种垂直分布统计（从低至高海拔, m）

Fig.10. Richness of species of lycophytes and ferns by altitudinal zone in China

石 松 类
Lycophytes

1. 石松科

Lycopodiaceae P. Beauv. ex Mirb.

石杉属 Huperzia Bernh.

华南马尾杉 Huperzia austrosinica
龙骨马尾杉 Huperzia carinata
皱边石杉 Huperzia crispata
峨眉石杉 Huperzia emeiensis
福氏马尾杉 Huperzia fordii
广东马尾杉 Huperzia guangdongensis
喜马拉雅马尾杉 Huperzia hamiltonii
东北石杉 Huperzia miyoshiana
马尾杉 Huperzia phlegmaria
柔软马尾杉 Huperzia salvinioides
小杉兰 Huperzia selago
蛇足石杉 Huperzia serrata
上思马尾杉 Huperzia shangsiensis
粗糙马尾杉 Huperzia squarrosa
四川石杉 Huperzia sutchueniana
云南马尾杉 Huperzia yunnanensis

小石松属 Lycopodiella Holub

垂穗石松 Lycopodiella cernua
小石松 Lycopodiella inundata

石松属 Lycopodium L.

多穗石松 Lycopodium annotinum
藤石松 Lycopodium casuarinoides
扁枝石松 Lycopodium complanatum
石松 Lycopodium japonicum
灰白扁枝石松 Lycopodium multispicatum
笔直石松 Lycopodium obscurum f. strictum
矮小扁枝石松 Lycopodium veitchii
绿色扁枝石松 Lycopodium wilceae
成层石松 Lycopodium zonatum

华南马尾杉（华南石杉）

Huperzia austrosinica Ching
Phlegmariurus austrosinicus (Ching) L. B. Zhang

分布：CQ, GD, GX, GZ, HuN, JX, SC, HK, YN.
生境：林下岩石上。
海拔：700—2000m。（蒋日红 摄）

龙骨马尾杉

Huperzia carinata (Desv. ex Poir.) Trev.
Lycopodium carinatum Desv. ex Poir.
Phlegmariurus carinatus (Desv. ex Poir.) Ching

分布：GD, GX, HaN, TW, YN.
生境：密林中石上或树干上。　海拔：80—700m。

皱边石杉

Huperzia crispata (Ching) Ching
Lycopodium crispatum Ching

分布：CQ, GZ, HuB, HuN, JX, SC, YN.
生境：林下阴湿处。
海拔：900—2600m。

李策宏 摄

峨眉石杉

Huperzia emeiensis (Ching) Ching & H. S. Kung
Lycopodium emeiense Ching

分布：CQ, GZ, HuB, HuN, SC, YN.
生境：林下湿地、山谷河滩灌丛中、山坡
沟边石上或树干。
海拔：800—2800m。

福氏马尾杉

Huperzia fordii (Baker) R. D. Dixit
Lycopodium fordii Baker
Phlegmariurus fordii (Baker) Ching

分布：CQ, FJ, GD, GX, GZ, HaN, HK, HuN,
JX, SC, TW, YN, ZJ.
生境：竹林下阴处、山沟阴岩壁、灌木林
下岩石上。
海拔：100—1700m。

广东马尾杉

Huperzia guangdongensis (Ching) Holub
Phlegmariurus guangdongensis Ching

分布：GD, GX, HaN.
生境：林下树干或岩壁。　海拔：400—1000m。

喜马拉雅马尾杉

Huperzia hamiltonii (Spreng.) Trev.
Lycopodium hamiltonii Spreng.
Phlegmariurus hamiltonii (Spreng.) A. Löve & D. Löve

分布：YN, XZ.
生境：常绿阔叶林树干上或石壁上。
海拔：1900—2300m。

东北石杉

Huperzia miyoshiana (Makino) Ching
Lycopodium miyoshianum Makino

分布：LN.
生境：林下湿地或苔藓上。
海拔：1000—2200m。

马尾杉

Huperzia phlegmaria (L.) Rothm.
Lycopodium phlegmaria L.
Phlegmariurus phlegmaria (L.) Holub

分布：GD, GX, HaN, TW, YN.
生境：林下树干或岩石上。
海拔：100—2400m。（蒋日红 摄）

柔软马尾杉

Huperzia salvinioides (Herter) Holub
Urostachys salvinioides Herter
Phlegmariurus salvinioides (Herter) Ching

分布：TW.
生境：林下树干或岩石上。
海拔：700—2000m。

小杉兰

Huperzia selago (L.) Bernh. ex Schrank & Mart.
Lycopodium selago L.

分布：HLJ, JL, LN, SaX, SC, TW, XJ, XZ,YN, ZJ.
生境：高山草甸、石缝、林下、沟旁。
海拔：1900—5000m。

蛇足石杉（蛇足石松, 千层塔）

Huperzia serrata (Thunb.) Trev.
Lycopodium serratum Thunb.

分布：AH, CQ, FJ, GD, GX, GZ, HaN, HeN, HK, HL,
　　　HuB, HuN, JS, JX, JL, LN, SC, TW, XZ, YN, ZJ.
生境：林下灌丛下、路旁。
海拔：300—2700m。

上思马尾杉

Huperzia shangsiensis (C. Y. Yang) Holub
Phlegmariurus shangsiensis C. Y. Yang

分布：GX.　生境：林下石上。
海拔：700—1000m。（蒋日红 摄）

粗糙马尾杉

Huperzia squarrosa (G. Forst.) Trev.
Lycopodium squarrosum G. Forst.
Phlegmariurus squarrosus (G. Forst.) A. Löve & D. Löve

分布：GX, TW, XZ, YN.
生境：林下树干或土生。
海拔：600—1900m。

四川石杉

Huperzia sutchueniana (Herter) Ching
Lycopodium sutchuenianum Herter

分布：AH, CQ, GD, GZ, HuB, HuN, JX, SC, ZJ.
生境：林下或灌丛下湿地或岩石上。
海拔：800—2000m。

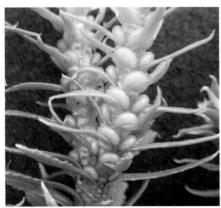

云南马尾杉

Huperzia yunnanensis (Ching) Holub
Phlegmariurus yunnanensis Ching

分布：YN.
生境：林下树干上。
海拔：1500—2600m。

垂穗石松（灯笼草）

Lycopodiella cernua (L.) Pic. Serm.
Lycopodium cernuum L.
Palhinhaea cernua (L.) Franco & Vasc.

分布：CQ, FJ, GD, GX, GZ, HeN, HL, HuB,
　　　HuN, JS, JX, JL, LN, NM, SC, TW,
　　　XJ, XZ,YN, ZJ.
生境：林下、林缘及灌丛下阴处或岩石上。
海拔：100—1800m。

小石松

Lycopodiella inundata (L.) Holub
Lycopodium inundatum L.

分布：FJ.
生境：山坡、灌丛中。

多穗石松

Lycopodium annotinum L.

分布：CQ, GS, HL, HuB, JL, LN, NM, SaX, SC, TW, XJ.
生境：针叶林、混交林或竹林林下、林缘。
海拔：700—3700m。

藤石松

Lycopodium casuarinoides Spring
Lycopodiastrum casuarinoides (Spring) Holub

分布：CQ, FJ, GD, GX, GZ, HaN, HK, HuB, HuN,
JX, SC, TW, YN, ZJ.
生境：林缘、灌丛下或沟边。
海拔：100—3100m。（蒋日红 摄）

扁枝石松

Lycopodium complanatum L.
Diphasiastrum complanatum (L.) Holub

分布：CQ, FJ, GD, GX, GZ, HaN, HK, HuB, HuN, JX, MC, SC, TW, XZ, YN, ZJ.

生境：灌丛下或山坡草地。　　海拔：700—2900m。

刘红梅 摄

石　松

Lycopodium japonicum Thunb.

分布：AH, CQ, FJ, GD, GZ, HaN, HeB, HeN, HK, HuB, HuN, JS, JX, NM, SaX, SC, TW, XJ, XZ, YN, ZJ.

生境：林下、灌丛下、草坡、路边或岩石上。

海拔：100—3300m。

灰白扁枝石松

Lycopodium multispicatum J. H.Wilce
Diphasiastrum multispicatum (J. H.Wilce) Holub
Diphasiastrum complanatum (L.) Holub var. *glaucum* Ching

分布：GX, XZ, YN.
生境：林下或山林缘。
海拔：1300—2100m。

笔直石松

Lycopodium obscurum L. f. **strictum** (Milde) Nakai ex Hara
Lycopodium dendroideum Michx. f. *strictum* Milde

分布：AH, CQ, GZ, HuB, HuN, JX, SC, TW, XZ, YN, ZJ.
生境：灌丛下、针阔叶混交林下或岩壁阴湿处。
海拔：1400—3100m。

蒋日红 摄　　李策宏 摄

矮小扁枝石松

Lycopodium veitchii Christ
Diphasiastrum veitchii (Christ) Holub

分布：CQ, HuB, SC, TW, XZ, YN.
生境：岩石上。　海拔：3200m。

绿色扁枝石松

Lycopodium wilceae (Ivanenko) X. C. Zhang, *comb. nov.*

Diphasiastrum wilceae Ivanenko in Bot. Zhurn. (Moscow & Leningrad) 88 (9): 130. 2003.

分布：GD, GZ, SC, TW, YN.

生境：灌丛下或山坡草地。　海拔：700—2900m。

成层石松

Lycopodium zonatum Ching

Lycopodium alticola Ching

分布：SC, XZ, YN.

生境：冷杉疏林下及高山灌丛中。

海拔：3600—4000m。

中华水韭 *Isoëtes sinensis* （刘保东 摄）

2. 水韭科

Isoëtaceae Reichenb.

水韭属 Isoëtes L.

高寒水韭 Isoëtes hypsophila

东方水韭 Isoëtes orientalis

中华水韭 Isoëtes sinensis

台湾水韭 Isoëtes taiwanensis

云贵水韭 Isoëtes yunguiensis

高寒水韭 *Isoëtes hypsophila*

David Boufford 摄

高寒水韭

Isoëtes hypsophila Hand.–Mazz.

分布：JX, SC, YN.

生境：高山草甸沼泽地带水塘中，高山湖泊边
缘。

海拔：3350—4460m。

东方水韭

Isoëtes orientalis H. Liu & Q. F. Wang

分布：ZJ.

生境：沼泽地。

海拔：50—600m。（丁炳扬 摄）

中华水韭

Isoëtes sinensis Palmer

分布：AH, GX, HuN, JS, JX, ZJ.
生境：静水池塘或湿地。
海拔：10—600m。（蒋日红 摄）

台湾水韭

Isoëtes taiwanensis De Vol

分布：TW.
生境：浅水湖底。
海拔：860m左右。

云贵水韭

Isoëtes yunguiensis Q. F. Wang & W. C. Taylor

分布：GZ, YN.
生境：山沟溪流水中及流水的沼泽地。
海拔：1000—2100m。

垫状卷柏 *Selaginella pulvinata*

3. 卷柏科

Selaginellaceae Willk

卷柏属 Selaginella P. Beauv.

白边卷柏 Selaginella albocincta
二形卷柏 Selaginella biformis
双沟卷柏 Selaginella bisulcata
大叶卷柏 Selaginella bodinieri
布朗卷柏 Selaginella braunii
秦氏卷柏 Selaginella chingii
块茎卷柏 Selaginella chrysocaulos
缘毛卷柏 Selaginella ciliaris
长芒卷柏 Selaginella commutata
蔓出卷柏 Selaginella davidii
薄叶卷柏 Selaginella delicatula
深绿卷柏 Selaginella doederleinii
疏松卷柏 Selaginella effusa
桂海卷柏 Selaginella guihaii
琼海卷柏 Selaginella hainanensis
攀援卷柏 Selaginella helferi
小卷柏 Selaginella helvetica
异穗卷柏 Selaginella heterostachys
兖州卷柏 Selaginella involvens
小翠云 Selaginella kraussiana
缅甸卷柏 Selaginella kurzii
细叶卷柏 Selaginella labordei
松穗卷柏 Selaginella laxistrobila
膜叶卷柏 Selaginella leptophylla
耳基卷柏 Selaginella limbata
狭叶卷柏 Selaginella mairei
小叶卷柏 Selaginella minutifolia
江南卷柏 Selaginella moellendorffii

单子卷柏 Selaginella monospora
伏地卷柏 Selaginella nipponica
钱叶卷柏 Selaginella nummularifolia
微齿钝叶卷柏 Selaginella ornata
平卷柏 Selaginella pallidissima
拟双沟卷柏 Selaginella pennata
黑顶卷柏 Selaginella picta
毛枝攀援卷柏 Selaginella pseudopaleifera
垫状卷柏 Selaginella pulvinata
疏叶卷柏 Selaginella remotifolia
高雄卷柏 Selaginella repanda
海南卷柏 Selaginella rolandi-principis
鹿角卷柏 Selaginella rossii
红枝卷柏 Selaginella sanguinolenta
糙叶卷柏 Selaginella scabrifolia
西伯利亚卷柏 Selaginella sibirica
中华卷柏 Selaginella sinensis
旱生卷柏 Selaginella stauntoniana
粗茎卷柏 Selaginella superba
卷柏 Selaginella tamariscina
毛枝卷柏 Selaginella trichoclada
翠云草 Selaginella uncinata
鞘舌卷柏 Selaginella vaginata
细瘦卷柏 Selaginella vardei
瓦氏卷柏 Selaginella wallichii
藤卷柏 Selaginella willdenowii

白边卷柏

Selaginella albocincta Ching

分布：GX, SC, XZ, YN.
生境：干热河谷、岩石、山坡、灌丛下。
海拔：1700—3250m。

二形卷柏

Selaginella biformis A. Braun ex Kuhn

分布：FJ, GD, GX, GZ, HaN, HK, HuN, YN.
生境：林下阴湿处或岩石上。　海拔：100—1500m。

双沟卷柏

Selaginella bisulcata Spring

分布：SC, XZ, YN.
生境：干旱山坡或岩石上。
海拔：400—2400m。

大叶卷柏

Selaginella bodinieri Hieron. ex Christ

分布：CQ, GX, GZ, HuB, HuN, SC, YN.
生境：林下或岩石上。
海拔：(330—)700—1800m。

布朗卷柏

Selaginella braunii Baker

分布：AH, CQ, GZ, HaN, HuB, HuN, SC, YN, ZJ.
生境：林下、石灰岩石缝。
海拔：(50—)400—1400(—1800) m。

秦氏卷柏

Selaginella chingii Alston

分布：GX.
生境：石灰岩溶洞岩壁上。
海拔：240—800m。

块茎卷柏

Selaginella chrysocaulos (Hook. & Grev.) Spring
Lycopodium chrysocaulos Hook. & Grev.

分布：GZ, SC, XZ, YN.
生境：林下或草丛中。
海拔：(1400—)1800—2500(—3100) m。

缘毛卷柏

Selaginella ciliaris Spring

分布：GD, GX, HaN, HK, TW, YN.
生境：草地或岩石上。
海拔：50—850m。

长芒卷柏

Selaginella commutata Alderw.

分布：GX.

生境：林下。

海拔：150—950m。

蔓出卷柏

Selaginella davidii Franch.

分布：AH, BJ, CQ, FJ, GD, GS, HeB, HeN, HuB, HuN, JS, JX, NX, SaX, SD, ShX, TJ, ZJ.

生境：灌丛中阴处，潮湿地或干旱山坡。

海拔：100—1200m。

薄叶卷柏

Selaginella delicatula (Desv. ex Poir.) Alston
Lycopodium delicatulum Desv. ex Poir.

分布：AH, CQ, FJ, GD, GX, GZ, HaN, HK, HuB, HuN, JX, MC,
　　SC, TW, YN, ZJ.
生境：土生或生阴处岩石上。
海拔：100—1000m。

深绿卷柏

Selaginella doederleinii Hieron.

分布：AH, CQ, FJ, GD, GX, GZ, HaN, HK, HuB,
　　HuN, JX, MC, SC, TW, YN, ZJ.
生境：林下土生。
海拔：200—1000（—1350）m。

疏松卷柏

Selaginella effusa Alston

分布：GD, GX, GZ, XZ, YN.
生境：阴处岩石上或林下土生。
海拔：200—1450m。

桂海卷柏

Selaginella guihaia X. C. Zhang, sp. nov., ined.

分布：GX.
生境：林下。
海拔：500—700m。

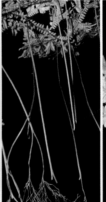

琼海卷柏

Selaginella hainanensis X. C. Zhang & Noot.

分布：HaN.
生境：橡胶林下或灌丛草地。
海拔：50—150m。

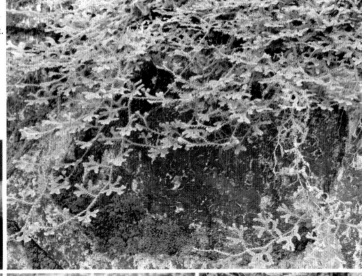

攀援卷柏

Selaginella helferi Warb.

分布：GX, GZ, HuN, YN.
生境：常绿阔叶林空地。
海拔：100—1200(—1800)m。

小卷柏

Selaginella helvetica (L.) Link

Lycopodium helveticum L.

分布：AH, BJ, GS, HeB, HeN, HL, JL, LN, NM, QH, SaX, SD, ShX, SC, XZ, YN.

生境：林下阴湿石壁上或石缝中，同苔藓混生。

海拔：(200—)2600—3200(—3780) m。

异穗卷柏

Selaginella heterostachys Baker

Lycopodioides heterostachya (Baker) Kuntze

分布：AH, CQ, FJ, GD, GS, GX, GZ, HaN, HeN, HK, HuN, JX, MC, SC, TW, YN, ZJ.

生境：林下岩石上。　海拔：130—1300(—1900) m。

兖州卷柏

Selaginella involvens (Sw.) Spring
Lycopodium involvens Sw.

分布：AH, CQ, FJ, GD, GS, GX, GZ, HaN, HK, HeN,
　　　HuB, HuN, JX, SaX, SC, TW, XZ, YN, ZJ.
生境：林中附生树干上。　海拔：450—3100m。

小翠云

Selaginella kraussiana A. Braun

分布：栽培。

缅甸卷柏

Selaginella kurzii Baker

分布：GX, TW, YN.
生境：林缘路边。　海拔：180—1800m。

细叶卷柏

Selaginella labordei Hieron. ex Christ

分布：AH, CQ, FJ, GS, GX, GZ, HeN, HuB, HuN, JX, QH, SaX, SC, TW, XZ, HK, YN, ZJ.

生境：林下或岩石上。　海拔：(250—)1000—3000(—4025) m。

松穗卷柏

Selaginella laxistrobila K. H. Shing

分布：SC, YN.

生境：林下潮湿处或岩石上。

海拔：2500—3575 m。

膜叶卷柏

Selaginella leptophylla Baker

分布：GX, GZ, HK, SC, TW, YN.
生境：阴处岩石上。
海拔：440—1300m。

耳基卷柏

Selaginella limbata Alston

分布：FJ, GD, GX, HuN, JX, HK, ZJ.
生境：林下或山坡阳面。
海拔：50—950m。

狭叶卷柏

Selaginella mairei H. Lév.

分布：CQ, GZ, SC, YN.
生境：灌丛中、岩石上或山坡草地。
海拔：(300—)1100—2600(—3000) m。

小叶卷柏

Selaginella minutifolia Spring

分布：YN.
生境：林下阴处土生。　海拔：500—700m。

江南卷柏

Selaginella moellendorffii Hieron.

分布：AH, CQ, FJ, GD, GS, GX, GZ, HaN, HK, HeN, HuB, HuN, JS, JX, SaX, SC, TW, YN, ZJ.

生境：岩石缝中或林下草丛中。

海拔：100—1500m。

单子卷柏

Selaginella monospora Spring

分布：GD, GX, GZ, HaN, XZ, YN.

生境：林下阴湿处，土生。

海拔：(450—)1300—1800(—2600) m。

伏地卷柏

Selaginella nipponica Franch.

分布：AH, CQ, FJ, GD, GS, GX, GZ, HeN,
　　　HuB, HuN, JS, JX, QH, SaX, SC, SD,
　　　SH, ShX, TW, XZ, HK, YN, ZJ.

生境：草地或岩石上。　海拔：80—1300m。

钱叶卷柏

Selaginella nummularifolia Ching

分布：XZ.

生境：桦木林或柏木林下，石灰岩上。

海拔：3100—4200m。

微齿钝叶卷柏

Selaginella ornata Spring

分布：GX, YN.
生境：林下或石灰岩溶洞中。
海拔：500—1500m。

平卷柏

Selaginella pallidissima Spring

分布：SC, YN.
生境：针阔叶混交林下、土坎上，或山坡、
　　　　路边草丛中。
海拔：2000—2700m。

拟双沟卷柏

Selaginella pennata Spring

分布：YN.
生境：干旱山坡、林下。
海拔：400—1200m。

黑顶卷柏

Selaginella picta A. Braun ex Baker

分布：GD, GX, GZ, HaN, JX, XZ, YN.
生境：密林下。　海拔：450—1000(—1800) m。

毛枝攀援卷柏

Selaginella pseudopaleifera Hand.–Mazz.

分布：GX, YN.
生境：常绿阔叶林、竹林下。　海拔：200—350m。

垫状卷柏（九死还魂草）

Selaginella pulvinata (Hook. & Grev.) Maxim.
Lycopodium pulvinatum Hook. & Grev.

分布：BJ, CQ, FJ, GS, GX, GZ, HeB, HeN, HuB, HuN, JX, LN, SaX, SC, ShX,TW, XZ, YN.

生境：山坡岩石上或石缝中。

海拔：(100—)1000—3000(—4250) m。

疏叶卷柏

Selaginella remotifolia Spring

分布：CQ, FJ, GD, GX, GZ, HK, HuB, HuN, JS, JX, SC, TW, YN, ZJ.
生境：林下，土生。
海拔：(150—)600—2400(—3000) m。

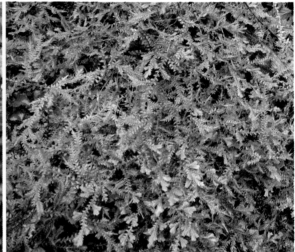

高雄卷柏

Selaginella repanda (Desv.) Spring
Lycopodium repandum Desv.

分布：GX, GZ, HaN, SC, TW, YN.
生境：岩石上或灌丛下，土生。
海拔：100—1300m。

海南卷柏

Selaginella rolandi-principis Alston

分布：GX, HaN, YN.

生境：林下阴处或溪边。

海拔：(100—)300—900(—1500) m。

董仕勇 摄

鹿角卷柏

Selaginella rossii (Baker) Warb.

分布：HLJ, JL, LN, SD.

生境：林下岩石上。

海拔：200—800m。

红枝卷柏

Selaginella sanguinolenta (L.) Spring
Lycopodium sanguinolentum L.

分布：BJ, CQ, GS, GZ, HeB, HeN, HL, HuN,
JL, LN, NM, NX, QH, SaX, SC, ShX,
TJ, XJ, XZ, YN.
生境：石灰岩上。
海拔：1400—3450m。

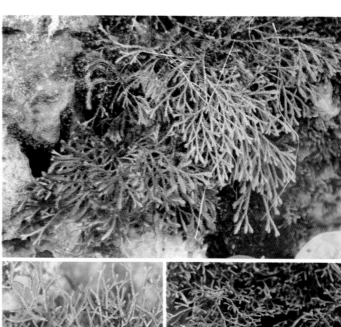

糙叶卷柏

Selaginella scabrifolia Ching & Chu H. Wang
Selaginella doederleinii Hieron. subsp. *scabrifolia* (Ching & Chu H. Wang) X. C. Zhang

分布：HaN. 生境：林下溪边。 海拔：(600—)900—1800m。

西伯利亚卷柏

Selaginella sibirica (Milde) Hieron.
Selaginella rupestris (L.) Spring f. *sibirica* Milde

分布：HLJ, JL, NMG.
生境：干旱山坡、草地、岩石上。

中华卷柏

Selaginella sinensis (Desv.) Spring
Lycopodium sinense Desv.

分布：AH, BJ, HeB, HeN, HL, HuB, JS, JL,
　　　LN, NM, NX, SaX, ShX, TJ.
生境：灌丛中岩石上或土坡上。
海拔：100—1000(—2800) m。

旱生卷柏

Selaginella stauntoniana Spring

分布：BJ, HeB, HeN, JL, LN, NX,
　　　SaX, SD, ShX, TW.
生境：山坡或岩石缝中。
海拔：500—2500m。

粗茎卷柏

Selaginella superba Alston
Selaginella frondosa auct. non Warb.

分布：YN.
生境：石灰岩上、山地雨林下。
海拔：100—150m。

卷柏（万年青）

Selaginella tamariscina (P. Beauv.) Spring
Stachygynandrum tamariscinum P. Beauv.

分布：AH, BJ, CQ, FJ, GD, GX, GZ,
　　　HaN, HeB, HeN, HuB, HuN, JS,
　　　JX, JL, LN, NM, QH, SaX, SC,
　　　SD, ShX, TW, HK, YN, ZJ.
生境：沟边潮湿地或石灰岩上。
海拔：(60—)500—1500m。

毛枝卷柏

Selaginella trichoclada Alston

分布：AH, FJ, GD, GX, HuN, JX, ZJ.
生境：林下。　　海拔：150—900m。

翠云草

Selaginella uncinata (Desv.) Spring
Lycopodium uncinatum Desv.

分布：AH, CQ, FJ, GD, GX, GZ, HK, HuB,
　　　HuN, JX, SaX, SC, YN, ZJ.
生境：林下。　海拔：50—1200m。

鞘舌卷柏

Selaginella vaginata Spring

分布：BJ, CQ, GS, GX, GZ, HeN,
　　　HuB, HuN, SaX, SC, XZ, YN.
生境：林下岩石上。
海拔：(600—)1000—3100m。

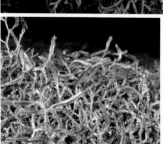

细瘦卷柏

Selaginella vardei H. Lév.

分布：CQ, GS, SC, XZ, YN.
生境：灌丛下、石缝中，或苔藓覆盖的岩石上。
海拔：(950—)2700—3800m。

  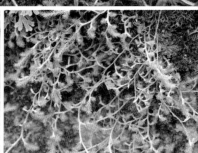

瓦氏卷柏

Selaginella wallichii (Hook. & Grev.) Spring
Lycopodium wallichii Hook. & Grev.

分布：GD, GX, YN.
生境：林下阴处。
海拔：100—1500m。

藤卷柏

Selaginella willdenowii (Desv.) Baker
Lycopodium willdenowii Desv.

分布：GX, GZ, YN.
生境：林下或灌丛中。
海拔：50—1000m。

蕨　类
Ferns

披散木贼 *Equisetum diffusum*（方震东 摄）

1. 木贼科

Equisetaceae Michx. ex DC.

木贼属 Equisetum L.

问荆 Equisetum arvense
披散木贼 Equisetum diffusum
溪木贼 Equisetum fluviatile
木贼 Equisetum hyemale
犬问荆 Equisetum palustre
草问荆 Equisetum pratense
节节草 Equisetum ramosissimum
蔺木贼 Equisetum scirpoides
林木贼 Equisetum sylvaticum
斑纹木贼 Equisetum variegatum

问荆 *Equisetum arvense*

问荆

Equisetum arvense L.

分布：AH, BJ, CQ, FJ, GS, GZ, HeB, HeN, HL, HuB, HuN, JS, JX, JL, LN, NM, NX, QH, SaX, SC, SD, SH, ShX, TJ, XJ, XZ, YN, ZJ.

生境：河滩及疏阴处水沟旁。

海拔：2200—3250m。

披散木贼（散生木贼）

Equisetum diffusum D. Don

分布：CQ, GS, GX, GZ, HuB, HuN, JS, SC, SH, XZ, YN.

生境：草丛中湿土上。　　海拔：550—3400m。

溪木贼

Equisetum fluviatile L.

分布：CQ, GS, HL, JL, NM, SC, XZ, XJ.
生境：沼泽，湿草甸及河、湖岸边。
海拔：500—3000m。

木　贼

Equisetum hyemale L.

分布：BJ, CQ, GS, HeB, HeN, HL, HuB, JL, LN, NM, SaX, SC, TJ, XJ.
生境：山地河谷岸边，针叶或混交林缘。　海拔：100—3000m。

犬问荆

Equisetum palustre L.

分布：BJ, CQ, GS, GZ, HeB, HeN, HL, HuB, HuN, JL, JX, LN, NM, NX, QH, SaX, SC, ShX, XJ, XZ, YN.
生境：田沟边及溪沟旁。　海拔：200—4000m。

草问荆

Equisetum pratense Ehrhart

分布：BJ, GS, HeB, HeN, HL, JL, LN, NM, SaX, SD,
　　　ShX, XJ.
生境：田边、沟边。
海拔：500—2800m。

节节草

Equisetum ramosissimum Desf.

Hippochaete ramosissimum (Desf.) Börner

分布：BJ, CQ, FJ, GD, GS, GX, GZ, HaN, HeB, HeN, HL,
　　　HuB, HuN, JS, JX, JL, LN, NM, NX, QH, SaX, SC,
　　　SD, SH, ShX, TW, TJ, XJ, XZ.YN, ZJ.
生境：路边、田埂及溪边草丛中。
海拔：100—3300m。

藺木贼

Equisetum scirpoides Michx.

分布：HLJ, NM, XJ.
生境：山地针叶林下。
海拔：500—2600m。

林木贼

Equisetum sylvaticum L.

分布：HLJ, JL, NM, SD, XJ.

生境：针阔叶混交林下或河谷
　　　岸边。

海拔：200—1600m。

斑纹木贼

Equisetum variegatum Schleich. ex Weber & Mohr.

分布：HLJ, JL, LN, NM, SC, XJ.

生境：高山草甸和潮湿处。　　海拔：1500—3700m。

2. 瓶尔小草科

Ophioglossaceae Martinov

心脏叶瓶尔小草 *Ophioglossum reticulatum*

阴地蕨属 Botrychium Sw.

薄叶阴地蕨 Botrychium daucifolium
华东阴地蕨 Botrychium japonicum
绒毛阴地蕨 Botrychium lanuginosum
扇羽阴地蕨 Botrychium lunaria
劲直阴地蕨 Botrychium strictum
阴地蕨 Botrychium ternatum
蕨萁 Botrychium virginianum
云南阴地蕨 Botrychium yunnanense

七指蕨属 Helminthostachys Kaulf.

七指蕨 Heliminthostachys zeylanica

瓶尔小草属 Ophioglossum L.

带状瓶尔小草 Ophioglossum pendulum
心脏叶瓶尔小草 Ophioglossum reticulatum
瓶尔小草 Ophioglossum vulgatum

薄叶阴地蕨

Botrychium daucifolium Wall. ex Hook. & Grev.

Sceptridium daucifolium (Wall. ex Hook. & Grev.) Y. X. Lin

分布：CQ, GD, GX, GZ, HaN, HuN, JX, SC, YN, ZJ.
生境：常绿阔叶林林下。
海拔：1200—1650m。

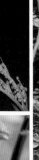

华东阴地蕨

Botrychium japonicum (Prantl) Underw.

Botrychium daucifolium wall. ex Hook. & Grev. var. *japonicum* Prantl

Sceptridium japonicum (Prant) Y. X. Lin

分布：FJ, GD, GZ, HuN, JS, JX, TW, ZJ.
生境：林下溪边。
海拔：1200m以下。

绒毛阴地蕨

Botrychium lanuginosum Wall. ex Hook. & Grev.
Botrypus lanuginosus (Wall. ex Hook. & Grev.) Holub

分布：GX, GZ, HuN, SC, TW, XZ, YN.
生境：杂木林下或岩石上。
海拔：1000—3000m。

扇羽阴地蕨

Botrychium lunaria (L.) Sw.
Osmunda lunaria L.

分布：BJ, GS, HeB, HeN, HL, HuN, JL,
　　　LN, NM, QH, SaX, ShX, SC, TW,
　　　XJ, XZ, YN.
生境：散生温带草原、草甸或林下。
海拔：1300—4000m。

劲直阴地蕨

Botrychium strictum Underw.

分布：CQ, GS, HeN, HL, HuB, JL, LN, NM, SaX, SC.
生境：林下。
海拔：1500—2300m。

阴地蕨

Botrychium ternatum (Thunb.) Sw.
Osmunda ternata Thunb.
Sceptridium ternatum (Thunb.) Y. X. Lin

分布：AH, CQ, FJ, GD, GX, GZ, HeN, HuB, HuN, JS, JX,
　　　LN, SaX, SC, SD, TW, XZ, ZJ.
生境：丘陵地灌丛阴处。
海拔：400—1000m。

蕨萁

Botrychium virginianum (L.) Sw.
Osmunda virginiana L.

分布：CQ, GS, GZ, HeN, HuB, HuN, SaX, SC, ShX, XZ, YN, ZJ.
生境：山地林下。
海拔：1600—3200m。

云南阴地蕨

Botrychium yunnanense Ching
Botrypus yunnanensis (Ching) Z. R. He

分布：GX, YN.
生境：疏林或灌丛中石灰岩隙。
海拔：1900—2750m。

七指蕨

Helminthostachys zeylanica (L.) Hook.
Osmunda zeylanica L.

分布：GD, HaN, TW, YN.
生境：湿润疏阴林下。
海拔：700m以下。 （于胜祥 摄）

瓶尔小草属 Ophioglossum L.

带状瓶尔小草

Ophioglossum pendulum L.
Ophioderma pendulum (L.) C. Presl

分布：GX, HaN, TW.
生境：附生雨林中树干上。
海拔：100—800m。（Ralf Knapp 摄）

心脏叶瓶尔小草

Ophioglossum reticulatum L.

分布：CQ, FJ, GX, GZ, HeN, HuB, HuN, JX, SC, TW, XZ, YN.
生境：密林下。　　海拔：1100—4000m。

瓶尔小草（一支箭）

Ophioglossum vulgatum L.

分布：CQ, FJ, GD, GX,GZ, HaN, HeN, HK, HuB, HuN, JS, JX, MC,
　　　SaX, SC, TW, XJ, XZ, YN, ZJ.
生境：林下、草丛中。
海拔：350—3000m。

3. 松叶蕨科

Psilotaceae J. W. Griff. & Henfr.

松叶蕨属 Psilotum Sw.

松叶蕨（松叶兰）

Psilotum nudum (L.) P. Beauv.
Lycopodium nudum L.

分布：CQ, FJ, GD, GX, GZ, HaN, HK, HuB, HuN,
　　　JS, JX, MC, SaX, SC, TW, XZ, YN, ZJ.
生境：树上附生或石生。
海拔：100—900m。（蒋日红 摄）

福建观音座莲 *Angiopteris fokiensis*

4. 合囊蕨科

Marattiaceae Kaulf.

观音座莲属 Angiopteris Hoffm.

二回原始观音座莲 Angiopteris bipinnata
食用观音座莲 Angiopteris esculenta
福建观音座莲 Angiopteris fokiensis
亨利原始观音座莲 Angiopteris henryi
河口观音座莲 Angiopteris hokouensis
法斗观音座莲 Angiopteris sparsisora
尖叶原始观音座莲 Angiopteris tonkinensis

天星蕨属 Christensenia Maxon

天星蕨 Christensenia aesculifolia

粒囊蕨属 Ptisana Murdock.

粒囊蕨 Ptisana pellucida

二回原始观音座莲

Angiopteris bipinnata (Ching) J. M. Camus
Archangiopteris bipinnata Ching

分布：YN.　　生境：杂木林下。　　海拔：1100—1300m。

（和兆荣 摄）

食用观音座莲

Angiopteris esculenta Ching

分布：XZ, YN.
生境：山坡或密林下。　　海拔：1200—2400m。

福建观音座莲

Angiopteris fokiensis Hieron.

分布：CQ, FJ, GD, GX, GZ, HaN, HK, HuB, HuN, JX, SC, YN, ZJ。　　生境：林下或潮湿溪沟边。　　海拔：450—1600m。

亨利原始观音座莲

Angiopteris henryi (Christ & Gies.) J. M. Camus
Archangiopteris henryi Christ & Gies.
Archangiopteris latipinna Ching

分布：GX, TW, YN.
生境：常绿阔叶林下阴湿处。
海拔：1100—1500m。

陆树刚 摄

河口观音座莲

Angiopteris hokouensis Ching

分布：GX, YN.
生境：林下溪边。
海拔：100—1100m。

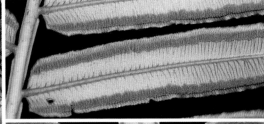

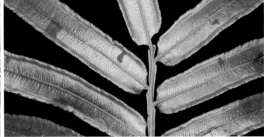

法斗观音座莲

Angiopteris sparsisora Ching

分布：YN.

生境：常绿阔叶林下。　海拔：1500—1550m。

和兆荣 摄

尖叶原始观音座莲

Angiopteris tonkinensis (Hayata) J. M. Camus
Archangiopteris tonkinensis (Hayata) Ching
Protomarattia tonkinensis Hayata

分布：HaN.
生境：山谷密林下或溪边阴湿处。
海拔：120—350m。

天星蕨

Christensenia aesculifolia (Blume) Maxon
Aspidium aesculifolium Blume
Kaulfussia assamica Griff.
Christensenia assamica (Griff.) Ching

分布：YN.
生境：雨林下。
海拔：900m左右。
（李东 摄）

粒囊蕨（合囊蕨）

Ptisana pellucida (C. Presl) Murdock
Marattia pellucida C. Presl

分布：TW.
生境：山坡、林下。
（Ralf Knapp 摄）

紫萁 *Osmunda japonica*

5. 紫萁科

Osmundaceae Martinov

紫萁属 Osmunda L.

狭叶紫萁 Osmunda angustifolia
粗齿紫萁 Osmunda banksiifolia
紫萁 Osmunda japonica
宽叶紫萁 Osmunda javanica
绒紫萁 Osmunda pilosa

华南紫萁 Osmunda vachellii
粤紫萁 Osmunda × milderi

桂皮紫萁属 Osmundastrum C. Presl

亚洲桂皮紫萁 Osmundastrum asiaticum

狭叶紫萁

Osmunda angustifolia Ching

分布：GD, HaN, HK, HuN, TW.

生境：潮湿山谷、岩石上或溪沟边。　海拔：300m。

粗齿紫萁

Osmunda banksiifolia (C. Presl) Kuhn
Nephrodium banksiifolium C. Presl
Plenasium banksiifolium (C. Presl) C. Presl

分布：FJ, GD, HK, JX, TW, ZJ.
生境：溪沟边。
海拔：20—600m。

紫萁

Osmunda japonica Thunb.

分布：AH, CQ, FJ, GD, GS, GX, GZ, HK, HeN,
　　　HuB, HuN, JS, JX, SaX, SC, SD, SH, TW,
　　　XZ, YN, ZJ.
生境：林下或溪边酸性土上。
海拔：2300m以下。

宽叶紫萁

Osmunda javanica Blume
Plenasium javanicum (Blume) C. Presl

分布：GX, GZ, HaN, YN.
生境：常绿混交林下。
海拔：950—1600m。

绒紫萁

Osmunda pilosa Wall. ex Grev. & Hook.

Osmunda claytoniana L. var. *pilosa* (Wall. ex Grev. & Hook.) Ching

Plenasium pilosum (Wall. ex Grev. & Hook.) C. Presl

Osmundastrum claytonianum (L.) Tagawa var. *pilosum* (Wall. ex Grev. & Hook.) W. M. Chu & S. G. Lu

Osmundastrum claytonianum (L.) Tagawa subsp. *pilosum* (Wall. ex Grev. & Hook.) Tzvele

Osmunda claytoniana L. subsp. *vestita* (Wall. ex Milde) A. Löve & D. Löve

Osmunda claytoniana L. var. *vestita* Wall. ex Milde

Osmunda claytoniana L. subsp. *vestita* (Wall. ex Milde) Fraser–Jenk.

Osmunda strumpilosum (Wall. ex Grev. & Hook.) Schmakov

分布: CQ, GZ, HuB, HuN, LN, SC, TW, XZ, YN.   **生境:** 山坡灌丛、草甸及路边疏阴处。   **海拔:** 1750—3600m。

华南紫萁

Osmunda vachellii Hook.

Plenasium vachellii (Hook.) C. Presl

分布：CQ, FJ, GD, GX, GZ, HaN, HK, HuN, JX, MC, SC, YN, ZJ.
生境：草坡上和溪边阴处酸性土上。　海拔：约700m。

粤紫萁

Osmunda × mildei C. Chr.

Osmunda angustifolia Ching × *O. japonica* Thunb.

分布：GD, JX, HK.
生境：山坡灌丛下。
海拔：400—500m。

亚洲桂皮紫萁

Osmundastrum asiaticum (Fernald) X. C. Zhang, *comb. nov.*

Osmunda cinnamomea L. var. *asiatica* Fernald in Rhodora 32: 75. 1930.

Osmunda cinnamomea L. subsp. *asiatica* (Fernald) Fraser–Jenk.

Osmunda asiatica (Fernald) Ohwi

Osmunda cinnamomea L. var. *fokiensis* Copel.

Osmundastrum cinnamomea L. var. *fokiensis* (Copel.) Tagawa

Osmundastrum cinnamomeum (L.) C. Presl var. *asiaticum* (Fernald) Kitag.

分布：AH, CQ, FJ, GD, GX, GZ, HL, HuN, JL, JX, LN, SC, TW, YN, ZJ.　　　生境：沼泽地带。　　　海拔：1700—2000m。

皱叶蕗蕨 *Hymenophyllum corrugatum*

6. 膜蕨科

Hymenophyllaceae Mart.

长片蕨属 Abrodictyum C. Presl

线片长片蕨 Abrodictyum obscurum
广西长片蕨 Abrodictyum obscurum var. siamense

假脉蕨属 Crepidomanes C. Presl

翅柄假脉蕨 Crepidomanes latealatum
团扇蕨 Crepidomanes minutum
长柄假脉蕨 Crepidomanes racemulosum

毛边蕨属 Didymoglossum Desv.
单叶毛边蕨 Didymoglossum sublimbatum

膜蕨属 Hymenophyllum Sm.

蔛蕨 Hymenophyllum badium
华东膜蕨 Hymenophyllum barbatum
皱叶蔛蕨 Hymenophyllum corrugatum
波纹蔛蕨 Hymenophyllum crispatum
毛蔛蕨 Hymenophyllum exsertum
羽叶蔛蕨 Hymenophyllum paramnioides
多果蔛蕨 Hymenophyllum polyanthos
宽片膜蕨 Hymenophyllum simonsianum

瓶蕨属 Vandenboschia Copel.

瓶蕨 Vandenboschia auriculata
管苞瓶蕨 Vandenboschia birmanica

线片长片蕨（线片长筒蕨）

Abrodictyum obscurum (Blume) Ebihara & K. Iwats.

Selenodesmium obscurum (Blume) Copel.

分布：GD, GX, HaN, HK, HuN, MC.

生境：山谷中、林下阴湿处或岩石上。

海拔：200—700m。（蒋日红 摄）

广西长片蕨（广西长筒蕨）

Abrodictyum obscurum (Blume) Ebihara & K. Iwats. var. **siamense** (Christ) K. Iwats.

Trichomanes siamense Christ

Selenodesmium siamense (Christ) Ching & Chu H. Wang

分布：GD, GX, HaN, HK, HuN, MC.　　生境：山谷中、林下阴湿处或岩石上。　　海拔：200—700m。

翅柄假脉蕨

Crepidomanes latealatum (Bosch) Copel.
Didymoglossum latealatum Bosch
Trichomanes latealatum (Bosch) Christ

分布：CQ, GD, GX, GZ, HuN, SC, XZ, YN.
生境：林下阴湿石壁上、岩石上或树干上。
海拔：1000—2400m。

团扇蕨

Crepidomanes minutum (Blume) K. Iwats.
Trichomanes minutum Blume
Gonocormus minutus (Blume) Bosch

分布：AH, CQ, FJ, GD, GS, GX, GZ, HaN, HK, HL, HuB, HuN, JL, JX, LN, MC, SC, SH, TW, YN, ZJ.
生境：林下潮湿的岩石上。　海拔：200—800m。

长柄假脉蕨

Crepidomanes racemulosum (Bosch) Ching
Didymoglossum racemulosum Bosch

分布： CQ, FJ, GD, GS, GX, GZ, HaN, HK, HuN,
　　　　JX, SC, XZ, YN, ZJ.
生境： 山地林下、阴湿的岩石上或附生于树干上。
海拔： 600—1950m。

毛边蕨属　Didymoglossum Desv.

单叶毛边蕨（单叶假脉蕨）

Didymoglossum sublimbatum (Müll. Berol.) Ebihara & K. Iwats.
Trichomanes sublimbatum Müll. Berol.
Microgonium sublimbatum (Müll. Berol.) Bosch

分布： GX, GZ, YN.　　**生境：** 热带雨林下的岩石上。　　**海拔：** 750—1000m。

蒋日红 摄

蕗蕨

Hymenophyllum badium Hook. & Grev.
Mecodium badium (Hook. & Grev.) Copel.

分布：CQ, FJ, GD, GX, GZ, HaN, HK, HuB, HuN, JX, SC, TW, XZ, YN, ZJ.
生境：密林下溪边潮湿的岩石上。
海拔：600—1600m。

华东膜蕨

Hymenophyllum barbatum (Bosch) Baker
Leptocionium barbatum Bosch

分布：AH, CQ, FJ, GD, GX, GZ, HaN, HeN, HuB, HuN, JX, SaX, SC, TW, ZJ.
生境：林下阴暗岩石上。
海拔：800—1000m。

皱叶蕗蕨

Hymenophyllum corrugatum Christ
Mecodium corrugatum (Christ) Copel.

分布：SaX, SC.
生境：林下阴湿岩石上。
海拔：1800—2600m。

波纹蕗蕨

Hymenophyllum crispatum Wall. & Hook.
Mecodium crispatum (Wall. & Hook.) Copel.

分布：GD, GX, GZ, HaN, YN.
生境：常绿阔叶林中树干上或岩石壁上。
海拔：1500—2200m。

毛蕗蕨

Hymenophyllum exsertum Wall. ex Hook.
Mecodium exsertum (Wall. ex Hook.) Copel.

分布：HaN, JX, SC, TW, XZ, YN.
生境：高山的原始森林下阴湿处或岩石上。
海拔：2000—3000m。

羽叶蕗蕨

Hymenophyllum paramnioides (H. G. Zhou & W. M. Chu) X. C. Zhang, *comb. nov.*
Mecodium paramnioides H. G. Zhou & W. M. Chu in Acta Phytotax. Sin. 31: 291. 1993.

分布：GX.
生境：密林下、溪边、潮湿的岩石上。
海拔：800—1600m。

多果蕗蕨

Hymenophyllum polyanthos (Sw.) Sw.
Trichomanes polyanthos Sw.
Mecodium polyanthos (Sw.) Copel.

分布：FJ, GD, GS, GX, GZ, HK, HuN, JX, SC, XZ, ZJ.
生境：潮湿的岩石上。   海拔：300—1800m。

宽片膜蕨

Hymenophyllum simonsianum Hook.

分布：SC, TW, XZ, YN.
生境：林下沟边的岩石或树干上。
海拔：2000—3000m。

瓶蕨

Vandenboschia auriculata (Blume) Copel.

Trichomanes auriculatum Blume

分布：CQ, GD, GX, GZ, HaN, HK, HuN, JX, SC, TW, XZ, YN, ZJ.
生境：攀援在溪边树干上或阴湿岩石上。
海拔：500—1000m。

管苞瓶蕨

Vandenboschia birmanica (Bedd.) Ching

Trichomanes birmanica Bedd.

分布：FJ, GD, GX, GZ, HaN, HeN, HuN, JX, TW, YN, ZJ.
生境：溪边阴湿的岩石上或树干上附生。
海拔：1500—2700m。

大里白 *Diplopterygium giganteum*

7. 里白科

Gleicheniaceae C. Presl

芒萁属 Dicranopteris Bernh

乔芒萁 Dicranopteris gigantea
铁芒萁 Dicranopteris linearis
芒萁 Dicranopteris pedata
大羽芒萁 Dicranopteris splendida

里白属 Diplopterygium (Diels) Nakai

阔片里白 Diplopterygium blotianum
粤里白 Diplopterygium cantonense
中华里白 Diplopterygium chinense
大里白 Diplopterygium giganteum
里白 Diplopterygium glaucum
光里白 Diplopterygium laevissimum
海南里白 Diplopterygium simulans

假芒萁属 Sticherus C. Presl

假芒萁 Sticherus laevigatus

乔芒萁

Dicranopteris gigantea Ching

分布：HaN, YN.
生境：林下。
海拔：500—1100m。

铁芒萁

Dicranopteris linearis (Burm. f.) Underw.
Polypodium lineare Burm. f.

分布：GD, GX, GZ, HaN, HK, SC, TW,
　　　XZ, YN.
生境：疏林下或火烧迹地上。
海拔：100—1000m。

芒萁

Dicranopteris pedata (Houtt.) Nakaike
Polypodium pedatum Houtt.
Dicranopteris dichotoma (Thunb.) Bernh.

分布：AH, CQ, FJ, GD, GS, GX, GZ, HeN,
　　　HK, HuB, HuN, JS, JX, MC, SC, TW,
　　　YN, ZJ.
生境：强酸性土的荒坡或林缘、森林砍伐
　　　后或放荒后的坡地上。
海拔：1880m。

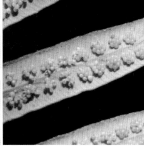

大羽芒萁（大芒萁）

Dicranopteris splendida (Hand.–Mazz.) Tagawa
Gleichenia splendida Hand.–Mazz.
Dicranopteris ampla Ching & P. S. Chiu

分布：GD, GX, GZ, HaN, HK, JX, XZ, YN.
生境：疏林下或林缘。
海拔：600—1400m。

阔片里白

Diplopterygium blotianum (C. Chr.) Nakai
Gleichenia blotiana C. Chr.

分布：GD, GX, HaN, TW.
生境：林下、灌丛或路边。
海拔：300—500m。

粤里白

Diplopterygium cantonense (Ching) Ching
Gleichenia cantonensis Ching

分布：GD, HaN, HK.
生境：林缘。　海拔：300—800m。（蒋日红 摄）

中华里白

Diplopterygium chinense (Rosenst.) De Vol
Gleichenia chinensis Rosenst.

分布：CQ, FJ, GD, GX, GZ, HaN, HK, HuN, JX,
　　　MC, SC, TW, YN, ZJ.
生境：山谷溪边或林下，有时成片生长。
海拔：800—1650m。

大里白

Diplopterygium giganteum (Wall. ex Hook.) Nakai
Gleichenia gigantea Wall. ex Hook.

分布：SC, XZ, YN.
生境：林边草坡上。　海拔：1350—2800m。

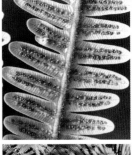

里　白

Diplopterygium glaucum (Thunb. ex Houtt.) Nakai
Polypodium glaucum Thunb. ex Houtt.

分布：CQ, GD, GZ, HK, HuB, HuN, JX, SC, TW, ZJ.
生境：常绿阔叶林林缘或杉木林内。
海拔：1500—2100m。

蒋日红 摄

光里白

Diplopterygium laevissimum (Christ) Nakai
Gleichenia laevissima Christ

分布：AH, CQ, FJ, GD, GX, GZ, HaN, HuB, HuN, JX, SC, XZ, YN, ZJ.
生境：山谷中阴湿处。　海拔：500—2500m。

海南里白

Diplopterygium simulans (Ching) Ching ex X. C. Zhang
Hicriopteris simulans Ching

分布：HaN.
生境：山坡、林缘边。　海拔：100—300m。

假芒萁属 Sticherus C. Presl

假芒萁

Sticherus laevigatus C. Presl
Gleichenia laevigata Hook.

分布：GD, HaN, HK, YN.
生境：灌木丛中、疏林下，或溪边阳光充足处。
海拔：471—448m。

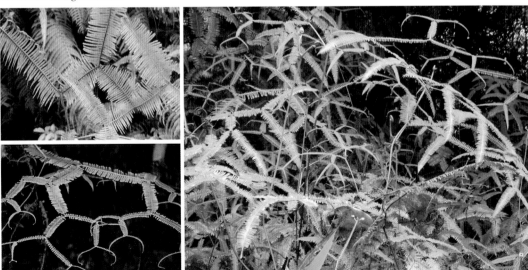

中华双扇蕨 *Dipteris chinensis*

8. 双扇蕨科

Dipteridaceae Seward ex E. Dale

燕尾蕨属 Cheiropleuria C. Presl

燕尾蕨 Cheiropleuria bicuspis

双扇蕨属 Dipteris Reinw.

中华双扇蕨 Dipteris chinensis
双扇蕨 Dipteris conjugata
喜马拉雅双扇蕨 Dipteris wallichii

燕尾蕨

Cheiropleuria bicuspis (Blume) C. Presl
Polypodium bicuspe Blume

分布：GD, GX, GZ, HaN, HuN, SC, TW, ZJ.
生境：林下石灰岩上。
海拔：400—1300m。

双扇蕨属 Dipteris Reinw.

中华双扇蕨

Dipteris chinensis Christ

分布：CQ, GD, GX, GZ, HK,
　　　HuN, YN.
生境：灌丛中地上。
海拔：800—1200m。

双扇蕨

Dipteris conjugata (Kaulf.) Reinw.
Polypodium conjugatum Kaulf.

分布：GD, HaN, TW, YN.
生境：密林下地上。
海拔：1400—2100m。

喜马拉雅双扇蕨

Dipteris wallichii (R. Br.) T. Moore
Polypodium wallichii R. Br.

分布：XZ, YN.
生境：山坡阔叶林下。
海拔：1200—1400m。（高信芬 摄）

小叶海金沙 *Lygodium microphyllum*

9. 海金沙科

Lygodiaceae M. Roem.

海金沙属 Lygodium Sw.

海南海金沙 Lygodium circinnatum
曲轴海金沙 Lygodium flexuosum
海金沙 Lygodium japonicum
掌叶海金沙 Lygodium longifolium
小叶海金沙 Lygodium microphyllum
羽裂海金沙 Lygodium polystachyum
柳叶海金沙 Lygodium salicifolium

海南海金沙

Lygodium circinnatum (Burm. f.) Sw.
Ophioglossum circinnatum Burm. f.

分布：GD, GX, GZ, HaN, HK, YN.
生境：疏阴次生林林缘。海拔：50—500m。

曲轴海金沙

Lygodium flexuosum (L.) Sw.
Ophioglossum flexuosum L.

分布：FJ, GD, GX, GZ, HaN, HK, HuN, MC, YN.
生境：疏林中或附生树干上。
海拔：100—800m。

海金沙

Lygodium japonicum (Thunb.) Sw.
Ophioglossum japonicum Thunb.

分布：AH, CQ, FJ, GD, GS, GX, GZ, HaN, HeN, HK, HuB,
　　　HuN, JS, JX, MC, SaX, SC, SH, TW, XZ, YN, ZJ.
生境：灌木丛中。　　海拔：150—1700m。

掌叶海金沙

Lygodium longifolium (Willd.) Sw.

分布：HaN, TW.
生境：密林中。　　海拔：1200—1700m。

小叶海金沙

Lygodium microphyllum (Cav.) R. Br.

Ugena microphylla Cav.

Lygodium scandens R. Br.

分布：FJ, GD, GX, HaN, HK, JX, TW, YN.

生境：溪边灌木丛中。

海拔：100—150m。

徐克学 摄

羽裂海金沙

Lygodium polystachyum Wall. ex T. Moore
Lygodium pinnatifidum Prantl

分布：GX, YN.
生境：疏林中。　海拔：400—800m。

柳叶海金沙

Lygodium salicifolium C. Presl

分布：HaN, YN.
生境：混交林中。
海拔：840—1180m。

10. 莎草蕨科

Schizaeaceae Kaulf.

莎草蕨属　Schizaea Sm.

分枝莎草蕨

Schizaea dichotoma (L.) Sm.

Acrostichum dichotomum L.

分布：HaN, TW.　　生境：疏林下。　　海拔：50—100m。

向建英 摄

11. 蘋 科

Marsileaceae Mirb.

蘋属　Marsilea L.

南国蘋（南国田字草）

Marsilea crenata C. Presl

分布：FJ, HaN, TaW.
生境：水塘, 沟渠及水田中。
海拔：50—200m。

蘋（田字草）

Marsilea quadrifolia L.

分布：BJ, CQ, FJ, GD, GX, GZ, HaN,
　　　HeB, HeN, HK, HL, HuB, HuN, JS,
　　　JX, JL, LN, MC, SaX, SC, SD, SH,
　　　ShX, TJ, XJ, YN, ZJ.
生境：水田或沟塘。
海拔：10—1200m。

12. 槐叶蘋科

Salviniaceae Martinov

槐叶蘋属　Salvinia Ség.

槐叶蘋（蜈蚣漂）

Salvinia natans (L.) All.
Marsilea natans L.

分布：BJ, CQ, FJ, GD, GS, GX, GZ, HaN, HeB, HeN, HK, HL, HuB, HuN, JS, JX, JL, LN, NM, NX, SC, SD, SH, ShX, TW, TJ, XJ, ZJ.
生境：沟塘和静水溪河内。
海拔：500—2500m。

满江红

Azolla pinnata R. Br. subsp. **asiatica** R. M. K. Saunders & K. Fowler

分布：BJ, CQ, FJ, GD, GX, GZ, HaN, HeB, HeN, HK, HuB, HuN, JS, JX, LN, SaX, SC, SD, SH, TJ, YN, ZJ.
生境：水田和静水沟塘中。　海拔：10—1200m。

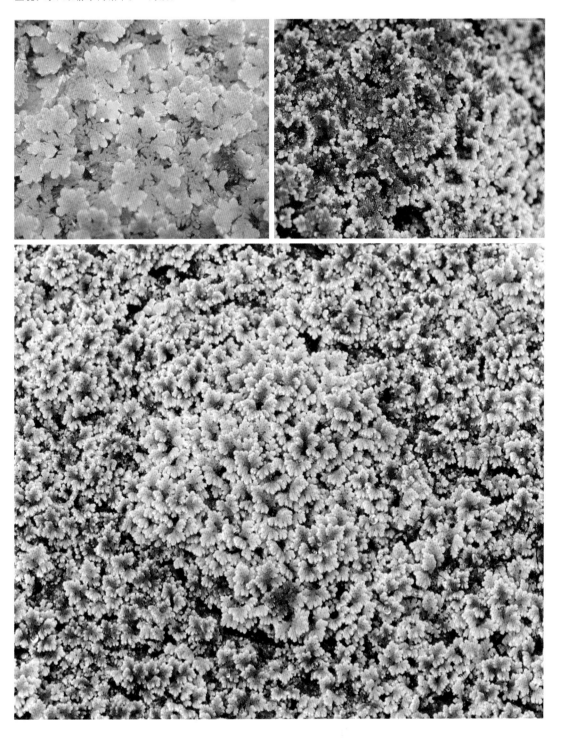

粉背瘤足蕨 *Plagiogyria glauca*

13. 瘤足蕨科

Plagiogyriaceae Bower

瘤足蕨属 Plagiogyria (Kunze) Mett.

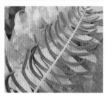

瘤足蕨　Plagiogyria adnata
峨嵋瘤足蕨　Plagiogyria assurgens
华中瘤足蕨　Plagiogyria euphlebia
镰羽瘤足蕨　Plagiogyria falcata
粉背瘤足蕨　Plagiogyria glauca
密羽瘤足蕨　Plagiogyria pycnophylla
耳形瘤足蕨　Plagiogyria stenoptera

镰羽瘤足蕨 *Plagiogyria falcata*（刘红梅 摄）

瘤足蕨

Plagiogyria adnata (Blume) Bedd.

Lomaria adnata Blume

分布：AH, CQ, FJ, GD, GX, GZ, HK, HuB, HuN, JX, SC, TW, YN, ZJ.

生境：林下、湿地、山坡。　　海拔：500—2000m。

峨嵋瘤足蕨

Plagiogyria assurgens Christ

分布：CQ, SC, YN.

生境：腐殖质丰富的林下，山坡。

海拔：1200—2500m。

华中瘤足蕨

Plagiogyria euphlebia (Kunze) Mett.

Lomaria euphlebia Kunze

分布：AH, CQ, FJ, GD, GS, GX, GZ, HuB, HuN, JX, SC, TW, TW, YN, ZJ.

生境：林下。　海拔：500—2500m。

镰羽瘤足蕨

Plagiogyria falcata Copel.

分布：AH, FJ, GD, GX, GZ, HaN, JX, TW, ZJ.

生境：密林山谷或阴处的岩石上。

海拔：500—1500m。

刘红梅 摄

粉背瘤足蕨

Plagiogyria glauca (Blume) Mett.
Lomaria glauca Blume

分布：SC, TW, XZ, YN.
生境：草地微阴处或开阔地。　海拔：1200—3800m。

密羽瘤足蕨

Plagiogyria pycnophylla (Kunze) Mett.
Lomaria pycnophylla Kunze

分布：SC, XZ, YN.
生境：杂木林下。　海拔：1200—3500m。

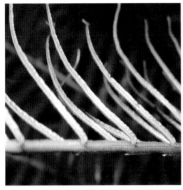

耳形瘤足蕨

Plagiogyria stenoptera (Hance) Diels
Blechnum stenopterum Hance

分布：CQ, GX, GZ, HuB, HuN, SC, TW, YN.
生境：山坡、岩石上或潮湿的沟谷。
海拔：500—2500m。

李东 摄

14. 金毛狗科

Cibotiaceae Korall

金毛狗属　Cibotium Kaulf.

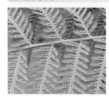

金毛狗　Cibotium barometz
台湾金毛狗　Cibotium taiwanense

金毛狗 *Cibotium barometz*（李策宏摄）

金毛狗

Cibotium barometz (L.) J. Sm.

Polypodium barometz L.

分布：CQ, FJ, GD, GX, GZ, HaN, HeN, HK, HuB,
　　　HuN, JX, MC, SC, TW, XZ, YN, ZJ.
生境：山麓沟边及林下阴处酸性土上。
海拔：150—1800m。

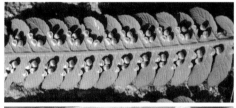

台湾金毛狗

Cibotium taiwanense C. M. Kuo

分布：TW.
生境：林下或林缘。
（Ralf Knapp 摄）

中华桫椤 *Alsophila costularis*

15. 桫椤科

Cyatheaceae Kaulf.

桫椤属　Alsophila R. Br.

中华桫椤　Alsophila costularis
兰屿桫椤　Alsophila fenicis
阴生桫椤　Alosphila latebrosa
南洋桫椤　Alsophila loheri
桫椤　Alsophila spinulosa

黑桫椤属　Gymnosphaera Blume

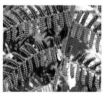

滇南黑桫椤　Gymnosphaera austroyunnanensis
粗齿黑桫椤　Gymnosphaera denticulata
大叶黑桫椤　Gymnosphaera gigantea
喀西黑桫椤　Gymnosphaera khasyana
小黑桫椤　Gymnosphaera metteniana
黑桫椤　Gymnosphaera podophylla

白桫椤属　Sphaeropteris Bernh.

白桫椤　Sphaeropteris brunoniana
笔筒树　Sphaeropteris lepifera

笔筒树 *Sphaeropteris lepifera*（Ralf Knapp 摄）

中华桫椤

Alsophila costularis Baker
Cyathea chinensis Copel.

分布：GX, XZ, YN.
生境：沟谷林中。 海拔：700—2100m。

兰屿桫椤

Alsophila fenicis (Copel.) C. Chr.
Cyathea fenicis Copel.

分布：TW.
生境：林下潮湿环境。
（Ralf Knapp 摄）

阴生桫椤

Alsophila latebrosa Wall. ex Hook.

分布：GX, HaN, YN.
生境：林下溪边阴湿处。
海拔：350—1000m。

南洋桫椤

Alsophila loheri (Christ) R. M. Tryon

分布：TW.　　生境：林中。　　（Ralf Knapp 摄）

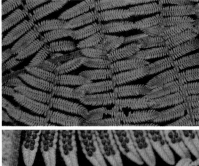

桫 椤

Alsophila spinulosa (Wall. ex Hook.) R. M. Tryon
Cyathea spinulosa Wall. ex Hook.

分布：CQ, FJ, GD, GX, GZ, HaN, HK, HuN, JX, SC, TW, XZ, YN.
生境：山地溪旁或疏林中。
海拔：260—1600m。

滇南黑桫椤（滇南桫椤）

Gymnosphaera austroyunnanensis (S. G. Lu) S. G. Lu
Alsophila austroyunnanensis S. G. Lu

分布：YN.
生境：山坡阳面。
海拔：800—1400m。

粗齿黑桫椤（粗齿桫椤）

Gymnosphaera denticulata (Baker) Copel.
Alsophila denticulata Baker
Cyathea hancockii Copel.

分布：CQ, FJ, GD, GX, GZ, HK, HuN, JX, SC, TW, YN, ZJ.
生境：山谷疏林、常绿阔叶林下及林缘沟边。
海拔：350—1520m。（卫然 摄）

大叶黑杪椤

Gymnosphaera gigantea (Wall. ex Hook.) J. Sm.
Alsophila gigantea Wall. ex Hook.
Cyathea gigantea (Wall. ex Hook.) Holttum

分布：GD, GX, HaN, MC, YN.
生境：溪沟边的密林下。　海拔：600—1000m

喀西黑杪椤（西亚黑杪椤）

Gymnosphaera khasyana (T. Moore ex Kuhn) Ching
Alsophila khasyana T. Moore ex Kuhn

分布：XZ, YN.
生境：常绿林下。
海拔：1200—1800m。

小黑桫椤

Gymnosphaera metteniana (Christ) Tagawa
Alsophila metteniana Hance
Cyathea metteniana (Hance) C. Chr. & Tardieu

分布：CQ, FJ, GD, GX, GZ, HuN, JX, SC, TW, YN.
生境：山坡林下、溪旁或沟边。
海拔：250—1200m。

黑桫椤（鬼桫椤）

Gymnosphaera podophylla (Hook.) Copel.
Alsophila podophylla Hook.
Cyathea podophylla (Hook.) Copel.

分布：FJ, GD, GX, GZ, HaN, HK, TW, YN.
生境：山坡林中、溪边灌丛。
海拔：95—1100m。

蒋日红 摄

白桫椤

Sphaeropteris brunoniana (Hook.) R. M. Tryon
Alsophila brunoniana Hook.

分布：GX, HaN, XZ, YN.
生境：常绿阔叶林林缘、山沟谷底。　海拔：500—1150m。

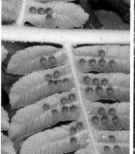

笔筒树

Sphaeropteris lepifera (J. Sm. ex Hook.) R. M. Tryon
Alsophila lepifera J. Sm. ex Hook.
Cyateha lepifera (J. Sm. ex Hook.) Copel.

分布：TW.
生境：林缘、路边或山坡向阳地段。
海拔：150—600m。

香鱗始蕨　*Osmolindsaea odorata*

16. 鳞始蕨科

Lindsaeaceae C. Presl ex M. R. Schomb.

鳞始蕨属 Lindsaea Dryand

华南鳞始蕨 Lindsaea austrosinica
碎叶鳞始蕨 Lindsaea chingii
剑叶鳞始蕨 Lindsaea ensifolia
海南深裂鳞始蕨 Lindsaea hainaniana
异叶鳞始蕨 Lindsaea heterophylla
团叶鳞始蕨 Lindsaea orbiculata

乌蕨属 Odontosoria Fée

乌蕨 Odontosoria chinensis

香鳞始蕨属 Osmolindsaea (K. U. Kramer) Lehtonen & Christenh.

香鳞始蕨 Osmolindsaea odorata

达边蕨属 Tapeinidium (C. Presl) C. Chr

达边蕨 Tapeinidium pinnatum

华南鳞始蕨

Lindsaea austrosinica Ching

分布：GX, HaN.
生境：花岗岩上，杂木林下。
海拔：1300—1500m。

碎叶鳞始蕨

Lindsaea chingii C. Chr.

分布：GX, HaN.
生境：密林下溪边，砂质土上。　　海拔：500m。

蒋日红 摄

剑叶鳞始蕨

Lindsaea ensifolia Sw.
Schizoloma ensiflolium (Sw.) J. Sm.

分布：GD, GX, GZ, HaN, HK, MC, TW, YN.
生境：林缘或林下路边。
海拔：600—650m。

海南深裂鳞始蕨

Lindsaea hainaniana (K. U. Kramer) Lehtonen & Tuomisto
Lindsaea lobata Poir. var. *hainaniana* K. U. Kramer

分布：HaN.
生境：林下土生。　海拔：780—1150m

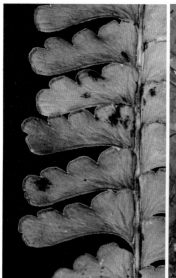

异叶鳞始蕨

Lindsaea heterophylla Dryand.
Schizoloma heterophyllum (Dryand.) J. Sm.

分布：FJ, GD, GX, HaN, HK, TW, YN.
生境：林缘路边土生或溪边石上。
海拔：300—900m。

团叶鳞始蕨

Lindsaea orbiculata (Lam.) Mett.
Adiantum orbiculatum Lam.

分布：FJ, GD, GX, GZ, HaN, HK, HuN, JX, MC,
　　　SC, TW, YN, ZJ.
生境：林下或林缘土生。
海拔：50—1200m。

乌　蕨

Odontosoria chinensis (L.) J. Sm.
Trichomanes chinense L.
Sphenomeris chinensis (L.) Maxon

分布：AH, CQ, FJ, GD, GS, GX, GZ, HaN,
　　　HeN, HK, HuB, HuN, JS, JX, MC,
　　　SC, SH, TW, XZ, YN, ZJ.
生境：林下或灌丛中阴湿地。
海拔：200—1900m。

香鳞始蕨属　Osmolindsaea (K. U. Kramer) Lehtonen & Christenh.

香鳞始蕨（鳞始蕨）

Osmolindsaea odorata (Roxb.) Lehtonen & Christenh.
Lindsaea odorata Roxb.

分布：FJ, GD, GX, GZ, HaN, HuN, JX, SC, TW, XZ, YN, ZJ.
生境：林缘灌丛下。　海拔：900—2500m。

达边蕨

Tapeinidium pinnatum (Cav.) C. Chr.

分布：TW.

生境：溪边岩石缝中。

（Ralf Knapp 摄）

顶生碗蕨 *Dennstaedtia appendiculata*

碗蕨属 Dennstaedtia Bernh.

顶生碗蕨 Dennstaedtia appendiculata
细毛碗蕨 Dennstaedtia hirsuta
碗蕨 Dennstaedtia scabra
光叶碗蕨 Dennstaedtia scabra var. glabrescens
溪洞碗蕨 Dennstaedtia wilfordii

栗蕨属 Histiopteris (J. Agardh) J. Sm.

栗蕨 Histiopteris incise

姬蕨属 Hypolepis Bernh.

姬蕨 Hypolepis punctata

鳞盖蕨属 Microlepia C. Presl

华南鳞盖蕨 Microlepia hancei

虎克鳞盖蕨 Microlepia hookeriana
毛阔叶鳞盖蕨 Microlepia kurzii
二回羽状鳞盖蕨 Microlepia marginata var. bipinnata
边缘鳞盖蕨 Microlepia marginata
团羽鳞盖蕨 Microlepia obtusiloba
阔叶鳞盖蕨 Microlepia platyphylla
假粗毛鳞盖蕨 Microlepia pseudostrigosa
热带鳞盖蕨 Microlepia speluncae
粗毛鳞盖蕨 Microlepia strigosa
针毛鳞盖蕨 Microlepia trapeziformis

稀子蕨属 Monachosorum Kunze

尾叶稀子蕨 Monachosorum flagellare
大叶稀子蕨 Monachosorum henryi

蕨属 Pteridium Gled. ex Scop.

蕨 Pteridium aquilinum subsp. japonicum
毛轴蕨 Pteridium aquilinum subsp. revolutum

顶生碗蕨（烟斗蕨）

Dennstaedtia appendiculata (Wall. ex Hook.) J. Sm.

Dicksonia appendiculata Wall. ex Hook.

Emodiopteris appendiculata (Wall. ex Hook.) Ching & S. K. Wu

分布：CQ, SC, XZ.

生境：阔叶林下或山坡石上。

海拔：1500—2500m。

细毛碗蕨

Dennstaedtia hirsuta (Sw.) Mett. ex Miq.

Trichomanes hirsutum Thunb., non L.

Davallia hirsuta Sw.

分布：CQ, GD, GS, GX, GZ, HL, HuB, HuN, JL, JX, LN, SaX, SC, SH, TW, ZJ.

生境：林下或山路边。　海拔：150—1050m。

碗　蕨

Dennstaedtia scabra (Wall. ex Hook.) T. Moore
Dicksonia scabra Wall. ex Hook.

分布：CQ, GD, GX, GZ, HuN, JX, SC, TW, XZ, YN, ZJ.
生境：林下或溪边。
海拔：1000—2400m。

光叶碗蕨

Dennstaedtia scabra (Wall. ex Hook.) T. Moore var. **glabrescens** (Ching) C. Chr.
Dennstaedtia glabrescens Ching

分布：CQ, FJ, GD, GX, GZ, HuN, JX, YN, ZJ.
生境：常绿阔叶林下或附生苔藓林缘。　海拔：1800—2300m。

溪洞碗蕨

Dennstaedtia wilfordii (T. Moore) Christ
Microlepia wilfordii T. Moore

分布：AH, BJ, CQ, FJ, GZ, HeB, HeN, HL, HuB, HuN,
　　　JS, JX, JL, LN, SaX, SC, SD, ShX, ZJ.
生境：密林中。
海拔：300—2000m。

栗蕨属　Histiopteris (J. Agardh) J. Sm.

栗 蕨

Histiopteris incisa (Thunb.) J. Sm.
Pteris incisa Thunb.

分布：FJ, GD, GX, GZ, HaN, HK, HuN,
　　　JX, TW, XZ, YN, ZJ.
生境：林下。
海拔：500—1900m。

姫　蕨

Hypolepis punctata (Thunb.) Mett. ex Kuhn
Polypodium punctatum Thunb.

分布：AH, CQ, FJ, GD, GX, GZ, HaN, HK, HuB,
　　　HuN, JX, SC, SH, TW, XZ, YN, ZJ.
生境：山坡上或溪边阴处。
海拔：500—2300m。

鳞盖蕨属　Microlepia C. Presl

华南鳞盖蕨

Microlepia hancei Prantl

分布：FJ, GD, GX, GZ, HaN, HK, HuN, JX, MC, TW.
生境：林下或溪边湿地。
海拔：300—800m。

虎克鳞盖蕨

Microlepia hookeriana (Wall. ex Hook.) C. Presl
Davallia hookeriana Wall. ex Hook.

分布：FJ, GD, GX, GZ, HaN, HuN, JX, TW, YN, ZJ.
生境：溪边林下或阴湿地。
海拔：100—1100m。

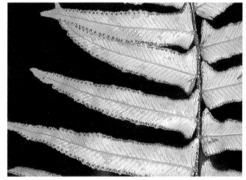

毛阔叶鳞盖蕨

Microlepia kurzii (C. B. Clarke) Bedd.
Davallia kurzii C. B. Clarke

分布：YN.
生境：山谷中。　海拔：1300m。

二回羽状鳞盖蕨

Microlepia marginata (Houtt.) C. Chr. var. **bipinnata** Makino

分布：AH, FJ, GD, GX, GZ, HaN, HuB, HuN, JS, JX, SC, TW, YN, ZJ.

生境：林下或溪边。　海拔：300—1500m。

边缘鳞盖蕨（小叶山鸡尾巴草）

Microlepia marginata (Panz.) C. Chr.

Polypodium marginatum Houtt.

分布：AH, CQ, FJ, GD, GS, GX, GZ, HaN, HK, HeN, HuB, HuN, JS, JX, SC, SH, TW, YN, ZJ.

生境：林下或溪边。　海拔：300—1500m。

团羽鳞盖蕨

Microlepia obtusiloba Hayata

分布：GX, GZ, HaN, MC, TW, YN.
生境：山谷密林下。
海拔：200—1500m。

阔叶鳞盖蕨

Microlepia platyphylla (D. Don) J. Sm.
Davallia platyphylla D. Don

分布：GX, GZ, HaN, TW, XZ, YN.
生境：常绿阔叶林下、林缘阴湿处。
海拔：1100—2100m。

假粗毛鳞盖蕨

Microlepia pseudostrigosa Makino
Microlepia sinostrigosa Ching

分布：CQ, GD, GS, GX, GZ, HuB, SC.
生境：林缘、沟谷等处。
海拔：400—1500m。

热带鳞盖蕨

Microlepia speluncae (L.) T. Moore
Polypodium speluncae L.

分布：GX, GZ, HaN, TW, XZ, YN.
生境：山谷中。　海拔：100—1100m。

粗毛鳞盖蕨

Microlepia strigosa (Thunb.) C. Presl
Trichomanes strigosa Thunb.

分布：CQ, FJ, GD, GX, GZ, HaN, HK, HuB, HuN, JX, SC, TW, YN, ZJ.

生境：林下石灰岩上。　海拔：800—1700m。

针毛鳞盖蕨

Microlepia trapeziformis (Roxb.) Kuhn
Davallia trapeziformis Roxb.

分布：GD, GX, HaN, TW, XZ, YN.
生境：林下沟中。
海拔：600—2000m。

尾叶稀子蕨

Monachosorum flagellare (Maxim.) Hayata

Phegopteris flagellare Makino

分布：CQ, GX, GZ, HuN, JX, ZJ.

生境：密林下。　海拔：800—1500m。

大叶稀子蕨

Monachosorum henryi Christ

分布：CQ, GD, GX, GZ, HaN, HuN, JX,
　　　SC, TW, XZ, YN.

生境：密林下。

海拔：500—1600m。

蕨

Pteridium aquilinum (L.) Kuhn subsp. **japonicum** (Nakai) A. Löve & D. Löve
Pteridium aquilinum (L.) Kuhn var. *japonicum* Nakai

分布：BJ, CQ, GD, GX, GZ, HaN, HeN, HL, HuB, HuN, JL, JX, LN, MC, NM, NX, SaX, SC, SD, SH, ShX, TW, TJ, HK, ZJ.
生境：林缘空地上或荒坡上。   海拔：500—2200m。

毛轴蕨

Pteridium aquilinum (L.) Kuhn subsp. **revolutum** (Blume) X. Q. Chen & X. C. Zhang, *comb. nov.*
Pteris revoluta Blume in Enum. Pl. Javae 2: 214. 1828.

分布：CQ, GD, GS, GX, GZ, HeN, HuB, HuN, JX, SaX, SC, TW, XZ, YN, ZJ.
生境：山坡阳处或山谷疏林中的林间空地。   海拔：570—3000m。

18. 凤尾蕨科

Pteridaceae E. D. M. Kirchn.

紫轴凤尾蕨 *Pteris aspericaulis*

18a. 珠蕨亚科

Cryptogrammoideae S. Linds.

凤了蕨属 Coniogramme Fée

南岳凤了蕨 Coniogramme centrochinensis
峨眉凤了蕨 Coniogramme emeiensis
全缘凤了蕨 Coniogramme fraxinea
普通凤了蕨 Coniogramme intermedia
凤了蕨 Coniogramme japonica
直角凤了蕨 Coniogramme procera
骨齿凤了蕨 Coniogramme pubescens
乳头凤了蕨 Coniogramme rosthornii

珠蕨属 Cryptogramma R. Br.

高山珠蕨 Cryptogramma brunoniana
稀叶珠蕨 Cryptogramma stelleri

峨眉凤丫蕨 *Coniogramme emeiensis*

南岳凤了蕨

Coniogramme centrochinensis Ching

分布：AH, FJ, GZ, HeN, HuB, HuN, JS, JX, ZJ.

生境：路旁湿地或沟边林下。

海拔：250—1200m。

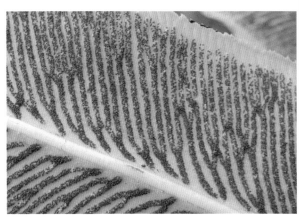

峨眉凤了蕨

Coniogramme emeiensis Ching & K. H. Shing

分布：AH, CQ, FJ, GD, GX, GZ, HeN, HuB, HuN, JS, JX, SC, ZJ.　　生境：林下或路边灌丛下。　　海拔：270—1750m。

全缘凤了蕨

Coniogramme fraxinea (D. Don) Diels
Diplazium fraxineum D. Don

分布：GX, TW, XZ, YN.
生境：常绿林下。
海拔：800—2000m。

普通凤了蕨

Coniogramme intermedia Hieron.

分布：BJ, CQ, FJ, GD, GS, GX, GZ, HaN, HeB, HeN, HuB,
　　　HuN, JX, NX, SaX, SC, TW, XZ, YN, ZJ.
生境：常绿阔叶林林下或林缘。
海拔：1500—2500m。

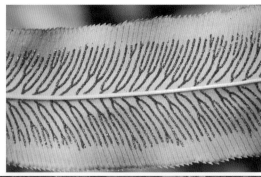

凤了蕨

Coniogramme japonica (Thunb.) Diels
Hemionitis japonica Thunb.

分布：AH, CQ, FJ, GD, GX, GZ, HeN, HuB,
HuN, JS, JX, SaX, TW, YN, ZJ.

生境：湿润林下和山谷阴湿处。

海拔：100—1700m。

直角凤了蕨

Coniogramme procera Fée
Gymnogramme fraxinea C. B. Clarke

分布：TW, XZ, YN.

生境：沟边杂木林下。　海拔：2000—3600m。

196
凤尾蕨科
Pteridaceae E. D. M. Kirchn.

珠蕨亚科
Cryptogrammoideae S. Linds.

凤了蕨属 Coniogramme Fée

骨齿凤了蕨

Coniogramme pubescens Hieron.

分布：XZ, YN.　　生境：混交林下。
海拔：1600—3300m。（齐新萍 摄）

乳头凤了蕨

Coniogramme rosthornii Hieron.

分布：CQ, GS, GZ, HeN, HuB, HuN, SaX,
　　　 SC, YN.
生境：林下或石上。
海拔：1000—3000m。

高山珠蕨

Cryptogramma brunoniana Wall. ex Hook. & Grev.

分布：SaX, SC, TW, XZ, YN.
生境：石缝中。　海拔：2200—4700m。

稀叶珠蕨

Cryptogramma stelleri (Gmel.) Prantl
Pteris stelleri Gmel.

分布：GS, HeB, HeN, QH, SaX, SC, ShX, TW, XJ, XZ,YN.
生境：冷杉、杜鹃林下或石缝中。
海拔：1800—4900m。

水蕨 *Ceratopteris thalictroides*

18b. 水蕨亚科

Ceratopteridoideae (J. Sm.) R. M. Tryon

卤蕨属 Acrostichum L.

卤蕨 Acrostichum aureum
尖叶卤蕨 Acrostichum speciosum

水蕨属 Ceratopteris Brongn.

粗梗水蕨 Ceratopteris pteridoides
水蕨 Ceratopteris thalictroides

卤蕨

Acrostichum aureum L.

分布：GD, GX, HaN, HK, MC, TW, YN.
生境：海边红树林带泥滩或河岸边。

（蒋日红 摄）

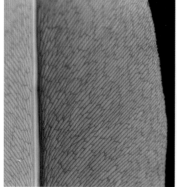

尖叶卤蕨

Acrostichum speciosum Willd.

分布：GD, HaN.
生境：海边红树林带泥滩或河岸边。

粗梗水蕨

Ceratopteris pteridoides (Hook.) Hieron.
Parkeria pteridoides Hook.

分布：AH, HuB, HuN, JS, JX, SD.
生境：沼泽、河沟和水塘。

水蕨（水松草）

Ceratopteris thalictroides (L.) Brongn.
Acrostichum thalictroides L.

分布：AH, FJ, GD, GX, GZ, HaN, HK, HuB, JS, JX, MC, SC, SD, SH, TW, YN, ZJ.
生境：池沼、水田或水沟的淤泥中。　　海拔：100—880m。

18c. 凤尾蕨亚科

Pteridoideae C. Chr. ex Crabbe, Jermy & Mickel

翠蕨属 Anogramma Link

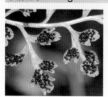

薄叶翠蕨 Anogramma reichsteinii

蜡囊蕨属 Cerosora (Baker) Domin

蜡囊蕨 Cerosora microphylla

金粉蕨属 Onychium Kaulf

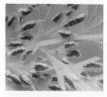

黑足金粉蕨 Onychium contiguum
野雉尾金粉蕨 Onychium japonicum
栗柄金粉蕨 Onychium japonicum var. lucidum
繁羽金粉蕨 Onychium plumosum
金粉蕨 Onychium siliculosum
蚀盖金粉蕨 Onychium tenuifrons

粉叶蕨属 Pityrogramma Link

粉叶蕨 Pityrogramma calomelanos

凤尾蕨属 Pteris L.

紫轴凤尾蕨 Pteris aspericaulis
三色凤尾蕨 Pteris aspericaulis var. tricolor
栗轴凤尾蕨 Pteris bella
狭眼凤尾蕨 Pteris biaurita
条纹凤尾蕨 Pteris cadieri
凤尾蕨 Pteris cretica
指叶凤尾蕨 Pteris dactylina
多羽凤尾蕨 Pteris decrescens
岩凤尾蕨 Pteris deltodon
刺齿半边旗 Pteris dispar
疏羽半边旗 Pteris dissitifolia
剑叶凤尾蕨 Pteris ensiformis
阔叶凤尾蕨 Pteris esquirolii
溪边凤尾蕨 Pteris excelsa
傅氏凤尾蕨 Pteris fauriei
疏裂凤尾蕨 Pteris finotii
鸡爪凤尾蕨 Pteris gallinopes
林下凤尾蕨 Pteris grevilleana
狭叶凤尾蕨 Pteris henryi
全缘凤尾蕨 Pteris insignis
线羽凤尾蕨 Pteris linearis
三轴凤尾蕨 Pteris longipes
琼南凤尾蕨 Pteris morii
井栏凤尾蕨 Pteris multifida
日本凤尾蕨 Pteris nipponica
斜羽凤尾蕨 Pteris oshimensis
栗柄凤尾蕨 Pteris plumbea
半边旗 Pteris semipinnata

有刺凤尾蕨 Pteris spinescens

狭羽凤尾蕨 Pteris stenophylla

勐海凤尾蕨 Pteris subquinata

三叉凤尾蕨 Pteris tripartita

爪哇凤尾蕨 Pteris venusta

蜈蚣草 Pteris vitatta

西南凤尾蕨 Pteris wallichiana

竹叶蕨属 Taenitis Willd. ex Schkuhr

竹叶蕨 Taenitis blechnoides

凤尾蕨 *Pteris cretica*

204 凤尾蕨科
Pteridaceae E. D. M. Kirchn.

凤尾蕨亚科
Pteridoideae C. Chr. ex Crabbe, Jermy & Mickel

翠蕨属
Anogramma Link

薄叶翠蕨

Anogramma reichsteinii Fraser-Jenk.
Anogramma leptophylla auct. non (L.) Link

分布：TW, YN.
生境：常绿阔叶林下溪边湿润土埂。　海拔：2900m。

蜡囊蕨属　Cerosora (Baker) Domin

蜡囊蕨（翠蕨）

Cerosora microphylla (Hook.) R. M. Tryon
Gymnogramma microphylla Hook.
Anogramma microphylla (Hook.) Diels

分布：GX, GZ, YN.
生境：石上或峡谷石缝。
海拔：1300—2900m。

薄叶翠蕨 *Anogramma reichsteinii* （Ralf Knapp 摄）

206 凤尾蕨科
Pteridaceae E. D. M. Kirchn.

凤尾蕨亚科
Pteridoideae C. Chr. ex Crabbe, Jermy & Mickel

金粉蕨属
Onychium Kaulf

黑足金粉蕨

Onychium contiguum C. Hope

分布：CQ, GS, GZ, SC, TW, XZ, YN.
生境：山谷、溪旁或疏林下。
海拔：1200—3500m。

野雉尾金粉蕨

Onychium japonicum (Thunb.) Kunze
Trichomanes japonicum Thunb.

分布：CQ, FJ, GD, GS, GX, GZ, HeB, HeN, HK, HuB, HuN,
JS, JX, SaX, SC, SD, SH, TW, YN, XZ, ZJ.
生境：林下沟边或溪边石上。　海拔：50—2200m。

金粉蕨属
Onychium Kaulf

凤尾蕨亚科
Pteridoideae C. Chr. ex Crabbe, Jermy & Mickel

凤尾蕨科
Pteridaceae E. D. M. Kirchn. 207

栗柄金粉蕨

Onychium japonicum (Thunb.) Kunze var. **lucidum** (D. Don) Christ

Leptostegia lucida D. Don

Onychium lucidum (D. Don) Spreng.

分布：CQ, FJ, GD, GS, GX, GZ, HeB, HeN, HK, HuN, JS, JX,
　　　SaX, SC, SD, SH, TW, XZ, YN, ZJ.

生境：林下沟边石上。

海拔：700—2500m。

繁羽金粉蕨

Onychium plumosum Ching

分布：GZ, SC, YN.

生境：杂木林下或沟边。　　海拔：1200—2800m。

208 凤尾蕨科
Pteridaceae E. D. M. Kirchn.

凤尾蕨亚科
Pteridoideae C. Chr. ex Crabbe, Jermy & Mickel

金粉蕨属
Onychium Kaulf

金粉蕨

Onychium siliculosum (Desv.) C. Chr.
Pteris siliculosum Desv.

分布：HaN, TW, YN.
生境：干旱河谷斜坡石缝。
海拔：100—1500m。 （卫然 摄）

蚀盖金粉蕨

Onychium tenuifrons Ching

分布：CQ, GZ, HuN, SC, YN.
生境：林缘或灌丛中。　海拔：140—2100m。

粉叶蕨属
Pityrogramma Link

凤尾蕨亚科
Pteridoideae C. Chr. ex Crabbe, Jermy & Mickel

凤尾蕨科
Pteridaceae E. D. M. Kirchn. 209

粉叶蕨

Pityrogramma calomelanos (L.) Link
Acrostichum calomelanos L.

分布：GD, HaN, HK, MC, TW, YN.
生境：山地阳坡土生。
海拔：100—600m。

紫轴凤尾蕨

Pteris aspericaulis Wall. ex J. Agardh

分布：GX, SC, XZ, YN.
生境：杂木林下。
海拔：800—2900m。

三色凤尾蕨

Pteris aspericaulis Wall. ex Hieron. var. **tricolor** T. Moore

分布：YN.
生境：季雨林下。
海拔：560—1000m。

栗轴凤尾蕨

Pteris bella Tagawa
Pteris wangiana Ching

分布：GX, HaN, TW, YN.
生境：密林阴处。
海拔：1300—1600m。

狭眼凤尾蕨

Pteris biaurita L.

分布：GD, GX, GZ, HaN, HK,
TW, XZ, YN.
生境：干燥的疏阴之地。
海拔：250—1500m。

条纹凤尾蕨（二形凤尾蕨）

Pteris cadieri Christ

分布：FJ, GD, GX, GZ, HK, HuB,
JX, TW, YN.
生境：林下溪边或潮湿的岩石旁。
海拔：200—500m。

凤尾蕨

Pteris cretica L.
Pteris nervosa Thunb.

分布：CQ, FJ, GD, GS, GX, GZ, HeN, HuB, HuN,
JX, SaX, SC, ShX, XZ, YN, ZJ.
生境：石灰岩地区的岩隙间或林下灌丛中。
海拔：400—3200m。

指叶凤尾蕨

Pteris dactylina Hook.

分布：CQ, GZ, HuN, SC, TW, XZ, YN.
生境：石灰岩地区的岩隙间或林下灌丛中。
海拔：2000—3900m。

多羽凤尾蕨

Pteris decrescens Christ

分布：GD, GX, GZ, YN.

生境：常绿疏林下。　　海拔：700—1200m。

岩凤尾蕨

Pteris deltodon Baker

分布：CQ, GD, GX, GZ, HuB, HuN, SC, TW, YN, ZJ.

生境：石灰岩壁上。　　海拔：600—1500m。

刺齿半边旗

Pteris dispar Kunze

分布：AH, CQ, FJ, GD, GX, GZ, HK, HuB, HuN,
　　　JS, JX, MC, SC, SD, SH, TW, ZJ.
生境：山谷疏林下。　海拔：300—950m。

疏羽半边旗

Pteris dissitifolia Baker

分布：CQ, GD, GX, HaN, TW, YN.
生境：林缘疏阴处。　海拔：150—250m。

剑叶凤尾蕨

Pteris ensiformis Burm. f.

分布：CQ, FJ, GD, GX, GZ, HK, HuN, JX, MC, SC, TW, YN, ZJ.
生境：林下或溪边潮湿的酸性土壤上。　海拔：150—1000m。

阔叶凤尾蕨

Pteris esquirolii Christ

分布：CQ, FJ, GD, GS, GX,
　　　GZ, HuN, SC, YN.
生境：密林下岩石旁。
海拔：800 — 1500m。

张代贵 摄

溪边凤尾蕨

Pteris excelsa Gaud.

分布：CQ, GD, GS, GX, GZ, HuB, HuN, JX, SC, TW, XZ, YN, ZJ.
生境：溪边疏林下或灌丛中。　　海拔：600 — 2700m。

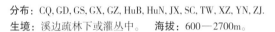

傅氏凤尾蕨

Pteris fauriei Hieron.

分布：CQ, FJ, GD, GX, GZ, HK, HuN, JX, MC, SC, TW, XZ, YN, ZJ.

生境：林下沟旁的酸性土壤上。

海拔：50—800m。

疏裂凤尾蕨

Pteris finotii Christ

分布：GD, GX, HaN, HK, YN.

生境：林下溪边。　海拔：80—500m。

鸡爪凤尾蕨

Pteris gallinopes Ching

分布：CQ, GX, GZ, HuB, HuN, SC, YN.
生境：林下石灰岩缝隙中。　海拔：850—1700m。

林下凤尾蕨

Pteris grevilleana Wall. ex J. Agardh

分布：GD, GX, HaN, HK, MC, TW, YN.
生境：林下岩石旁。　海拔：150—900m。

狭叶凤尾蕨

Pteris henryi Christ

分布：CQ, GS, GX, GZ, HeN, HuN, SaX, SC, YN.

生境：石灰岩缝隙中。　海拔：410—2250m。

全缘凤尾蕨

Pteris insignis Mett. ex Kuhn

分布：FJ, GD, GX, GZ, HaN, HK, HuN, JX, SC, YN, ZJ.

生境：山谷中阴湿的密林下或水沟旁。

海拔：250—800m。

线羽凤尾蕨

Pteris linearis Poir.

分布：GD, GX, GZ, HaN, HK, HuB, MC, SC, TW, YN.   生境：密林下或溪边阴湿处。   海拔：100—1800m。

三轴凤尾蕨

Pteris longipes D. Don

分布：GX, HaN, HuN, TW, XZ, YN.
生境：山地杂木林下。
海拔：600—2400m。

琼南凤尾蕨

Pteris morii Masam.

分布：HaN.
生境：山谷密林下水沟旁及阴湿的岩石上。
海拔：300—900m。

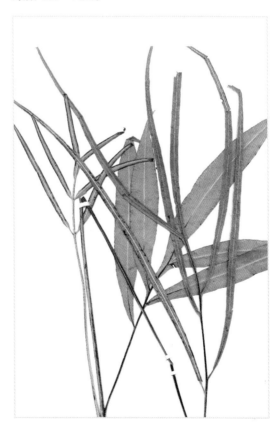

井栏凤尾蕨

Pteris multifida Poir.

分布：AH，CQ，FJ，GD，GS，GX，GZ，HaN，
HeB，HeN，HK，HuB，HuN，JS，JX，MC，
SaX，SC，SD，SH，TW，TJ，ZJ.
生境：墙壁、井边及石灰岩缝隙或灌丛下。
海拔：1000m 以下。

日本凤尾蕨

Pteris nipponica W. C. Shieh

分布：TW.
生境：林缘。

斜羽凤尾蕨

Pteris oshimensis Hieron.

分布：CQ，FJ，GD，GX，GZ，HuN，JX，SC，ZJ.
生境：疏林下。
海拔：350—900m.

栗柄凤尾蕨

Pteris plumbea Christ

分布：FJ, GD, GX, GZ, HK, HuN, JS, JX, ZJ.

生境：石灰岩地区疏林下的石隙中。

海拔：200—700m。

半边旗

Pteris semipinnata L.

分布：CQ, FJ, GD, GX, GZ, HaN, HeN, HK, HuB, HuN, JX, MC, SC, SH, TW, YN, ZJ.

生境：疏林下阴处、溪边或岩石旁的酸性土壤上。

海拔：200—1500m。　（蒋日红 摄）

有刺凤尾蕨

Pteris spinescens C. Presl

Pteris setulosocostulata Hayata

分布：GD, SC, TW, XZ, YN.

生境：山地林下。

海拔：1400—2500m。

狭羽凤尾蕨

Pteris stenophylla Wall. ex Hook. & Grev.

分布：XZ.
生境：疏林下干旱岩石上。
海拔：2500—3000m。

勐海凤尾蕨

Pteris subquinata Wall. ex J. Agardh

分布：YN
生境：林下石灰岩上。
海拔：1360—1870m。

三叉凤尾蕨

Pteris tripartita Sw.

分布：GD, GX, HaN, TW.
生境：林下岩石上。
海拔：340m。

爪哇凤尾蕨

Pteris venusta Kunze

分布：TW, YN.

生境：山谷疏林下酸性土上。

海拔：800—1500m。

蜈蚣草

Pteris vittata L.

分布：AH, CQ, FJ, GD, GS, GX, GZ, HaN, HeN, HK, HuB, HuN, JX, JS, MC, SaX, SC, SH, TW, XZ, YN, ZJ.

生境：石隙或墙壁上。　　海拔：3100m以下。

西南凤尾蕨

Pteris wallichiana J. Agardh

分布：CQ, GD, GX, GZ, HaN, HuB, HuN, JX, SC, TW, XZ, YN.

生境：林下沟谷中。

海拔：800—2600m。

竹叶蕨属 Taenitis Willd. ex Schkuhr

竹叶蕨

Taenitis blechnoides (Willd.) Sw.
Pteris blechnoides Willd.

分布：GD, GX, HaN.

生境：林下或溪边湿石上。　海拔：20—950m。

18d. 碎米蕨亚科

Cheilanthoideae W. C. Shieh

粉背蕨属 Aleuritopteris Fée

小叶中国蕨 Aleuritopteris albofusca
白边粉背蕨 Aleuritopteris albomarginata
粉背蕨 Aleuritopteris anceps
银粉背蕨 Aleuritopteris argentea
金粉背蕨 Aleuritopteris chrysophylla
无盖粉背蕨 Aleuritopteris doniana
中间粉背蕨 Aleuritopteris dubia
裸叶粉背蕨 Aleuritopteris duclouxii
杜氏粉背蕨 Aleuritopteris duthiei
台湾粉背蕨 Aleuritopteris formosana
中国蕨 Aleuritopteris grevilleoides
阔盖粉背蕨 Aleuritopteris grisea
华北粉背蕨 Aleuritopteris kuhnii
丽江粉背蕨 Aleuritopteris likiangensis
雪白粉背蕨 Aleuritopteris niphobola
莲座粉背蕨 Aleuritopteris rosulata
棕毛粉背蕨 Aleuritopteris rufa
陕西粉背蕨 Aleuritopteris shensiensis
西畴粉背蕨 Aleuritopteris sichouensis
毛叶粉背蕨 Aleuritopteris squamosa
绒毛粉背蕨 Aleuritopteris subvillosa
阔羽粉背蕨 Aleuritopteris tamburii

戟叶黑心蕨属 Calciphilopteris Yesilyurt & H. Schneid.

戟叶黑心蕨 Calciphilopteris ludens

碎米蕨属 Cheilanthes SW.

疏羽碎米蕨 Cheilanthes belangeri
毛轴碎米蕨 Cheilanthes chusana
大理碎米蕨 Cheilanthes hancockii
川藏碎米蕨 Cheilanthes insignis
碎米蕨 Cheilanthes opposita
平羽碎米蕨 Cheilanthes patula
薄叶碎米蕨 Cheilanthes tenuifolia

黑心蕨属 Doryopteris J. Sm.

黑心蕨 Doryopteris concolor

泽泻蕨属 Hemionitis L.

泽泻蕨 Hemionitis cordata

隐囊蕨属 Notholaena R. Br.

中华隐囊蕨 Notholaena chinensis

金毛裸蕨属 Paragymnopteris K. H. Shing

耳羽金毛裸蕨 Paragymnopteris bipinnata var. auriculata
滇西金毛裸蕨 Paragymnopteris delavayi
中间金毛裸蕨 Paragymnopteris delavayi var. intermedia
欧洲金毛裸蕨 Paragymnopteris marantae
三角金毛裸蕨 Paragymnopteris sargentii
金毛裸蕨 Paragymnopteris vestita

旱蕨属 Pellaea Link

滇西旱蕨 Pellaea mairei
旱蕨 Pellaea nitidula
凤尾旱蕨 Pellaea paupercula
西南旱蕨 Pellaea smithii
禾秆旱蕨 Pellaea straminea
毛旱蕨 Pellaea trichophylla

银粉背蕨 *Aleuritopteris argentea*

小叶中国蕨

Aleuritopteris albofusca (Baker) Pic. Serm.
Cheilanthes albofusca Baker
Sinopteris albofusca (Baker) Ching

分布：BJ, CQ, GS, GZ, HeB, HeN, HuN, SaX, SC, XZ, YN.
生境：林下、灌丛、石灰岩缝。
海拔：500—3200m。

白边粉背蕨

Aleuritopteris albomarginata (C. B. Clarke) Ching
Cheilanthes albomarginata C. B. Clarke

分布：GZ, XZ, YN.
生境：山坡岩石上或次生常绿阔叶疏林下岩隙。
海拔：1320—2650m。

粉背蕨

Aleuritopteris anceps (Blanford) Panigrahi
Cheilanthes anceps Blanford

分布：FJ, GD, GX, GZ, HK, HuN, JX, SC, YN, ZJ.
生境：山坡石缝。　海拔：300—2600m。

银粉背蕨

Aleuritopteris argentea (Gmel.) Fée
Pteris argentea Gmel.

分布：AH, BJ, CQ, GD, GX, GZ, HeB, HeN,
　　　HuN, JX, NM, QH, SaX, SC, SH, ShX,
　　　TW, TJ, XZ, XJ, YN, ZJ.
生境：石灰岩石缝或墙缝中。
海拔：50—2900m。

金粉背蕨

Aleuritopteris chrysophylla (Hook.) Ching
Cheilanthes chrysophylla Hook.

分布：GX, HaN, YN.
生境：山坡岩石上。　海拔：1000—2600m。

无盖粉背蕨

Aleuritopteris doniana S. K. Wu

分布：GZ, SC, TW, YN.
生境：岩石缝。
海拔：650—1450m。

中间粉背蕨

Aleuritopteris dubia (C. Hope) Ching
Cheilanthes dubia C. Hope

分布：GZ, SC, YN.
生境：山坡岩石缝或墙缝。
海拔：1300—2650m。

裸叶粉背蕨

Aleuritopteris duclouxii (Christ) Ching
Doryopteris duclouxii Christ

分布：GX, GZ, HuN, SC, YN.
生境：山坡石缝中。　　海拔：850—2250m。

杜氏粉背蕨（杜氏薄鳞蕨）

Aleuritopteris duthiei (Baker) Ching
Cheilanthes duthiei Baker

分布：SC, XZ.
生境：山坡岩石上。　海拔：3500—3900m。

台湾粉背蕨

Aleuritopteris formosana (Hayata) Tagawa
Cheilanthes formosana Hayata

分布：FJ, GD, GX, GZ, SC, TW, XZ, YN.
生境：山坡岩石上，或石隙。
海拔：600—2000m。

中国蕨

Aleuritopteris grevilleoides (Christ) G. M. Zhang ex X. C. Zhang, *comb. nov.*
Cheilanthes grevilleoides Christ in Lecomte, Not. Syst. 1, 51, f. 1 A, B. 1909.
Sinopteris grevilleoides (Christ) C. Chr. & Ching

分布：SC, YN.　　生境：裸露岩石上或灌丛岩缝。　　海拔：1100—1800m。　（张钢民 摄）

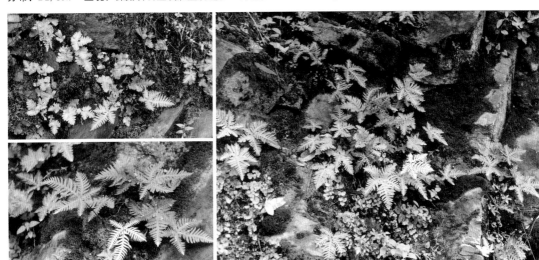

阔盖粉背蕨

Aleuritopteris grisea (Blanford) Panigrahi
Cheilanthes grisea Blanford

分布：CQ, GS, GX, GZ, HeB, SaX, SC, XZ, YN.
生境：山坡岩石缝。
海拔：2000m 以上。

华北粉背蕨（华北薄鳞蕨）

Aleuritopteris kuhnii (Milde) Ching
Cheilanthes kuhnii Milde
Leptolepidium kuhnii (Milde) K. H. Shing & S. K. Wu

分布：BJ, GS, HeB, HeN, JL, LN, NM, SaX, SC, ShX,
　　　TJ, XZ, YN.
生境：林下或干旱山坡石缝中。
海拔：1000—3500m。

丽江粉背蕨

Aleuritopteris likiangensis Ching ex S. K. Wu

分布：CQ, SC, YN.
生境：山坡或沟谷岩石缝。　海拔：1550—2850m。

雪白粉背蕨

Aleuritopteris niphobola (C. Chr.) Ching
Cheilanthes niphobola C. Chr.

分布：BJ, GS, NM, NX, SaX, SC, ShX, XZ.
生境：山坡石缝中。　海拔：1300—2000m。

莲座粉背蕨

Aleuritopteris rosulata (C. Chr.) Ching
Cheilanthes rosulata C. Chr.

分布：SC.
生境：山坡岩石缝。　海拔：1500m 左右。

棕毛粉背蕨

Aleuritopteris rufa (D. Don) Ching
Cheilanthes rufa D. Don

分布：GX, GZ, YN.

生境：山坡石灰岩岩缝中。 海拔：1000—3000m。

陕西粉背蕨

Aleuritopteris shensiensis Ching
Aleuritopteris argentea (Gmel.) Fée var. *obscura* (Christ) Ching
Cheilanthes argentea (Gmel.) Kunze var. *obscura* Christ

分布：BJ, CQ, GS, GZ, HeB, JX, LN, QH, SaX, SD, SC,
　　　ShX, TJ, YN.
生境：岩石缝中。
海拔：80—2600m。

西畴粉背蕨

Aleuritopteris sichouensis Ching & S. K. Wu

分布：GX, YN.　生境：石灰岩石壁上。
海拔：1400—1500m。　（蒋日红 摄）

毛叶粉背蕨

Aleuritopteris squamosa (C. Hope & C. H. Wright) Ching
Pellaea squamosa C. Hope & C. H. Wright

分布：HaN, YN.
生境：干热河谷灌丛下或岩石缝。
海拔：400—1000m。

绒毛粉背蕨（绒毛薄鳞蕨）

Aleuritopteris subvillosa (Hook.) Ching
Cheilanthes subvillosa Hook.

分布：GZ, SC, XZ, YN.
生境：山坡灌丛下或岩石缝。   海拔：2000—3900m。

阔羽粉背蕨

Aleuritopteris tamburii (Hook.) Ching
Pellaea tamburii Hook.
Aleuritopteris yalungensis H. S. Kung

分布：SC, YN.
生境：林缘土坎或岩石缝。
海拔：1900—2650m。

戟叶黑心蕨属
Calciphilopteris Yesilyurt & H. Schneid.

碎米蕨亚科
Cheilanthoideae W. C. Shieh

凤尾蕨科
Pteridaceae E. D. M. Kirchn. 237

戟叶黑心蕨

Calciphilopteris ludens (Wall. ex Hook.) Yesilyurt & H. Schneid.
Pteris ludens Wall. ex Hook.
Doryopteris ludens (Wall. ex Hook.) J. Sm.

分布：YN.
生境：溪边杂木林下石灰岩上。　海拔：400—1000m。　（蒋日红 摄）

碎米蕨属　Cheilanthes S W.

疏羽碎米蕨

Cheilanthes belangeri (Bory) C. Chr.
Pteris belangeri Bory
Cheilosoria belangeri (Bory) Ching & K. H. Shing

分布：HaN.
生境：平原潮湿壤土。

毛轴碎米蕨（舟山碎米蕨, 细叶碎米蕨）

Cheilanthes chusana Hook.

Cheilosoria chusana (Hook.) Ching & K. H. Shing

分布：AH, CQ, FJ, GD, GS, GX, GZ, HeN, HuB, HuN, JS, JX, SaX, SC, TW, HK, ZJ.

生境：路边、林下或溪边石缝。　海拔：120—830m。

大理碎米蕨

Cheilanthes hancockii Baker

分布：GZ, SC, XZ, YN.

生境：林下岩石上或路边灌丛。　海拔：1400—3100m。

川藏碎米蕨

Cheilanthes insignis Ching

Cheilosoria insignis (Ching) Ching & K. H. Shing

分布：SC, XZ.

生境：干旱河谷灌丛或山坡岩石上。

海拔：1700—3300m。

碎米蕨

Cheilanthes opposita Kaulf.

Cheilanthes mysurensis Wall. ex Hook.

Cheilosoria mysuriensis (Wall. ex Hook.) Ching & K. H. Shing

分布：FJ, GD, GX, HaN, HK, TW.

生境：灌丛或溪旁石上。   海拔：300—500m。

平羽碎米蕨（宜昌旱蕨）

Cheilanthes patula Baker
Cheilosoria patula (Baker) P. S. Wang
Pellaea patula (Baker) Ching

分布：CQ, GZ, HuB, HuN, SC.
生境：石缝。
海拔：380—400m。

薄叶碎米蕨

Cheilanthes tenuifolia(Burm. f.) Sw.
Trichomanes tenuifolium Burm. f.
Cheilosoria tenuifolia (Burm. f.) Trev.

分布：FJ, GD, GX, HaN, HK, HuN, JX, MC, TW, YN, ZJ.
生境：溪旁、田边或林下石上。
海拔：50—1000m。

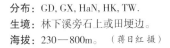

黑心蕨

Doryopteris concolor (Langsd. & Fisch.) Kuhn

Pteris concolor Langsd. & Fisch.

分布：GD, GX, HaN, HK, TW.

生境：林下溪旁石上或田埂边。

海拔：230—800m。　（蒋日红 摄）

泽泻蕨属　Hemionitis L.

泽泻蕨（拟泽泻蕨）

Hemionitis cordata Roxb. ex Hook. & Grev.

Parahemionitis cordata (Roxb. ex Hook. & Grev.) Fraser-Jenk.

Hemiotis arifolia auct. (Burm. f.) T. Moore

分布：HaN, TW, YN.

生境：密林下湿地、溪谷石缝或灌丛。

海拔：500—1000m。

中华隐囊蕨

Notholaena chinensis Baker

分布：CQ, GX, GZ, HuB, HuN, SC.
生境：石灰岩缝。
海拔：500—800m。

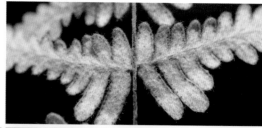

金毛裸蕨属 Paragymnopteris K. H. Shing

耳羽金毛裸蕨

Paragymnopteris bipinnata (Christ) K. H. Shing var. **auriculata** (Franch.) K. H. Shing
Gymnogramma vestita Hook. var. *auriculata* Franch.

分布：BJ, CQ, GS, GZ, HeB, HeN, HuB, LN, NM, SaX, SC, SD, XZ, YN.
生境：灌丛或林下石上。　海拔：800—3500m。　（蒋日红 摄）

金毛裸蕨属
Paragymnopteris K. H. Shing

碎米蕨亚科
Cheilanthoideae W. C. Shieh

凤尾蕨科
Pteridaceae E. D. M. Kirchn. 243

滇西金毛裸蕨

Paragymnopteris delavayi (Baker) K. H. Shing
Gymnogramme delavayi Baker

分布：GS, GZ, HeN, QH, SaX, SC, ShX, XZ, YN.
生境：疏林下石灰岩缝。　海拔：2200—4600m。

中间金毛裸蕨

Paragymnopteris delavayi (Baker) K. H. Shing var. **intermedia** (Ching) X. C. Zhang, *comb. nov.*
Gymnopteris marantae (L.) Ching var. *intermedia* Ching in Acta Phytotax. Sin. 20: 233. 1982.
Paragymnopteris marantae (L.) K. H. Shing var. *intermedia* (Ching) K. H. Shing

分布：BJ, GS, HeB, ShX, SC, XZ, YN.　生境：石上。　海拔：1890—3140m。

244 凤尾蕨科
Pteridaceae E. D. M. Kirchn.

碎米蕨亚科
Cheilanthoideae W. C. Shieh

金毛裸蕨属
Paragymnopteris K. H. Shing

欧洲金毛裸蕨

Paragymnopteris marantae (L.) K. H. Shing
Acrostichum marantae L.
Gymnopteris marantae (L.) Ching

分布：HeB, SC, XZ, YN.
生境：林下干旱石缝。
海拔：1800—4200m。

三角金毛裸蕨

Paragymnopteris sargentii (Christ) K. H. Shing
Gymnopteris sargentii Christ

分布：SC, XZ, YN.
生境：岩石缝中。
海拔：1900—3300m。

金毛裸蕨属
Paragymnopteris K. H. Shing

碎米蕨亚科
Cheilanthoideae W. C. Shieh

凤尾蕨科
Pteridaceae E. D. M. Kirchn. 245

金毛裸蕨

Paragymnopteris vestita (Hook.) K. H. Shing
Gymnogramma vestita Hook.
Gymnopteris vestita (Hook.) Underw.

分布：BJ, GZ, HeB, QH, SC, ShX, TW, XZ, YN.
生境：林下、灌丛或岩石缝中。
海拔：800—3000m。

旱蕨属 Pellaea Link

滇西旱蕨

Pellaea mairei Brause

分布：CQ, GZ, HuN, SaX, SC, YN.
生境：河边石上。　海拔：2300—3200m。

旱蕨

Pellaea nitidula (Hook.) Baker
Cheilanthes nitidula Hook.

分布：CQ, FJ, GD, GS, GX, GZ, HeN, HuB,
HuN, JX, SC, TW, XZ.
生境：林下或灌丛中，多生于岩石缝中。
海拔：200—1100m。

凤尾旱蕨

Pellaea paupercula (Christ) Ching
Pteris paupercula Christ

分布：SC.
生境：干旱河谷石缝。
海拔：1340—2860m。

西南旱蕨

Pellaea smithii C. Chr.

分布：GS, SC, YN.
生境：干旱河谷、灌丛下石缝。
海拔：1710—2540m。

禾秆旱蕨

Pellaea straminea Ching

分布：QH, XZ, XJ.
生境：石上。　海拔：3800—4300m。

毛旱蕨

Pellaea trichophylla (Baker) Ching
Cheilanthes trichophylla Baker

分布：SC, XZ, YN.
生境：干旱河谷或林下石缝。
海拔：800—2200m。

线叶书带蕨 *Haplopteris linearifolia*

18e. 书带蕨亚科

Vittarioideae (C. Presl) Crabbe, Jermy & Mickel

铁线蕨属 Adiantum L.

团羽铁线蕨 Adiantum capillus-junonis

铁线蕨 Adiantum capillus-veneris

条裂铁线蕨 Adiantum capillus-veneris f. dissectum

鞭叶铁线蕨 Adiantum caudatum

白背铁线蕨 Adiantum davidii

长尾铁线蕨 Adiantum diaphanum

月芽铁线蕨 Adiantum edentulum

普通铁线蕨 Adiantum edgeworthii

肾盖铁线蕨 Adiantum erythrochlamys

扇叶铁线蕨 Adiantum falbellulatum

白垩铁线蕨 Adiantum gravesii

仙霞铁线蕨 Adiantum juxtapositum

假鞭叶铁线蕨 Adiantum malesianum

小铁线蕨 Adiantum mariesii

单盖铁线蕨 Adiantum monochlamys

灰背铁线蕨 Adiantum myriosorum

荷叶铁线蕨 Adiantum nelumboides

掌叶铁线蕨 Adiantum pedatum

半月形铁线蕨 Adiantum philippense

陇南铁线蕨 Adiantum roborowskii

细叶铁线蕨 Adiantum venustum

车前蕨属 Antrophyum Kaulf.

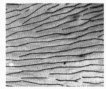

美叶车前蕨 Antrophyum callifolium

海南车前蕨 Antrophyum hainanense

车前蕨 Antrophyum henryi

长柄车前蕨 Antrophyum obovatum

书带车前蕨 Antrophyum vittarioides

书带蕨属 Haplopteris C. Presl

剑叶书带蕨 Haplopteris amboinensis

姬书带蕨 Haplopteris anguste-elongata

带状书带蕨 Haplopteris doniana

唇边书带蕨 Haplopteris elongata

书带蕨 Haplopteris flexuosa

海南书带蕨 Haplopteris hainanensis

线叶书带蕨 Haplopteris linearifolia

中囊书带蕨 Haplopteris mediosora

一条线蕨属 Monogramma Comm. ex Schkuhr

一条线蕨 Monogramma trichoidea J. Sm. ex Hook. & Baker

团羽铁线蕨

Adiantum capillus–junonis Rupr.

分布：BJ, CQ, GD, GS, GX, GZ, HeB, HeN, HK, HuN, LN, SC, SD, ShX, TW, TJ, YN.

生境：石灰岩脚、阴湿墙壁基部石缝中或阴湿的白垩土上。

海拔：300—2500m。

蒋日红 摄

铁线蕨

Adiantum capillus–veneris L.

分布：BJ, CQ, FJ, GD, GS, GX, GZ, HaN, HeB, HeN, HK, HuB, HuN, JS, JX, MC, SaX, SC, ShX, TW, TJ, XJ, XZ, YN, ZJ.

生境：流水溪旁石灰岩上，或石灰岩洞底和滴水岩壁上。　　海拔：100—2800m。

条裂铁线蕨

Adiantum capillusveneris L. f. **dissectum** (Mart. & Galeot.) Ching

Adiantum tenerum Sw. var. *dissectum* Mart. & Galeot.

分布：BJ, CQ, FJ, GD, GS, GX, GZ, HuB, HuN, SaX, SC, YN, ZJ.

生境：流水溪旁石灰岩上，或石灰岩洞底和滴水岩壁上。

海拔：700—1500m。

鞭叶铁线蕨

Adiantum caudatum L.

分布：CQ, FJ, GD, GX, GZ, HaN, HK, HuN, JX, MC, SC, TW, YN, ZJ.

生境：林下或山谷石上或石缝中。

海拔：100—1200m。

白背铁线蕨

Adiantum davidii Franch.

分布：CQ, GS, GZ, HeB, HeN, HuB, NX, SaX, SC, SD, ShX, YN.
生境：溪旁岩石上。
海拔：1100—3400m。

长尾铁线蕨

Adiantum diaphanum Blume

分布：FJ, GD, GZ, HaN, HuN, JX, TW.
生境：林下潮湿地方或溪旁石上。
海拔：600—2200m。

月芽铁线蕨

Adiantum edentulum Christ

分布：CQ, GZ, HuB, HuN, SaX, SC, XZ, YN, ZJ.
生境：林下或沟中岩石上或阴湿的岩壁上。
海拔：1000—3600m。

普通铁线蕨

Adiantum edgeworthii Hook.

分布：BJ, CQ, GS, GX, GZ, HeB, HeN, HuB, LN, SaX, SC, SD, TW, TJ, XZ, YN.
生境：林下阴湿地方或岩石上。
海拔：700—2500m。

肾盖铁线蕨

Adiantum erythrochlamys Diels

分布：CQ, GS, GZ, HuB, HuN, SaX, SC, XZ, YN.
生境：林下溪旁岩石上或石缝中。　海拔：600—3500m。

扇叶铁线蕨

Adiantum flabellulatum L.

分布：CQ, FJ, GD, GX, GZ, HaN, HK, HuB, HuN, JX, MC, SC, TW, YN, ZJ.
生境：酸性红、黄壤上。　海拔：100—1100m。

白垩铁线蕨

Adiantum gravesii Hance

分布：GD, GX, GZ, HuB, HuN, SC, YN, ZJ.

生境：岩壁、石缝或山洞中的白垩土上。　海拔：620—1500m。

仙霞铁线蕨

Adiantum juxtapositum Ching

分布：FJ, GD, ZJ.

生境：石灰岩的石缝中。　海拔：800—1000m。　（蒋日红 摄）

假鞭叶铁线蕨

Adiantum malesianum Ghatak

分布：CQ, GD, GX, GZ, HaN, HK, HuB, HuN, MC, SC, TW, YN.
生境：山坡灌丛下、岩石上或石缝中。
海拔：200—1400m。

小铁线蕨

Adiantum mariesii Baker

分布：CQ, GX, GZ, HuB, HuN, SC.
生境：湿润的石灰岩壁上。
海拔：500—720m。 （蒋日红 摄）

单盖铁线蕨

Adiantum monochlamys A. A. Eaton

分布：CQ, GZ, HuB, SC, TW, ZJ.

生境：山地林下。

海拔：600—800m。

灰背铁线蕨

Adiantum myriosorum Baker

分布：CQ, GS, GZ, HeN, HuB,
　　　HuN, SaX, SC, TW, XZ, ZJ.

生境：林下。

海拔：800—3000m。

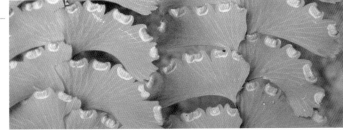

荷叶铁线蕨（荷叶金钱草）

Adiantum nelumboides X. C. Zhang, nom. & stat. nov.

Adiantum reniforme L. var. *sinense* Y. X. Lin in Acta Phytotax. Sin. 18: 102, f. 1:1–5. 1980, non *Adiantum chinense* Burm. *f.* (1768), nec *Adiantum sinicum* Ching (1949).

Adiantum nelumboides T. N. Tai & S. Y. Chen, nom. nud.

分布：CQ, HuB, SC.

生境：岩石上及石缝中。　海拔：350—550m。

掌叶铁线蕨

Adiantum pedatum L.

分布：BJ, CQ, GS, HeB, HeN, HL, HuB, JL, LN, NX, QH, SaX, SC, ShX, XZ, YN，ZJ.

生境：林下沟旁。

海拔：350—3500m。

半月形铁线蕨

Adiantum philippense L.

分布：GD, GX, GZ, HaN, HK, HuN, SC, TW, YN.
生境：阴湿处或林下酸性土上。
海拔：240—2000m。

陇南铁线蕨

Adiantum roborowskii Maxim.

分布：CQ, GS, QH, SaX, SC, XZ.
生境：湿林下石缝中、悬崖上和沟边
　　　石上。
海拔：1000—2000m。

细叶铁线蕨

Adiantum venustum D. Don

分布：SC, YN, XZ.
生境：山坡石缝中。
海拔：2000—2800m。

车前蕨属 Antrophyum Kaulf.

美叶车前蕨

Antrophyum callifolium Blume

分布：GX, HaN, YN.
生境：林中树干上或岩石上。　　海拔：100—1550m。

海南车前蕨

Antrophyum hainanense X. C. Zhang, sp. nov., ined.

分布：HaN.

生境：林下，岩石上（砂岩或石灰岩）。

海拔：200—300m。

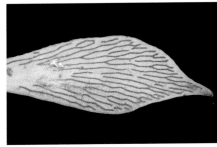

车前蕨

Antrophyum henryi Hieron.

分布：GD, GX, GZ, HuN, YN.

生境：林中溪边岩石上，同苔藓植物混
　　　生，亦见于山谷树干上。

海拔：300—1600m。　（蒋日红 摄）

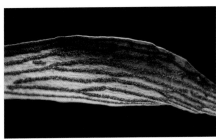

长柄车前蕨

Antrophyum obovatum Baker

分布：CQ, FJ, GD, GX, GZ, HuN, JX, SC, TW,
　　　XZ, YN.

生境：常绿阔叶林中，岩石上或树干基部附生。

海拔：250—2400m。

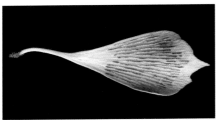

262 凤尾蕨科
Pteridaceae E. D. M. Kirchn.

书带蕨亚科
Vittarioideae (C. Presl) Crabbe, Jermy & Mickel

车前蕨属
Antrophyum Kaulf.

书带车前蕨

Antrophyum vittarioides Baker
Antrophyum stenophyllum Baker

分布：GZ, YN.
生境：林中溪边阴湿石上或树干上。
海拔：300—1000m。 （蒋日红 摄）

书带蕨属 Haplopteris C. Presl

剑叶书带蕨

Haplopteris amboinensis (Fée) X. C. Zhang
Vittaria amboinensis Fée

分布：GD, GX, HaN, HK, YN.
生境：林中岩石上或树干上。
海拔：450—2400m。

姬书带蕨

Haplopteris anguste−elongata (Hayata) E. H. Crane
Vittaria anguste−elongata Hayata

分布：FJ, HaN, TW.
生境：林中岩石上或树干上。
海拔：200—800m。

书带蕨属
Haplopteris C. Presl
书带蕨亚科
Vittarioideae (C. Presl) Crabbe, Jermy & Mickel
凤尾蕨科
Pteridaceae E. D. M. Kirchn. 263

带状书带蕨

Haplopteris doniana (Mett. ex Hieron.) E. H. Crane
Vittaria doniana Mett. ex Hieron.
Vittaria forrestiana Ching

分布：GX, GZ, HuN, XZ, YN.
生境：林中树干上或岩石上。　海拔：1650—3300m。

唇边书带蕨

Haplopteris elongata (Sw.) E. H. Crane
Vittaria elongata Sw.

分布：FJ, GD, GX, HaN, TW, XZ, YN.
生境：树上或林中岩石上。　海拔：190—1350m。　（税玉民 摄）

书带蕨

Haplopteris flexuosa (Fée) E. H. Crane
Vittaria flexuosa Fée

分布：AH, CQ, FJ, GD, GS, GX, GZ, HaN, HK, HuB, HuN, JS, JX, SC, TW, XZ, YN, ZJ.
生境：林中树干上或岩石上。
海拔：100—3200m。

海南书带蕨

Haplopteris hainanensis (C. Chr. ex Ching) E. H. Crane
Vittaria hainanensis C. Chr. ex Ching

分布：GD, HaN, YN.
生境：棕榈树干上。
海拔：100—950m。

线叶书带蕨

Haplopteris linearifolia (Ching) X. C. Zhang
Vittaria linearifolia Ching

分布：XZ, YN.
生境：林中树干上或岩石上。
海拔：1700—3400m。

书带蕨属
Haplopteris C. Presl

书带蕨亚科
Vittarioideae (C. Presl) Crabbe, Jermy & Mickel

凤尾蕨科
Pteridaceae E. D. M. Kirchn. 265

中囊书带蕨

Haplopteris mediosora (Hayata) X. C. Zhang
Vittaria mediosora Hayata

分布：SC, TW, XZ, YN.
生境：林中石上或树干上。　海拔：2700—3500m。

一条线蕨属　Monogramma Comm. ex Schkuhr

一条线蕨（针叶蕨）

Monogramma trichoidea J. Sm. ex Hook. & Baker
Vaginularia trichoidea (J. Sm.) Fée

分布：HaN, TW.
生境：山谷密林下阴湿处石上。
海拔：700—1400m。　（Ralf Knapp 摄）

冷蕨 *Cystopteris fragilis*

19. 冷蕨科

Cystopteridaceae Schmakov

亮毛蕨属 **Acystopteris** Nakai

亮毛蕨 Acystopteris japonica
禾秆亮毛蕨 Acystopteris tenuisecta

光叶蕨属 **Cystoathyrium** Ching

光叶蕨 Cystoathyrium chinense

冷蕨属 **Cystopteris** Bernh

皱孢冷蕨 Cystopteris dickieana
冷蕨 Cystopteris fragilis
西宁冷蕨 Cystopteris kansuana
高山冷蕨 Cystopteris montana
宝兴冷蕨 Cystopteris moupinensis
膜叶冷蕨 Cystopteris pellucida

羽节蕨属 **Gymnocarpium** Newman

欧洲羽节蕨 Gymnocarpium dryopteris
羽节蕨 Gymnocarpium jessoense
东亚羽节蕨 Gymnocarpium oyamense

亮毛蕨

Acystopteris japonica (Luerss.) Nakai
Cystopteris japonica Luerss.

分布：CQ, FJ, GX, GZ, HuB, HuN, JX, SC, TW, YN, ZJ.
生境：沟谷林下。
海拔：400—2800m。

禾秆亮毛蕨

Acystopteris tenuisecta (Blume) Tagawa
Aspidium tenuisectum Blume

分布：GX, SC, TW, XZ, YN.
生境：山地林下或沟边林下阴湿处。
海拔：650—2600m。

光叶蕨

Cystoathyrium chinense Ching

分布：SC.
生境：林下阴湿处。
海拔：2450m左右。

（邢公侠 摄）

冷蕨属　Cystopteris Bernh

皱孢冷蕨

Cystopteris dickieana Sim

分布：GS, HeB, QH, SaX, SC, TW, XJ, XZ, YN.
生境：山谷或山坡石缝中，林下石上以及草地湿处。
海拔：1400—1500m。

冷蕨

Cystopteris fragilis (L.) Bernh.
Polypodium fragile L.

分布：AH, BJ, GS, HeB, HeN, HL, JL, LN, NM, NX, QH,
SaX, SC, SD, ShX, TW, XJ, XZ,YN.
生境：高山灌丛下、阴坡石缝中、岩石脚下或沟边湿地。
海拔：(210—)1500—4500(—4800) m。

西宁冷蕨

Cystopteris kansuana C. Chr.

分布：GS, QH, SC, XZ, YN.
生境：隐蔽的石缝中。　海拔：3000—4500m。

高山冷蕨

Cystopteris montana (Lam.) Bernh. ex Desv.
Polypodium montanum Lam.

分布：GS, HeB, HeN, NM, NX, QH, SaX, SC, ShX, TW, XJ, XZ, YN.
生境：高山林下潮湿处。　　海拔：1700—4500m。

宝兴冷蕨

Cystopteris moupinensis Franch.

分布：GS, GZ, HeB, HeN, QH, SaX, SC, TW, XZ, YN.
生境：针阔叶混交林阴湿处或阴湿石上。
海拔：1000—4100m。

膜叶冷蕨

Cystopteris pellucida (Franch.) Ching ex C. Chr.
Aspidium pellucidum Franch.

分布：GS, HeN, SaX, SC, XZ, YN.
生境：山坡林下或沟边阴湿处。
海拔：1500—3700m。

羽节蕨属 Gymnocarpium Newman

欧洲羽节蕨

Gymnocarpium dryopteris (L.) Newman
Polypodium dryopteris L.

分布：HLJ, JL, LN, NM, SaX, ShX, XJ.
生境：针叶林下阴湿处。 海拔：350—2900m。

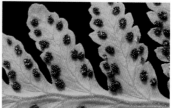

羽节蕨

Gymnocarpium jessoense (Koidz.) Koidz.
Dryopteris jessoense Koidz.

分布：BJ, CQ, GS, GZ, HeB, HeN, HL, JL, LN, NM, NX, QH, SaX, SC,
ShX, XJ, XZ, YN.
生境：林下阴湿处或山坡。　海拔：450—3975 m。

东亚羽节蕨

Gymnocarpium oyamense (Baker) Ching
Polypodium oyamense Baker

分布：AH, CQ, GS, GZ, HeN, HuB, HuN, JX, SaX,
SC, TW, XZ, YN, ZJ.
生境：林下湿地或石上苔藓中。
海拔：300—2900m。

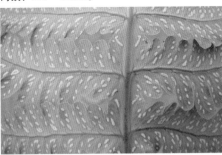

20. 铁角蕨科

Aspleniaceae Newman

铁角蕨属 Asplenium L.

黑色铁角蕨 Asplenium adiantum-nigrum var. yuanum
高山铁角蕨 Asplenium aitchisonii
阿尔泰铁角蕨 Asplenium altajense
狭翅巢蕨 Asplenium antrophyoides
华南铁角蕨 Asplenium austrochinense
马尔康铁角蕨 Asplenium barkamense
南方铁角蕨 Asplenium belangeri
大盖铁角蕨 Asplenium bullatum
线柄铁角蕨 Asplenium capillipes
药蕨 Asplenium ceterach
线裂铁角蕨 Asplenium coenobiale
多角铁角蕨 Asplenium cornutissimum
毛轴铁角蕨 Asplenium crinicaule
水鳖蕨 Asplenium delavayi
剑叶铁角蕨 Asplenium ensiforme
镰叶铁角蕨 Asplenium falcatum
网脉铁角蕨 Asplenium finlaysonianum
阴地铁角蕨 Asplenium fugax
乌木铁角蕨 Asplenium fuscipes
腺齿铁角蕨 Asplenium glanduliserrulatum
厚叶铁角蕨 Asplenium griffithianum
撕裂铁角蕨 Asplenium gueinzianum
海南铁角蕨 Asplenium hainanense
虎尾铁角蕨 Asplenium incisum
贵阳铁角蕨 Asplenium interjectum
康定铁角蕨 Asplenium kangdingense
江苏铁角蕨 Asplenium kiangsuense

东北对开蕨 Asplenium komarovii
长柄巢蕨 Asplenium longistipes
南海铁角蕨 Asplenium loriceum
江南铁角蕨 Asplenium loxogrammoides
米林铁角蕨 Asplenium mainlingense
大羽铁角蕨 Asplenium neolaserpitiifolium
西北铁角蕨 Asplenium nesii
巢蕨 Asplenium nidus
倒挂铁角蕨 Asplenium normale
绿秆铁角蕨 Asplenium obscurum
疏脉苍山蕨 Asplenium paucivenosum
北京铁角蕨 Asplenium pekinense
透明铁角蕨 Asplenium pellucidum
长叶巢蕨 Asplenium phyllitidis
西南铁角蕨 Asplenium praemorsum
长叶铁角蕨 Asplenium prolongatum
假大羽铁角蕨 Asplenium pseudolaserpitiifolium
骨碎补铁角蕨 Asplenium ritoense
过山蕨 Asplenium ruprechtii
卵叶铁角蕨 Asplenium ruta-muraria
岭南铁角蕨 Asplenium sampsonii
华中铁角蕨 Asplenium sarelii
石生铁角蕨 Asplenium saxicola
狭叶铁角蕨 Asplenium scortechinii
叉叶铁角蕨 Asplenium septentrionale
狭叶巢蕨 Asplenium simonsiana
匙形铁角蕨 Asplenium spathulinum
黑边铁角蕨 Asplenium speluncae
近匙形铁角蕨 Asplenium subspathulinum
膜连铁角蕨 Asplenium tenerum
细茎铁角蕨 Asplenium tenuicaule
细裂铁角蕨 Asplenium tenuifolium
天山铁角蕨 Asplenium tianshanense

都匀铁角蕨 Asplenium toramanum
铁角蕨 Asplenium trichomanes
三翅铁角蕨 Asplenium tripteropus
变异铁角蕨 Asplenium varians
欧亚铁角蕨 Asplenium viride
闽浙铁角蕨 Asplenium wilfordii
狭翅铁角蕨 Asplenium wrightii
疏齿铁角蕨 Asplenium wrightioides
胎生铁角蕨 Asplenium yoshinagae
云南铁角蕨 Asplenium yunnanense
东海铁角蕨 Asplenium × castaneo-viride

膜叶铁角蕨属 Hymenasplenium Hayata

细辛蕨 Hymenasplenium cardiophyllum
齿果铁角蕨 Hymenasplenium cheilosorum
切边铁角蕨 Hymenasplenium excisum
阴湿铁角蕨 Hymenasplenium obliquissimum
半边铁角蕨 Hymenasplenium unilaterale

巢蕨 *Asplenium nidus*

黑色铁角蕨

Asplenium adiantum–nigrum L. var. **yuanum** (Ching) Ching

Asplenium yuanum Ching

分布：SaX, TW, XZ, YN.

生境：溪边。　海拔：2000—2800m。

高山铁角蕨

Asplenium aitchisonii Fraser–Jenk. & Reichstein

分布：SC, XZ, YN.

生境：石灰岩石缝。　海拔：3300—4150m。

阿尔泰铁角蕨

Asplenium altajense (Kom.) Grubov
Asplenium sarelii Hook. f. *altajense* Kom.

分布：XJ.
生境：干旱石缝中。
海拔：2300—2500m。

狭翅巢蕨

Asplenium antrophyoides Christ
Neottopteris antrophyoides (Christ) Ching

分布：FJ, GD, GX, GZ, HuN, YN.
生境：石灰岩岩壁上或山沟密林中树干上。
海拔：300—1300m。

华南铁角蕨

Asplenium austrochinense Ching

分布：CQ, FJ, GD, GX, GZ, HaN, HK,
　　　HuB, HuN, JX, SC, TW, YN, ZJ.
生境：密林下潮湿岩石上。
海拔：400—1100m。

马尔康铁角蕨

Asplenium barkamense Ching

分布：SC.
生境：林下石上。
海拔：3100m左右。

南方铁角蕨

Asplenium belangeri (Bory) Kunze
Darea belangeri Bory

分布：GD, GX, HaN.
生境：密林下岩石上。
海拔：300—1100m。

大盖铁角蕨（大铁角蕨）

Asplenium bullatum Wall. ex Mett.

分布：FJ, GX, GZ, HuN, SC, TW, XZ, YN.
生境：林下溪边。
海拔：700—2600m。

线柄钱角蕨（姬铁角蕨）

Asplenium capillipes Makino

分布：CQ, GZ, HuB, HuN, SC, TW, YN.
生境：阴湿的石灰岩洞中，常与藓类混生。
海拔：1450—3000m。

药 蕨

Asplenium ceterach L.
Ceterach officinarum Willd.

分布：XZ, XJ.
生境：干旱的石缝间。
海拔：1400—2600m。

线裂铁角蕨（细叶铁角蕨）

Asplenium coenobiale Hance

分布：CQ, FJ, GD, GX, GZ, HaN, HuN, SC, TW, YN, ZJ.
生境：林下溪边石上。
海拔：700—1800m。

多角铁角蕨

Asplenium cornutissimum X. C. Zhang & R. H. Jiang　　分布：GX.　生境：石灰岩溶洞石壁上。
海拔：700—800m。　（蒋日红 摄）

毛轴铁角蕨（毛铁角蕨）

Asplenium crinicaule Hance

分布：CQ, FJ, GD, GX, GZ, HaN,
　　　HK, HuN, JX, SC, XZ, YN, ZJ.
生境：林下溪边潮湿岩石上。
海拔：120—3000m。

水鳖蕨

Asplenium delavayi (Franch.) Copel.
Scolopendrium delavayi Franch.
Sinephropteris delavayi (Franch.) Mickel

分布：CQ, GS, GX, GZ, SC, XZ, YN.
生境：林下阴湿岩石上或石缝中。
海拔：600—1750m。

剑叶铁角蕨

Asplenium ensiforme Wall. ex Hook. & Grev.

分布：CQ, GD, GS, GX, GZ, HK, HuN, JX, SC, TW, XZ, YN, ZJ.
生境：密林下岩石上或树干上。
海拔：840—2800m。

镰叶铁角蕨（革叶铁角蕨,尖叶铁角蕨）

Asplenium falcatum Lam.

分布：GD, GX, GZ, HaN, HK, TW, YN.
生境：密林下溪边石上或石灰岩上。
海拔：320—750m。

网脉铁角蕨

Asplenium finlaysonianum Wall. ex Hook.

分布：GX, HaN, XZ, YN.
生境：密林下潮湿岩石上或树干上。
海拔：700—1100m。

阴地铁角蕨

Asplenium fugax Christ

分布：GZ, SC, YN.
生境：阴湿石灰岩洞内石壁上。
海拔：1500—2000m。

乌木铁角蕨

Asplenium fuscipes Baker

分布：FJ, GD, GX.
生境：疏林下岩石上。　海拔：250—800m。

腺齿铁角蕨

Asplenium glanduliserrulatum Ching ex S. H. Wu

分布：YN.
生境：林下石上。
海拔：2000m左右。

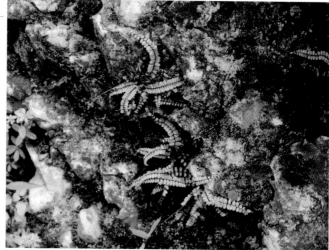

厚叶铁角蕨

Asplenium griffithianum Hook.

分布：FJ, GD, GX, GZ, HaN, HK, HuN, SC,
　　　TW, XZ, YN.
生境：林下潮湿岩石上。
海拔：150—1600m。

撕裂铁角蕨

Asplenium gueinzianum Mett. ex Kuhn
Asplenium laciniatum D. Don

分布：TW, XZ, YN.
生境：溪边潮湿岩石上。
海拔：1550—2600m。

海南铁角蕨

Asplenium hainanense Ching

分布：GX, HaN.
生境：林下溪边潮湿岩石上。
海拔：400—700m。

虎尾铁角蕨

Asplenium incisum Thunb.

分布：AH, CQ, FJ, GS, GX, GZ, HeB, HeN,
　　　HuB, HuN, JS, JX, JL, LN, SaX, SC,
　　　SD, SH, ShX, ZJ.
生境：林下潮湿岩石上。
海拔：70—1600m。

贵阳铁角蕨

Asplenium interjectum Christ

分布：CQ, GZ, YN.

生境：林下潮湿的岩缝中。

海拔：800—1700m。（蒋日红 摄）

康定铁角蕨

Asplenium kangdingense Ching & H. S. Kung

分布：SC.

生境：岩石上。　海拔：2100—2550m。

江苏铁角蕨

Asplenium kiangsuense Ching ex Y. X. Jing
Asplenium gulingense Ching ex S. H. Wu
Asplenium parviusculum Ching
Asplenium hangzhouense Ching & C. F. Zhang
Asplenium boreale (Ohwi ex Sa. Kurata) Nakaike

分布：GX, HuN, JS, TW, YN, ZJ.

生境：林下石上。　海拔：1350m左右。

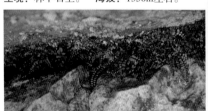

东北对开蕨

Asplenium komarovii Akasawa
Phyllitis japonica Kom.
Asplenium scolopendrium subsp. *japonicum* (Kom.) Rsbach, Reichstein & Viane
Asplenium scolopndrium auct. non L.
Phyllitis scolopendrium auct. non (L.) Newm.

分布：JL, TW.
生境：落叶混交林下的腐质层中。
海拔：700—1000m。

长柄巢蕨

Asplenium longistipes (Ching ex S. H. Wu) Viane
Neottopteris longistipes Ching ex S. H. Wu

分布：YN.
生境：阴湿林下的石灰岩上。
海拔：300—600m。

南海铁角蕨

Asplenium loriceum Christ

Asplenium formosae Christ

分布：GD, HaN, TW.
生境：密林下阴处或溪边。
海拔：500—2300m。

江南铁角蕨

Asplenium loxogrammoides Christ

分布：CQ, GD, GX, GZ, HaN, HuB, HuN,
JX, SC, TW, YN.
生境：林下、溪边岩石上。
海拔：550—910m。

米林铁角蕨

Asplenium mainlingense Ching & S. K. Wu

分布：XZ.
生境：林下或石缝中。　海拔：3200—3400m。

大羽铁角蕨

Asplenium neolaserpitiifolium Tardieu & Ching

分布：GD, HaN, HK, TW, XZ, YN.
生境：密林中树干上。　海拔：650—800m。

西北铁角蕨

Asplenium nesii Christ

分布：GS, HeB, HeN, HL, JL, NM, NX, QH, SaX, SC, ShX, XZ, XJ.
生境：干旱石灰岩的缝隙中。
海拔：1100—4000m。

巢 蕨

Asplenium nidus L.
Neottopteris nidus (L.) J. Sm.

分布：FJ, GD, GX, GZ, HaN, HK, MC, TW, XZ, YN.
生境：雨林中树干上或岩石上。
海拔：100—1900m。

倒挂铁角蕨

Asplenium normale D. Don

分布：CQ, FJ, GD, GX, GZ, HaN,
　　　HK, HuB, HuN, JS, JX, LN,
　　　SC, TW, XZ, YN, ZJ,
生境：密林下或溪旁石上。
海拔：600—2500m。

绿秆铁角蕨（灰绿铁角蕨）

Asplenium obscurum Blume

分布：FJ, GD, GX, GZ, HaN, HK, TW, YN.
生境：密林下潮湿处或水沟边乱石中。
海拔：150—1600m。　　（蒋日红 摄）

疏脉苍山蕨

Asplenium paucivenosum (Ching) Bir
Ceterach paucivenosa Ching
Ceterachopsis paucivenosa (Ching) Ching

分布：XZ, YN.
生境：沟边杂木林下石壁上。
海拔：2000—2700m。

北京铁角蕨

Asplenium pekinense Hance

分布：BJ, CQ, FJ, GD, GS, GX, GZ,
HeB, HeN, HuB, HuN, JS, LN,
NM, NX, SaX, SC, SD, SH,
ShX, TW, TJ, XZ, YN, ZJ.
生境：岩石上或石缝中。
海拔：380—3900m。

透明铁角蕨

Asplenium pellucidum Lam.

分布：YN.
生境：林下溪边树干上或岩石上。
海拔：800m。

长叶巢蕨

Asplenium phyllitidis D. Don
Neottopteris phyllitidis (D. Don) J. Sm.

分布：GX, GZ, HaN, SC, XZ, YN.
生境：林下溪边岩石上或树干上。
海拔：600—1400m。

西南铁角蕨

Asplenium praemorsum Sw.

分布：GX, SC, YN.

生境：杂木林下岩石上。　海拔：1100—2600m。

长叶铁角蕨

Asplenium prolongatum Hook.

分布：CQ, FJ, GD, GS, GX, GZ, HaN,
HeN, HK, HuB, HuN, JX, SC, TW,
XZ, YN, ZJ.

生境：林中树干上或潮湿岩石上。

海拔：150—1800m。

假大羽铁角蕨

Asplenium pseudolaserpitiifolium Ching

分布：FJ, GD, GX, HaN, HK, HuN, TW, YN.
生境：林下溪边岩石上。　海拔：100—1100m.

骨碎补铁角蕨

Asplenium ritoense Hayata
Asplenium davallioides Hook.

分布：FJ, GD, HaN, JX, TW, YN, ZJ.
生境：林下。
海拔：500—1950m。

过山蕨

Asplenium ruprechtii Sa. Kurata

Camptosorus sibiricus Rupr.

Camptosorus rhizophyllus (L.) Link var. *sibiricus* (Rupr.) Ching ex H. Lév.

分布：BJ, GD, GZ, HeB, HeN, HL, HuB, JS, JX, JL, LN, NM, SaX, SC, SD, ShX, TJ.　生境：林下石上。　海拔：300—2000m。

卵叶铁角蕨（银杏铁角蕨）

Asplenium ruta-muraria L.

分布：CQ, HuB, HuN, LN, NM, SaX,
　　　SC, ShX, XJ.
生境：山坡，干旱岩石上或石缝中。
海拔：1500—3300m。

岭南铁角蕨

Asplenium sampsonii Hance

分布：GD, GX, GZ, HaN, YN.
生境：石上。　海拔：300—750m。

华中铁角蕨

Asplenium sarelii Hook.

分布：AH, BJ, CQ, FJ, GS, GX, GZ, HeB, HeN, HL, HuB, HuN, JS, JL, JX, LN, NM, SaX, SC, SD, SH, ShX, YN, ZJ.

生境：潮湿岩壁上或石缝中。

海拔：300—3800m。

石生铁角蕨

Asplenium saxicola Rosent.

分布：CQ, GD, GX, GZ, HaN, HuN, SC, YN.

生境：密林下潮湿岩石上。

海拔：300—1300m。

狭叶铁角蕨（越南铁角蕨）

Asplenium scortechinii Bedd.

分布：GD, GX, HaN, YN.
生境：常绿阔叶林中树干上。
海拔：1300m。

叉叶铁角蕨（线叶铁角蕨）

Asplenium septentrionale (L.) Hoffm.
Acrostichum septentrionale L.

分布：SaX, TW, XZ, XJ.
生境：干旱裸露的岩石缝间。
海拔：1100—4100m。

狭叶巢蕨

Asplenium simonsiana (Hook.) J. Sm.
Asplenium simonsianum Hook.
Neottopteris simonsiana (Hook.) J. Sm.

分布：SC, XZ, YN.
生境：密林中树干上。　海拔：350—1700m。

匙形铁角蕨

Asplenium spathulinum J. Sm.

分布：HaN.
生境：密林下溪边。　海拔：800—1400m。

黑边铁角蕨

Asplenium speluncae Christ

分布：GD, GX, GZ, JX.　生境：林下溪边石灰岩缝中。
海拔：500—1300m。　（蒋日红 摄）

近匙形铁角蕨

Asplenium subspathulinum X. C. Zhang, *nom. nov.*
Asplenium qiujiangense Ching ex S. H. Wu in Bull. Bot. Res. (Harbin) 9(2): 90. 1989, non (Ching & S. H. Fu) Nakaike (1986)
Asplenium dulongjiangense Y. F. Deng (2003), non Viane (1991)

分布：YN.　生境：密林下。　海拔：1200m。

膜连铁角蕨

Asplenium tenerum Forst.

分布：CQ, HaN, HuN, SC, TW.
生境：密林下石上。
海拔：400—1100m。

细茎铁角蕨

Asplenium tenuicaule Hayata

分布：BJ, CQ, GS, HeB, HeN, HL, HuB, HuN, JS, JX, JL, LN, NM, QH,
　　　SaX, SC, SD, ShX, XZ, ZJ.
生境：林中树干上或岩石上。　　海拔：700—4300m。

细裂铁角蕨（薄叶铁角蕨）

Asplenium tenuifolium D. Don

分布：CQ, GX, GZ, HaN, HuN, SC, TW, XZ, YN.
生境：杂木林下潮湿岩石上。　　海拔：1200—2400m。

天山铁角蕨

Asplenium tianshanense Ching

分布：XJ.
生境：干旱岩石缝中。　　海拔：1500—3000m。

都匀铁角蕨

Asplenium toramanum Makino

分布：CQ, GD, GX, GZ, HuN.
生境：石灰岩上。　海拔：600—1500m。

铁角蕨

Asplenium trichomanes L.

分布：FJ, GS, GZ, HeB, HeN, HuB, HuN, JL, JX, SaX, SC,
ShX, XJ, XZ,YN.
生境：非石灰岩地区。　海拔：400—3400m。

三翅铁角蕨

Asplenium tripteropus Nakai

分布: AH, CQ, FJ, GD, GS, GZ, HeN, HuB, HuN, JS, JX, SaX, SC, ShX, TW, YN, ZJ.

生境: 林下潮湿的岩石上或酸性土上。　海拔: 400—2100m。

变异铁角蕨

Asplenium varians Wall. ex Hook. & Grev.

分布: CQ, GX, GZ, HeN, HuN, NX, SaX, SC, SD, ShX, XZ, YN, ZJ.

生境: 杂木林下潮湿岩石上或岩壁上。

海拔: 650—3500m。

欧亚铁角蕨（绿柄铁角蕨）

Asplenium viride Hudson

分布：CQ, SC, TW, XZ, XJ.
生境：林下石缝中。
海拔：4100m。

闽浙铁角蕨

Asplenium wilfordii Mett. ex Kuhn
Asplenium fengyangshanense Ching & C. F. Zhang

分布：CQ, FJ, GD, GS, GX, GZ, HaN, HK,
　　　HuB, HuN, JX, SC, TW, YN, ZJ.
生境：林下或溪边石上。
海拔：120—2700m。

狭翅铁角蕨

Asplenium wrightii A. A. Eaton ex Hook.

分布：CQ, FJ, GD, GX, GZ, HK, HuB, HuN, JS, JX, SC,
　　　TW, ZJ.

生境：林下溪边岩石上。　海拔：230—1100m。

疏齿铁角蕨

Asplenium wrightioides Christ

分布：HuN, CQ, SC, GX, GZ, YN.

生境：林下或溪边石灰岩上。　海拔：750—1800m。

胎生铁角蕨

Asplenium yoshinagae Makino

分布：FJ, GD, GX, HuB, HuN, JX, SC, XZ, YN, ZJ.
生境：密林下潮湿岩石上或树干上。
海拔：2200—2700m。

云南铁角蕨

Asplenium yunnanense Franch.
Asplenium moupinense Franch.

分布：CQ, GX, GZ, HeB, HeN, HuN, SaX, SC, ShX, XZ, YN.
生境：林下岩石缝隙中。
海拔：1100—3300m。

东海铁角蕨（曲阜铁角蕨）

Asplenium × castaneo-viride Baker
Asplenium kobayashii Tagawa

分布：JS, LN, SD.
生境：阴湿石缝中。

膜叶铁角蕨属 Hymenasplenium Hayata

细辛蕨

Hymenasplenium cardiophyllum (Hance) Nakaike
Micropodium cardiophyllum Hance
Boniniella cardiophylla (Hance) Tagawa
Asplenium cardiophyllum (Hance) Baker

分布：GX, HaN, TW.
生境：林下岩石上。
海拔：400—850m.

齿果铁角蕨

Hymenasplenium cheilosorum (Kunze ex Mett.) Tagawa
Asplenium cheilosorum Kunze ex Mett.

分布：FJ, GD, GX, GZ, HaN, HK, HuN, TW, XZ, YN, ZJ.
生境：密林下或溪旁阴湿石上。　海拔：500—1800m。

切边铁角蕨

Hymenasplenium excisum (C. Presl) Hatusima ex Sugimoto
Asplenium excisum C. Presl

分布：GD, GX, GZ, HaN, HuN, TW, XZ, YN, ZJ.
生境：密林下阴湿处。
海拔：300—1700m。

阴湿铁角蕨

Hymenasplenium obliquissimum (Hayata) Sugimoto & Sa. Kurata
Asplenium unilaterale Lam. var. *obliquissimum* Hayata
Asplenium unilaterale Lam. var. *udum* Atkinson ex C. B. Clarke,

分布：GD, GX, GZ, HuN, JX, SC, TW, YN.　　生境：密林下溪边滴水的岩壁上。　　海拔：860—2800m。

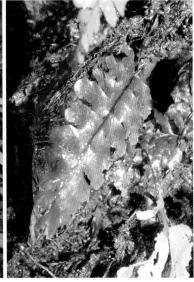

半边铁角蕨

Hymenasplenium unilaterale (Lam.) Hayata
Asplenium unilaterale Lam.

分布：CQ, FJ, GD, GS, GX, GZ, HaN, HK, HuB,
　　　HuN, JX, SC, TW, YN, ZJ.
生境：林下或溪边石上。　　海拔：120—2700m。

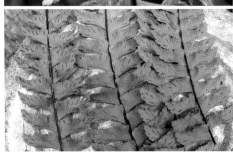

21. 肠蕨科

Diplaziopsidaceae X. C. Zhang & Christenh.

肠蕨属 Diplaziopsis C. Chr.

川黔肠蕨 Diplaziopsis cavaleriana
肠　蕨 Diplaziopsis javanica

川黔肠蕨 *Diplaziopsis cavaleriana*

川黔肠蕨

Diplaziopsis cavaleriana (Christ) C. Chr.
Allantodia cavaleriana Christ

分布：CQ, FJ, GZ, HaN, HuB, HuN, JX, SC, TW, YN, ZJ.
生境：山谷阔叶林下。　海拔：900—1800m。

肠蕨（阔羽肠蕨）

Diplaziopsis javanica (Blume) C. Chr.
Asplenium javanicum Blume
Allantodia brunoniana Wall.
Diplaziopsis brunoniana (Wall.) W. M. Chu
Diplaziopsis hainanensis Ching

分布：GZ, HaN, TW, XZ, YN.
生境：山谷溪边密林下。
海拔：400—1800m。

22. 轴果蕨科

Rhachidosoraceae X. C. Zhang

轴果蕨属 Rhachidosorus Ching

喜钙轴果蕨 Rhachidosorus consimilis
轴果蕨 Rhachidosorus mesosorus
云贵轴果蕨 Rhachidosorus truncatus

云贵轴果蕨 *Rhachidosorus truncatus*

喜钙轴果蕨

Rhachidosorus consimilis Ching

分布：GX, GZ, SC, YN.
生境：石灰岩地区灌丛中钙质土壤上。
海拔：650—1750m。

轴果蕨

Rhachidosorus mesosorus (Makino) Ching
Asplenium mesosorum Makino

分布：HuB, HuN, JS, ZJ.
生境：山地溪沟阴湿林下。
海拔：100—1000m。

云贵轴果蕨

Rhachidosorus truncatus Ching

分布：GX, GZ, YN.
生境：石灰岩丘陵灌丛阴湿处岩隙。
海拔：650—1500m。

秦氏毛蕨 *Cyclosorus chingii*

栗柄金星蕨属 Coryphopteris Holttum

钝角金星蕨　Coryphopteris angulariloba
光脚金星蕨　Coryphopteris japonica

钩毛蕨属 Cyclogramma Tagawa

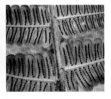

耳羽钩毛蕨　Cyclogramma auriculata
无量山钩毛蕨　Cyclogramma costularisora
小叶钩毛蕨　Cyclogramma flexilis

毛蕨属 Cyclosorus Link

渐尖毛蕨　Cyclosorus acuminatus
干旱毛蕨　Cyclosorus aridus
秦氏毛蕨　Cyclosorus chingii
溪边假毛蕨　Cyclosorus ciliatus
鳞柄毛蕨　Cyclosorus crinipes
齿牙毛蕨　Cyclosorus dentatus

方秆蕨　Cyclosorus erubescens
西南假毛蕨　Cyclosorus esquirolii
镰片假毛蕨　Cyclosorus falcilobus
新月蕨　Cyclosorus gymnopteridifrons
异果毛蕨　Cyclosorus heterocarpus
毛囊毛蕨　Cyclosorus hirtisorus
宽羽毛蕨　Cyclosorus latipinnus
微红新月蕨　Cyclosorus megacuspis
大羽新月蕨　Cyclosorus nudatus
蝶状毛蕨　Cyclosorus papilio
华南毛蕨　Cyclosorus parasiticus
披针新月蕨　Cyclosorus penangianus
星毛蕨　Cyclosorus proliferus
单叶新月蕨　Cyclosorus simplex
巨型毛蕨　Cyclosorus subelatus
普通假毛蕨　Cyclosorus subochthodes
顶育毛蕨　Cyclosorus terminans
龙津蕨　Cyclosorus tonkinensis
三羽新月蕨　Cyclosorus triphyllus
截裂毛蕨　Cyclosorus truncatus
假毛蕨　Cyclosorus tylodes

针毛蕨属 Macrothelypteris (H. Itô) Ching

针毛蕨　Macrothelypteris oligophlebia
树形针毛蕨　Macrothelypteris ornata
普通针毛蕨　Macrothelypteris torresiana

凸轴蕨属 Metathelypteris (H.Itô) Ching

薄叶凸轴蕨 Metathelypteris flaccida
凸轴蕨 Metathelypteris gracilescens
疏羽凸轴蕨 Metathelypteris laxa

假鳞毛蕨属 Oreopteris Holub

亚洲假鳞毛蕨 Oreopteris quelpaertensis

金星蕨属 Parathelypteris (H. Itô) Ching

长根金星蕨 Parathelypteris beddomei
金星蕨 Parathelypteris glanduligera
滇越金星蕨 Parathelypteris indochinensis
海南金星蕨 Parathelypteris subimmersa

卵果蕨属 Phegopteris (C. Presl) Fée

卵果蕨 Phegopteris connectitis
延羽卵果蕨 Phegopteris decursive–pinnata

紫柄蕨属 Pseudophegopteris Ching

耳状紫柄蕨 Pseudophegopteris aurita
星毛紫柄蕨 Pseudophegopteris levingei
禾秆紫柄蕨 Pseudophegopteris microstegia
紫柄蕨 Pseudophegopteris pyrrhorachis
对生紫柄蕨 Pseudophegopteris rectangularis
云贵紫柄蕨 Pseudophegopteris yunkweiensis

溪边蕨属 Stegnogramma Blume

浅裂叶溪边蕨 Stegnogramma asplenioides
贯众叶溪边蕨 Stegnogramma cyrtomioides
圣蕨 Stegnogramma griffithii
喜马拉雅茯蕨 Stegnogramma himalaica
戟叶圣蕨 Stegnogramma sagittifolia
小叶茯蕨 Stegnogramma tottoides
羽裂圣蕨 Stegnogramma wilfordii

沼泽蕨属 Thelypteris Schmid.

沼泽蕨 Thelypteris palustris

钝角金星蕨

Coryphopteris angulariloba (Ching) L. J. He & X. C. Zhang, *comb. nov.*
Thelypteris angulariloba Ching in Bull. Fan Mem. Inst. Biol. Bot. 6: 323. 1936.
Parathelypteris angulariloba (Ching) Ching

分布：FJ, GD, GX, HaN, HK, HuN, JX, TW.
生境：山谷林下水边或灌丛阴湿处。　　海拔：300—980m。

光脚金星蕨

Coryphopteris japonica (Baker) L. J. He & X. C. Zhang, *comb. nov.*
Nephrodium japonicum Baker in Ann. Bot. (Oxford) 5. 318. 1891.
Parathelypteris japonica (Baker) Ching

分布：AH, CQ, FJ, GD, GX, GZ, HuB, HuN, JL, JS, JX, SC, SH, TW, YN, ZJ.
生境：林下阴处。　　海拔：320—2100m。

耳羽钩毛蕨

Cyclogramma auriculata (J. Sm.) Ching
Phegopteris auriculata J. Sm.

分布：TW, YN.
生境：常绿阔叶林下沟边。
海拔：1800—2800m。

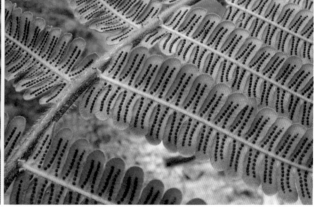

无量山钩毛蕨

Cyclogramma costularisora Ching ex K. H. Shing

分布：YN.
生境：常绿阔叶林林下。
海拔：1800—2400m。

小叶钩毛蕨

Cyclogramma flexilis (Christ) Tagawa
Aspidium flexile Christ

分布：CQ, GX, GZ, HuN, SC.
生境：林下石灰岩上。   海拔：350—1400m。

渐尖毛蕨

Cyclosorus acuminatus (Houtt.) Nakai
Polypodium acuminatum Houtt.

分布：AH, CQ, FJ, GD, GS, GX, GZ, HeN, HK, HuB, HuN, JS, JX, MC, SaX, SC, SD, SH, TW, YN, ZJ.
生境：灌丛、草地、田边、路边、沟边湿地或山谷乱石中。
海拔：100—2700m。

干旱毛蕨

Cyclosorus aridus (D. Don) Ching

Aspidium aridum D. Don

Cyclosorus aridus (D. Don) Tagawa

分布：AH, CQ, FJ, GD, GX, GZ, HaN, HK, HuN, JX, SC, TW, XZ, YN, ZJ.

生境：沟边疏、杂木林下或河边湿地。

海拔：150—1800m。

蒋日红 摄

秦氏毛蕨

Cyclosorus chingii Z. Y. Liu ex Ching & Z. Y. Liu

分布：CQ, GZ, YN.

生境：溪边阴湿处或山谷湿地。　　海拔：780m左右。

溪边假毛蕨

Cyclosorus ciliatus (Wall. ex Benth.) Panigrahi
Pseudocyclosorus ciliatus (Benth.) Ching
Aspidium ciliatum Wall. ex Benth.

分布：GD, GX, HaN, HK, YN.
生境：山谷湿地或溪边石缝。
海拔：160—2300m。

鳞柄毛蕨

Cyclosorus crinipes (Hook.) Ching
Nephrodium crinipes Hook.

分布：GD, GZ, HaN, YN.
生境：山谷水边或林边湿地。　海拔：190—1200m。

齿牙毛蕨

Cyclosorus dentatus (Forssk.) Ching
Polypodium dentatum Forssk.

分布：CQ, FJ, GD, GX, GZ, HaN, HK, HuN,
　　　JX, MC, SC, TW, YN, ZJ.
生境：山谷疏林下或路旁水池边。
海拔：1250—2850m。

方秆蕨

Cyclosorus erubescens (Wall. ex Hook.) C. M. Kuo
Glaphyropteridopsis erubescens (Hook.) Ching
Polypodium erubescens Wall. ex Hook

分布：CQ, GX, GZ, HuN, SC, TW, XZ, YN.
生境：低山沟谷林下。
海拔：800—1800m。

李中阳 摄

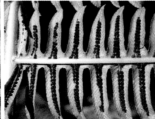

西南假毛蕨

Cyclosorus esquirolii (Christ) C. M. Kuo
Pseudocyclosorus esquirolii (Christ) Ching
Dryopteris esquirolii Christ

分布：CQ, FJ, GD, GX, GZ, HuB, HuN, JX, SC, TW, XZ, YN.
生境：山谷溪边石上或箐沟边。　海拔：450—2100m。　（李中阳 摄）

镰片假毛蕨

Cyclosorus falcilobus (Hook.) L. J. He & X. C. Zhang, *comb. nov.*
Lastrea falciloba Hook. in J. Bot. Kew Gard. Misc. 9: 337. 1857.
Pseudocyclosorus falcilobus (Hook.) Ching

分布：FJ, GD, GX, GZ, HaN, HK, HuN, JX, YN, ZJ.　生境：山谷水边石砾土中。　海拔：300—1450m。　（李中阳 摄）

新月蕨

Cyclosorus gymnopteridifrons (Hayata) C. M. Kuo
Pronephrium gymnopteridifrons (Hayata) Holttum
Dryopteris gymnopteridifrons Hayata

分布：GD, GX, GZ, HaN, HK, HuN, TW, YN.
生境：山谷沟边密林下或山坡疏林下。
海拔：100—500m。

异果毛蕨

Cyclosorus heterocarpus (Blume) Ching
Asplenium heterocarpum Blume
Cyclosorus heterocarpus (Blume) Ching

分布：FJ, GD, HaN, HK.
生境：山谷溪边阴处。
海拔：500—900m。

毛囊毛蕨

Cyclosorus hirtisorus (C. Chr.) Ching
Dryopteris hirtisora C. Chr.

分布：YN.
生境：林缘荒坡。
海拔：1000—1800m。

宽羽毛蕨

Cyclosorus latipinnus (Benth.) Tardieu
Aspidium molle Sw. var. *latipinnum* Benth.

分布：FJ, GD, GX, GZ, HaN, HK, MC, TW, ZJ.
生境：溪边或山谷石缝中。
海拔：30—320m。

微红新月蕨

Cyclosorus megacuspis (Baker) Tardieu & C. Chr.
Polypodium megacuspe Baker
Pronephrium megacuspe (Baker) Holttum

分布：GD, GX, JX, YN.
生境：密林下。   海拔：130—400m。

大羽新月蕨

Cyclosorus nudatus (Roxb.) B. K. Nayar & S. Kaur
Pronephrium nudatum (Roxb.) Holttum
Polypodium nudatum Roxb.

分布：GX, GZ, XZ, YN.
生境：山坡疏林下阴处。
海拔：120—1580m。

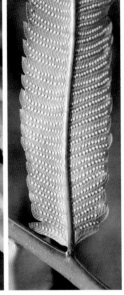

蝶状毛蕨（缩羽毛蕨）

Cyclosorus papilio (C. Hope) Ching
Nephrodium papilio C. Hope

分布：TW, XZ, YN, ZJ.
生境：山坡阔叶林下。　海拔：590—1300m。　（李中阳 摄）

华南毛蕨

Cyclosorus parasiticus (L.) Farwell
Polypodium parasiticum L.

分布：CQ, FJ, GD, GS, GX, GZ, HaN, HK, HuN, JX, MC,
SC, TW, YN, ZJ.
生境：山谷密林下或溪边湿地。
海拔：90—1900m。 （李中阳 摄）

披针新月蕨

Cyclosorus penangianus (Hook.) Copel.
Polypodium penangianum Hook.
Pronephrium penangianum (Hook.) Holttum

分布：CQ, GD, GS, GX, GZ, HeN, HuB, HuN, JX, SC, YN,
XZ, ZJ.
生境：林下阴湿处或路边岩石上。
海拔：900—3600m。

星毛蕨

Cyclosorus proliferus (Retz.) Tardieu ex Tardieu & C. Chr.
Hemionitis prolifera Retz.

分布：CQ, FJ, GD, GX, GZ, HaN, HK, HuN, JX, MC, SC, TW, YN.
生境：阳光充足的溪边河滩沙地上。
海拔：100—950m。　（蒋日红 摄）

单叶新月蕨

Cyclosorus simplex (Hook.) Copel.
Meniscium simplex Hook.
Pronephrium simplex (Hook.) Holttum

分布：FJ, GD, GX, HaN, HK, MC, TW, YN.
生境：溪边林下或山谷林下。　海拔：20—1500m。

蒋日红 摄

巨型毛蕨

Cyclosorus subelatus (Baker) Ching
Nephrodium subelatum Baker

分布：YN.
生境：沟边或路旁林下阴处。　海拔：850—1300m。

普通假毛蕨

Cyclosorus subochthodes (Ching) L. J. He & X. C. Zhang, *comb. nov.*
Thelypteris subochthodes Ching in Bull. Fan Mem. Inst. Biol. Bot. 6: 305. 1936.
Pseudocyclosorus subochthodes (Ching) Ching

分布：AH, CQ, FJ, GD, GS, GX, GZ, HuB, HuN, JX, SC, TW, HK, YN, ZJ.
生境：杂木林下湿地或山谷石上。　海拔：200—1970m。

顶育毛蕨

Cyclosorus terminans (J. Sm.) K. H. Shing
Nephrodium terminans J. Sm.

分布：HaN, TW.
生境：灌丛下潮湿沙土上。
海拔：380—700m。

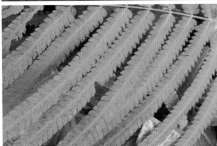

龙津蕨

Cyclosorus tonkinensis (C. Chr.) L. J. He & X. C. Zhang, *comb. nov.*
Dryopteris tonkinensis C. Chr. in Bull. Mus. Natl. Hist. Nat. II. 6. 102. 1934.
Amphineuron tonkinense (C. Chr.) Holttum
Mesopteris tonkinensis (C. Chr.) Ching
Thelypteris tonkinensis (C. Chr.) Ching

分布：GX, HaN.　生境：石灰岩山上疏林中湿润石上。
海拔：100—500m。　（蒋日红 摄）

三羽新月蕨

Cyclosorus triphyllus (Sw.) Tardieu
Meniscium triphyllum Sw.
Pronephrium triphyllum (Sw.) Holttum

分布：FJ, GD, GX, HaN, HK, HuN, TW, YN.
生境：林下。　海拔：120—600m。

截裂毛蕨

Cyclosorus truncatus (Poir.) Farwell
Polypodium truncatum Poir.

分布：FJ, GD, GX, GZ, HaN, HuN, TW, YN.
生境：溪边林下或山谷湿地。
海拔：130—650m。

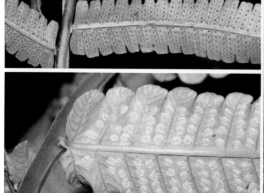

假毛蕨

Cyclosorus tylodes (Kunze) Panigrahi
Aspidium xylodes Kunze
Pseudocyclosorus tylodes (Kunze) Holttum

分布：GD, GX, GZ, HaN, HK, HuN, SC, XZ, YN.
生境：溪边林下或岩石上。
海拔：800—2300m。

针毛蕨属 Macrothelypteris (H. Itô) Ching

针毛蕨

Macrothelypteris oligophlebia (Baker) Ching
Nephrodium oligophlebium Baker

分布：AH, GX, GZ, HeN, HuB, HuN, JS, JX, ZJ.
生境：山谷水沟边，或林缘湿地。　海拔：400—800m。

树形针毛蕨

Macrothelypteris ornata (Wall. ex Bedd.) Ching
Polypodium ornatum Wall. ex Bedd.

分布：XZ, YN.
生境：亚热带的河谷林下。
海拔：850—1000m。　（李中阳 摄）

普通针毛蕨

Macrothelypteris torresiana (Gaud.) Ching
Polystichum torresianum Gaud.

分布：CQ, FJ, GD, GZ, HaN, HeN, HK, HuN, JX, MC, SC, TW, XZ, YN, ZJ.
生境：山谷潮湿处。
海拔：400—1200m。

薄叶凸轴蕨

Metathelypteris flaccida (Blume) Ching
Aspidium flaccidum Blume

分布：GX, GZ, YN.
生境：沟边林下。　海拔：700—1800m。

凸轴蕨

Metathelypteris gracilescens (Blume) Ching
Aspidium gracilescens Blume

分布：TW, YN.
生境：山地密林下。　海拔：980—2500m。

疏羽凸轴蕨

Metathelypteris laxa (Franch. & Sav.) Ching
Aspidium laxum Franch. & Sav.

分布：CQ, FJ, GD, GX, GZ, HuB, HuN, JS, JX,
　　　SC, SH, TW, YN, ZJ.
生境：山麓林下和山谷密林下。
海拔：100—750m。

亚洲假鳞毛蕨

Oreopteris quelpaertensis (Christ) Holub

Dryopteris quelpaertensis Christ

Lastrea quelpaertensis (Christ) Copel.

分布：JL.
生境：林下、溪边。
海拔：1000—1800m。

金星蕨属 Parathelypteris (H. Itô) Ching

长根金星蕨

Parathelypteris beddomei (Baker) Ching

Nephrodium beddomei Baker

分布：AH, CQ, GX, GZ, HeN, HuN, JX, SaX, SC,
      TW, YN, ZJ.
生境：山地、草甸，溪边或湿地。
海拔：400—2700m。

金星蕨

Parathelypteris glanduligera (Kunze) Ching
Aspidium glanduligerum Kunze

分布：AH, CQ, FJ, GD, GX, GZ, HaN, HeN, HK, HuB, HuN, JS, JX, SaX, SC, SD, SH, TW, YN, ZJ.
生境：疏林下土生。　海拔：80—2500m。

滇越金星蕨

Parathelypteris indochinensis (Christ) Ching
Dryopteris indochinensis Christ

分布：GX, YN.　生境：山谷林下阴湿处。
海拔：1400—2300m。　（蒋日红 摄）

海南金星蕨

Parathelypteris subimmersa (Ching) Ching
Thelypteris subimmersa Ching
Amphineuron immersum (Ching) Holttum

分布：HaN.
生境：山坡林下湿润的砾质土上。
海拔：50—3100m。

卵果蕨属 Phegopteris (C. Presl) Fée

卵果蕨

Phegopteris connectilis (Michx.) Watt
Polypodium connectile Michix.

分布：CQ, GZ, HeN, HL, HuB, JL, LN, SaX, SC, TW, YN.　　生境：针叶混交林下或山坡岩上。　　海拔：1200—3140m。

延羽卵果蕨

Phegopteris decursive–pinnata (van Hall) Fée
Polypodium decursive–pinnatum van Hall

分布：CQ, FJ, GD, GX, GZ, HeN, HuB, HuN, JS,
　　　JX, SaX, SC, SD, SH, TW, YN.

生境：冲积平原和丘陵低山区的河沟两岸、路边
　　　林下或岩石缝中。

海拔：50—2000m。

紫柄蕨属　Pseudophegopteris Ching

耳状紫柄蕨

Pseudophegopteris aurita (Hook.) Ching
Gymnogramme aurita Hook.

分布：CQ, FJ, GD, GX, GZ, HuN, JX, XZ, YN, ZJ.
生境：高山溪边林下。　海拔：1200—2000m。

星毛紫柄蕨

Pseudophegopteris levingei (C. B. Clarke) Ching
Gymnogramma levingei C. B. Clarke

分布：CQ, GS, GZ, JX, SaX, SC, XZ, YN.
生境：林下沟边或灌丛下。　　海拔：1300—2900m。

禾秆紫柄蕨

Pseudophegopteris microstegia (Hook.) Ching
Polypodium microstegium Hook.

分布：CQ, HuN, SC, XZ, YN.
生境：常绿阔叶林下。　　海拔：2300—2400m。

紫柄蕨

Pseudophegopteris pyrrhorachis (Kunze) Ching
Polypodium pyrrhorachis Kunze

分布: CQ, FJ, GD, GS, GX, GZ, HeN, HuB, HuN, JX, SC, TW, YN, XZ, ZJ.

生境: 溪边林下。　海拔: 800—2400m。

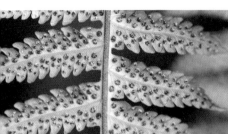

对生紫柄蕨

Pseudophegopteris rectangularis (Zoll.) Holttum
Polypodium rectangulare Zoll.

分布: CQ, GX, XZ, YN.　生境: 溪边林下。
海拔: 1000—1500m。（李中阳 摄）

云贵紫柄蕨

Pseudophegopteris yunkweiensis (Ching) Ching
Thelypteris yunkweiensis Ching

分布：GX, GZ, HuN, YN.
生境：沟边林下。   海拔：1200—1650m。

溪边蕨属 Stegnogramma Blume

浅裂叶溪边蕨

Stegnogramma asplenioides (C. Chr.) J. Sm. ex Ching
Dryopteris stegnogramma C. Chr. var. *asplenioides* C. Chr.
Stegnogramma jinfoshanensis Ching & Z.Y. Liu
Stegnogramma latipinna Ching ex Y. X. Lin
Stegnogramma diplazioides Ching ex Y. X. Lin

分布：CQ, SC, YN.
生境：林下或灌丛中阴湿地。
海拔：1500—2500m。

贯众叶溪边蕨

Stegnogramma cyrtomioides (C. Chr.) Ching

Dryopteris stegnogramma C. Chr. var. *cyrtomioides* C. Chr.

分布：CQ, GZ, HuB, HuN, SC.

生境：林下或灌丛中阴湿地。

海拔：600—1500m。

圣蕨

Stegnogramma griffithii (T. Moore) K. Iwats.

Dictyocline griffithii T. Moore

分布：CQ, FJ, GX, GZ, HaN, JX, SC, TW, YN, ZJ.

生境：密林下或阴湿山沟。　　海拔：600—1400m。

喜马拉雅茯蕨

Stegnogramma himalaica (Ching) K. Iwats.
Leptogramma himalaica Ching

分布：XZ, YN.
生境：岩石边阴处或陡坡上。
海拔：2100—2500m。

戟叶圣蕨

Stegnogramma sagittifolia (Ching) L. J. He & X. C. Zhang, *comb. nov.*
Dictyocline sagittifolia Ching in Acta Phytotax. Sin. 8: 335. 1963.

分布：GD, GX, GZ, HuN, JX.
生境：常绿林下及石缝中。
海拔：400—650m。

（蒋日红摄）

小叶茯蕨

Stegnogramma tottoides (H. Itô) K. Iwats.
Leptogramma tottoides H. Itô

分布：CQ, FJ, GZ, HuN, JX, TW, ZJ.
生境：林下岩石上。
海拔：800—2500m。　（蒋日红 摄）

羽裂圣蕨

Stegnogramma wilfordii (Hook.) Seriz.
Dictyocline griffithii T. Moore var. *wilfordii* (Hook.) T. Moore
Hemionitis wilfordii Hook.

分布：CQ, FJ, GD, GX, GZ, HK, HuN, JX, SC, TW, YN, ZJ.
生境：山谷阴湿处或林下。　海拔：100—850m。

蒋日红 摄

沼泽蕨

Thelypteris palustris (Salisb.) Schott
Polypodium palustris Salisb.

分布：BJ, CQ, HeB, HeN, HL, JS, JL, LN, NM, SC, SD, XJ, ZJ.
生境：草甸和沼泽地芦苇中。　海拔：200—800m。

24. 岩蕨科

Woodsiaceae Herter

滇蕨属 Cheilanthopsis Hieron.

长叶滇蕨 Cheilanthopsis elongata
滇蕨 Cheilanthopsis indusiosa

岩蕨属 Woodsia R. Br.

蜘蛛岩蕨 Woodsia andersonii

栗柄岩蕨 Woodsia cycloloba
光岩蕨 Woodsia glabella
岩蕨 Woodsia ilvensis
东亚岩蕨 Woodsia intermedia
康定岩蕨 Woodsia kangdingensis
大囊岩蕨 Woodsia macrochlaena
膀胱蕨 Woodsia manchuriensis
耳羽岩蕨 Woodsia polystichoides
密毛岩蕨 Woodsia rosthorniana

岩蕨 *Woodsia ilvensis*

长叶滇蕨

Cheilanthopsis elongata (Hook.) Copel.
Woodsia elongata Hook.

分布：XZ, YN.
生境：混交林下或沟边岩石缝。
海拔：2700—3600m。（卫然 摄）

滇　蕨

Cheilanthopsis indusiosa (Christ) Ching
Woodsia indusiosa Christ

分布：SC, YN.　生境：山谷阔叶林下或石上。
海拔：2100—3200m。（于胜祥 摄）

蜘蛛岩蕨

Woodsia andersonii (Bedd.) Christ
Gymnogramme andersonii Bedd.

分布：GS, QH, SaX, SC, TW, XZ, YN.
生境：林下石缝中或石壁上。
海拔：2500—4500m。

栗柄岩蕨

Woodsia cycloloba Hand.–Mazz.

分布：QH, SaX, SC, XZ, YN.
生境：林下石缝中或岩壁上。　海拔：2900—4600m。

光岩蕨

Woodsia glabella R. Br. ex Richards.

分布：GS, HeB, HeN, JL, NM, QH, XJ, YN.
生境：针阔叶混交林下的岩石缝隙中。　　海拔：2150—3650m。

岩蕨

Woodsia ilvensis (L.) R. Br.
Acrostichum ilvense L.

分布：BJ, HeB, HL, JL, LN, NM, XJ.
生境：岩石上。　　海拔：180—2170m。

东亚岩蕨

Woodsia intermedia Tagawa

分布：BJ, HeB, HeN, HL, JL, LN, NM, SD, ShX.

生境：河谷或林下石缝中。　海拔：550—1760m。

康定岩蕨

Woodsia kangdingensis H. S. Kung, L. B. Zhang & X. S. Guo

Cheilanthopsis kangdingensis (H. S. Kung, L. B. Zhang & X. S. Guo) Shmakov

分布：SC.

生境：林下石上及山谷石缝间。　海拔：3400—3800m。

大囊岩蕨
Woodsia macrochlaena Mett. ex Kuhn

分布：BJ, HeB, HL, JL, LN, SD, TJ.
生境：林下石缝中。　海拔：500—1000m。

膀胱蕨
Woodsia manchuriensis Hook.
Protowoodsia manchuriensis (Hook.) Ching

分布：AH, GZ, HeB, HeN, HL, HuB, JL, JX, LN, NM, SD, ShX, ZJ.
生境：林下石上。　海拔：830—4000m。

耳羽岩蕨

Woodsia polystichoides D. C. Eaton

分布：BJ, CQ, GS, GZ, HeB, HeN, HuB,
　　　HuN, JS, JX, NM, SaX, SC, SD,
　　　ShX, YN, ZJ.
生境：林下石上及山谷石缝间。
海拔：250—2700m。

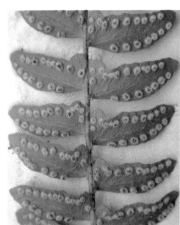

密毛岩蕨

Woodsia rosthorniana Diels

Eriosoriopsis rosthorniana Ching & S. K. Wu

分布：CQ, HeB, HuB, LN, NM, SaX, SC, TJ, XZ, YN.
生境：林下或灌丛中，岩石缝隙。
海拔：1000—3000m。

喜马拉雅蹄盖蕨 *Athyrium fimbriatum*

25. 蹄盖蕨科

Athyriaceae Alston

安蕨属 Anisocampium C. Presl

拟鳞毛蕨 Anisocampium cuspidatum
日本安蕨 Anisocampium niponicum
华东安蕨 Anisocampium sheareri

蹄盖蕨属 Athyrium Roth

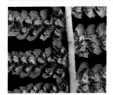

宿蹄盖蕨 Athyrium anisopterum
大叶假冷蕨 Athyrium atkinsonii
剑叶蹄盖蕨 Athyrium attenuatum
芽胞蹄盖蕨 Athyrium clarkei
翅轴蹄盖蕨 Athyrium delavayi
密果蹄盖蕨 Athyrium densisorum
湿生蹄盖蕨 Athyrium devolii
疏叶蹄盖蕨 Athyrium dissitifolium
多变蹄盖蕨 Athyrium drepanopterum
毛翼蹄盖蕨 Athyrium dubium
长叶蹄盖蕨 Athyrium elongatum
轴果蹄盖蕨 Athyrium epirachis
麦秆蹄盖蕨 Athyrium fallaciosum
方氏蹄盖蕨 Athyrium fangii

喜马拉雅蹄盖蕨 Athyrium fimbriatum
长江蹄盖蕨 Athyrium iseanum
紫柄蹄盖蕨 Athyrium kenzo-satakei
川滇蹄盖蕨 Athyrium mackinnonii
红苞蹄盖蕨 Athyrium nakanoi
黑足蹄盖蕨 Athyrium nigripes
聂拉木蹄盖蕨 Athyrium nyalamense
峨眉蹄盖蕨 Athyrium omeiense
对生蹄盖蕨 Athyrium oppositipinnum
篦齿蹄盖蕨 Athyrium pectinatum
贵州蹄盖蕨 Athyrium pubicostatum
密腺蹄盖蕨 Athyrium puncticaule
轴生蹄盖蕨 Athyrium rhachidosorum
玫瑰蹄盖蕨 Athyrium roseum
岩生蹄盖蕨 Athyrium rupicola
苍山蹄盖蕨 Athyrium schimperi
睫毛盖假冷蕨 Athyrium schizochlamys
绢毛蹄盖蕨 Athyrium sericellum
林下蹄盖蕨 Athyrium silvicola
中华蹄盖蕨 Athyrium sinense
假冷蕨 Athyrium spinulosum
软刺蹄盖蕨 Athyrium strigillosum
三角叶假冷蕨 Athyrium subtriangulare
尖头蹄盖蕨 Athyrium vidalii
胎生蹄盖蕨 Athyrium viviparum
黑秆蹄盖蕨 Athyrium wallichianum
启无蹄盖蕨 Athyrium wangii
华中蹄盖蕨 Athyrium wardii
禾秆蹄盖蕨 Athyrium yokoscense
俞氏蹄盖蕨 Athyrium yui

角蕨属 Cornopteris Nakai

细齿角蕨 Cornopteris crenulatoserrulata
角蕨 Cornopteris decurrentialata
黑叶角蕨 Cornopteris opaca

对囊蕨属 Deparia Hook. & Grev.

介蕨 Deparia boryana
朝鲜介蕨 Deparia coreana
斜升假蹄盖蕨 Deparia dickasonii
无齿介蕨 Deparia edentula
陕西蛾眉蕨 Deparia giraldii
海南网蕨 Deparia hainanensis
鄂西介蕨 Deparia henryi
假蹄盖蕨 Deparia japonica
单叶对囊蕨 Deparia lancea
华中介蕨 Deparia okuboana
毛轴假蹄盖蕨 Deparia petersenii
翅轴介蕨 Deparia pterorachis
东北蛾眉蕨 Deparia pycnosora
华中蛾眉蕨 Deparia shennongensis
峨眉介蕨 Deparia unifurcata
河北蛾眉蕨 Deparia vegetius
峨山蛾眉蕨 Deparia wilsonii
云南网蕨 Deparia yunnanensis
羽裂叶对囊蕨 Deparia × tomitaroana

双盖蕨属 Diplazium Sw.

狭翅短肠蕨 Diplazium alatum

美丽短肠蕨 Diplazium bellum
中华短肠蕨 Diplazium chinense
边生短肠蕨 Diplazium conterminum
厚叶双盖蕨 Diplazium crassiusculum
毛柄短肠蕨 Diplazium dilatatum
双盖蕨 Diplazium donianum
独山短肠蕨 Diplazium dushanense
菜蕨 Diplazium esculentum
毛轴菜蕨 Diplazium esculentum var. pubescens
大型短肠蕨 Diplazium giganteum
镰羽短肠蕨 Diplazium griffithii
薄盖短肠蕨 Diplazium hachijoense
海南双盖蕨 Diplazium hainanense
异果短肠蕨 Diplazium heterocarpum
褐色短肠蕨 Diplazium himalayensis
鳞轴短肠蕨 Diplazium hirtipes
疏裂短肠蕨 Diplazium incomptum
柄鳞短肠蕨 Diplazium kawakamii
异裂短肠蕨 Diplazium laxifrons
浅裂短肠蕨 Diplazium longifolium
阔片短肠蕨 Diplazium matthewii
大叶短肠蕨 Diplazium maximum
大羽短肠蕨 Diplazium megaphyllum
江南短肠蕨 Diplazium mettenianum
高大短肠蕨 Diplazium muricatum
假耳羽短肠蕨 Diplazium okudairai
褐柄短肠蕨 Diplazium petelotii
假镰羽短肠蕨 Diplazium petri
薄叶双盖蕨 Diplazium pinfaense
羽裂短肠蕨 Diplazium pinnatifidopinnatum
双生短肠蕨 Diplazium prolixum
毛子蕨 Diplazium pullingeri
黑鳞短肠蕨 Diplazium sibiricum
肉刺短肠蕨 Diplazium simile
密果短肠蕨 Diplazium spectabile
鳞柄短肠蕨 Diplazium squamigerum
网脉短肠蕨 Diplazium stenochlamys
篦齿短肠蕨 Diplazium stoliczkae
淡绿短肠蕨 Diplazium virescens
草绿短肠蕨 Diplazium viridescens
深绿短肠蕨 Diplazium viridissimum
假江南短肠蕨 Diplazium yaoshanense

拟鳞毛蕨

Anisocampium cuspidatum (Bedd.) Y. C. Liu, W. L. Chiou & M. Kato
Lastrea cuspidata Bedd.
Kuniwatsukia cuspidata (Bedd.) Pic. Serm.
Athyrium cuspidatum (Bedd.) M. Kato
Microchlaena yunnanensis (Christ) Ching

分布：GX, GZ, XZ, YN.
生境：常绿阔叶林下或灌丛阴湿处。　　海拔：500—1750m。

日本安蕨（日本蹄盖蕨）

Anisocampium niponicum (Mett.) Y. C. Liu, W. L. Chiou & M. Kato
Asplenium niponicum Mett.
Athyrium niponicum (Mett.) Hance

分布：AH, BJ, CQ, GD, GS, GX, GZ, HeB, HeN, HL, HuB, HuN, JS, JX, JL, LN,
　　　NX, SaX, SC, SD, SH, ShX, TW, TJ, YN, ZJ.
生境：杂木林下、溪边、阴湿山坡、灌丛或草坡上。
海拔：10—2600m。

华东安蕨 （安蕨）

Anisocampium sheareri (Baker) Ching ex Y. T. Hsieh
Nephrodium sheareri Baker

分布：AH, CQ, FJ, GD, GS, GX, GZ, HeN, HuB, HuN, JS, JX, SC, YN, ZJ.

生境：山谷林下溪边或背阴山坡上。　海拔：20—1850m。

蹄盖蕨属 Athyrium Roth

宿蹄盖蕨

Athyrium anisopterum Christ

分布：GD, GS, GX, GZ, HuN, JX, SC, TW, XZ, YN.
生境：林下岩石缝中或溪边阴湿泥土上。
海拔：1100—2500m。

大叶假冷蕨

Athyrium atkinsonii Bedd.
Pseudocystopteris atkinsonii (Bedd.) Ching

分布：CQ, FJ, GS, GZ, HeN, HuB, HuN, JX, SaX, SC, ShX, TW, XZ, YN.
生境：针叶混交林下或灌丛中阴湿处。
海拔：1200—4000m。

剑叶蹄盖蕨

Athyrium attenuatum (Wall. ex C. B. Clarke) Tagawa
Asplenium filix–femina (L.) Bernh. var. *attenuatum* C. B. Clarke

分布：SC, XZ, YN.
生境：山坡草甸中。海拔：2000—2400m。

芽胞蹄盖蕨

Athyrium clarkei Bedd.

分布：GZ, XZ, YN.
生境：常绿阔叶林下阴湿处或水边。
海拔：1500—2700m。

翅轴蹄盖蕨

Athyrium delavayi Christ

分布：CQ, GX, GZ, HuN, SC, TW.
生境：常绿阔叶林下。
海拔：1000—2600m。

密果蹄盖蕨

Athyrium densisorum X. C. Zhang

分布：YN.
生境：山谷林下。
海拔：2550—2650m。

湿生蹄盖蕨

Athyrium devolii Ching

分布：CQ, FJ, GX, GZ, HuN, JX, SC, XZ, YN, ZJ.
生境：疏林下溪边草丛湿地。
海拔：500—2050m。

疏叶蹄盖蕨

Athyrium dissitifolium (Baker) C. Chr.
Polypodium dissitifolium Baker

分布：GX, GZ, SC, YN.
生境：杂木林下或路旁草丛中。
海拔：600—2700m。

多变蹄盖蕨

Athyrium drepanopterum (Kunze) A. Braun ex Milde

分布：SC, XZ, YN.
生境：山坡林下或岩石缝隙。
海拔：900—1500m。

毛翼蹄盖蕨

Athyrium dubium Ching

分布：GZ, HuN, SC, XZ, YN.
生境：针叶林或针阔叶混交林下阴湿处。
海拔：2500—3900m。

长叶蹄盖蕨

Athyrium elongatum Ching

Athyrium multipinnum Y. T. Hsieh & Z. R. Wang

分布：GX, GZ, HuN, JX, ZJ.

生境：密林下或阴湿石壁缝中。

海拔：1000—1150m。（卫然 摄）

轴果蹄盖蕨

Athyrium epirachis (Christ) Ching

Diplazium epirachis Christ

Athyrium muticum Christ

Athyrium eremicola Oka & Sa. Kurata

Athyrium lilacinum Ching

Athyrium subcoriaceum Ching

Athyrium wardii Makino var. *elongatum* Christ

分布：CQ, FJ, GD, GX, GZ, HuB, HuN, SC, TW, YN.

生境：常绿阔叶林或竹林下。

海拔：800—1800m。

麦秆蹄盖蕨

Athyrium fallaciosum Milde

分布：BJ, GS, HeB, HeN, HL, HuB, JL, LN, NM, NX, SaX, SC, ShX.

生境：山谷林下或阴湿岩石缝中。

海拔：1200—2200m。

方氏蹄盖蕨

Athyrium fangii Ching

分布：SC, YN.

生境：针阔叶混交林下。

海拔：2200—3000m。

喜马拉雅蹄盖蕨

Athyrium fimbriatum (Wall. ex Hook.) T. Moore
Asplenium fimbriatum Wall. ex Hook.

分布：HuN, SC, XZ, YN.
生境：常绿阔叶及混交林下。
海拔：1650—3800m。

长江蹄盖蕨

Athyrium iseanum Rosenst.

分布：AH, CQ, FJ, GD, GX, GZ, HuB, HuN, JS, JX, SC, TW, XZ, YN, ZJ.
生境：山谷林下阴湿处。
海拔：50—2800m。

紫柄蹄盖蕨

Athyrium kenzo–satakei Sa. Kurata
Athyrium jieguishanense Ching

分布：GD, GX, GZ, HuN, JX, SC.
生境：林下阴湿处。
海拔：800—2100m。

川滇蹄盖蕨

Athyrium mackinnonii (C. Hope) C. Chr.
Asplenium mackinnonii C. Hope

分布：CQ, GS, GX, GZ, HuB, SaX, SC, XZ, YN.
生境：杂木林下阴湿处。　海拔：800—3800m。

红苞蹄盖蕨

Athyrium nakanoi Makino

分布：GZ, TW, XZ, YN.
生境：常绿阔叶林下及灌丛中、岩石上或山谷溪边泥土上。
海拔：1350—3400m。

黑足蹄盖蕨

Athyrium nigripes (Blume) T. Moore
Asplenium nigripes Blume

分布：TW, XZ, YN.
生境：山谷常绿阔叶林下阴湿处。
海拔：1200—2800m。

聂拉木蹄盖蕨

Athyrium nyalamense Y. T. Hsieh & Z. R. Wang

分布：XZ, YN.
生境：阔叶林下。
海拔：1400—2400m。

峨眉蹄盖蕨

Athyrium omeiense Ching

Athyrium filix–femina (L.) Roth var. *flavicoma* Christ

分布：CQ, GS, GZ, HuB, HuN, JX, SaX, SC, YN.

生境：林下阴湿处，杂木林缘或沟边岩石缝中。

海拔：900—3000m。

对生蹄盖蕨

Athyrium oppositipinnum Hayata

分布：TW, XZ.

生境：山谷林下阴湿处。

海拔：2000—2500m。

篦齿蹄盖蕨

Athyrium pectinatum (Wall. ex Mett.) Bedd

Asplenium pectinatum Wall. ex Mett.

分布：XZ.

生境：乔松林下。

海拔：2100—2400m。

贵州蹄盖蕨

Athyrium pubicostatum Ching & Z. Y. Liu

Athyrium guizhouense Ching

Athyrium hirtirachis Ching & Z. Y. Liu, non Ching & Y. P. Hsu

Athyrium sessile Ching

Athyrium simulans Ching

Athyrium subpubicostatum Ching & Z. Y. Liu

分布：CQ, GX, GZ, HuB, HuN, SC, YN.

生境：常绿阔叶林下或竹林边。   海拔：250—2600m。

密腺蹄盖蕨

Athyrium puncticaule (Blume) T. Moore
Aspidium puncticaule Blume

分布：TW, XZ, YN.
生境：常绿阔叶林下。　海拔：1600—2000m。

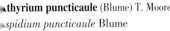

轴生蹄盖蕨

Athyrium rhachidosorum (Hand.-Mazz.) Ching
Asplenium rhachidosorum Hand.-Mazz.

分布：SC, XZ, YN.
生境：高山针阔叶混交林下。
海拔：1900—3700m。

玫瑰蹄盖蕨

Athyrium roseum Christ

分布：YN.　　生境：山地林下。　　海拔：1600—3200m。

岩生蹄盖蕨

Athyrium rupicola (Edgew ex C. Hope) C. Chr.

Asplenium rupicola Edgew ex C. Hope

分布：JL, SC, XZ, YN.

生境：林下岩石缝或路边阴湿处。

海拔：1800—3800m。

山蹄盖蕨

Athyrium schimperi Moug. ex Fée
Athyrium biserrulatum Christ

分布：GZ, SC, XZ, YN.
生境：林下或林缘。
海拔：2000—3000m。

睫毛盖假冷蕨

Athyrium schizochlamys (Ching) K. Iwats.
Pseudocystopteris schizochlamys Ching

分布：SC, XZ, YN.
生境：林下阴湿处。　海拔：3000—4500m。

绢毛蹄盖蕨

Athyrium sericellum Ching

分布：CQ, XZ.

生境：林下。　海拔：1700—2800m。

林下蹄盖蕨

Athyrium silvicola Tagawa

分布：GX, SC, TW, YN.

生境：山谷常绿阔叶林下，灌丛疏阴处。

海拔：500—2600m。

中华蹄盖蕨 （猴腿蹄盖蕨）

Athyrium sinense Rupr.

Athyrium brevifrons Nakai ex Kitag.

Athyrium multidentatum (Doll.) Ching

分布：BJ, GS, HeB, HeN, HL, HuB, JL, LN, NM, NX, SaX, SD, ShX, XZ.

生境：山地林下。

海拔：350—2550m。

假冷蕨 （尖齿蹄盖蕨）

Athyrium spinulosum (Maxim.) Milde

Cystopteris spinulosa Maxim.

Pseudocystopteris spinulosa (Maxim.) Ching

分布：HeN, HL, JL, LN, SaX, SC.

生境：混交林下或竹林中阴湿处。

海拔：800—3000m。

软刺蹄盖蕨

Athyrium strigillosum (T. Moore ex Lowe) T. Moore ex Salom.
Asplenium strigillosum T. Moore ex Lowe

分布：CQ, GD, GX, GZ, JX, SC, TW, XZ, YN.
生境：杂木林下阴湿处或山谷溪旁。
海拔：(600—)1700—2600m。

三角叶假冷蕨

Athyrium subtriangulare (Hook.) Bedd.
Asplenium subtriangulare Hook.
Pseudocystopteris subtriangularis (Hook.) Ching

分布：CQ, GS, HuB, QH, SaX, SC, XZ, YN.
生境：针阔叶混交林或灌丛草坡。
海拔：2000—4060m。

尖头蹄盖蕨

Athyrium vidalii (Franch. & Sav.) Nakai

分布：AH, CQ, FJ, GS, GX, GZ, HeN, HuB, HuN, JX, SaX, SC, TW, YN, ZJ.
生境：山谷林下沟边阴湿处。
海拔：600—2700m。

胎生蹄盖蕨

Athyrium viviparum Christ

分布：CQ, GD, GX, GZ, HuN, JX, SC, YN.
生境：密林下阴湿处或溪边。　　海拔：250—1640m。

黑秆蹄盖蕨

Athyrium wallichianum Ching

分布：SC, XZ, YN.
生境：林下石缝、灌丛中，或固定流石滩。
海拔：3500—4800m。

启无蹄盖蕨

Athyrium wangii Ching

分布：HaN, YN.
生境：常绿林下。
海拔：1000—1500m。（董仕勇 摄）

华中蹄盖蕨

Athyrium wardii (Hook.) Makino
Asplenium wardii Hook.

分布：AH, CQ, FJ, GX, GZ, HuB, HuN, JX, YN, ZJ.
生境：山谷林下或溪边阴湿处。
海拔：700—1550m。

禾秆蹄盖蕨

Athyrium yokoscense (Franch. & Sav.) Christ
Asplenium yokoscense Franch. & Sav.
Athyrium pachysorum Christ

分布：AH, CQ, GZ, HeB, HeN, HL, HuB, HuN, JS, JX,
　　　JL, LN, SD, ZJ.
生境：林下岩石缝中。　海拔：100—2200m。

俞氏蹄盖蕨

Athyrium yui Ching

分布：YN.
生境：林下。
海拔：2650—3400m。

细齿角蕨

Cornopteris crenulatoserrulata (Makino) Nakai

Athyrium crenulatoserrulatum Makino

Neoathyrium crenulatoserrulatum (Makino) Ching & Z. R. Wang

分布：HeN, HL, JL, LN, SaX.　　生境：亚高山针阔叶混交林下或草地。　　海拔：800—1200m。

角蕨

Cornopteris decurrentialata (Hook.) Nakai

Gymnogramma decurrentialata Hook.

分布：AH, CQ, FJ, GD, GS, GX, GZ, HeN, HuN, JS, JX, SC, TW, YN, ZJ.

生境：山谷林下或阴湿溪沟边。　　海拔：250—2800m。

黑叶角蕨

Cornopteris opaca (D. Don) Tagawa
Hemionitis opaca D. Don

分布：JX, TW, YN.
生境：常绿阔叶林下。　海拔：1300—2300m。

对囊蕨属 Deparia Hook. & Grev.

介蕨

Deparia boryana (Willd.) M. Kato
Asplenium boryanum Willd.
Dryoathyrium boryanum (Willd.) Ching

分布：CQ, FJ, GD, GX, GZ, HaN, HuN,
　　　SaX, SC, TW, XZ, YN, ZJ.
生境：常绿林下或溪边阴湿处。
海拔：560—3300m。

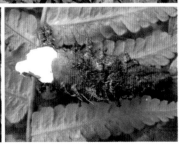

朝鲜介蕨

Deparia coreana (Christ) M. Kato
Athyrium coreanum Christ
Dryoathyrium coreanum (Christ) Tagawa
Dryoathyrium coreanum (Christ) Ching

分布：BJ, CQ, GS, HeB, HeN, HL, JL, LN, SaX.
生境：山沟林下。
海拔：780—1000m。

斜升假蹄盖蕨

Deparia dickasonii M. Kato
Athyriopsis dickasonii (M. Kato) W. M. Chu

分布：GZ, HuN, XZ, YN.
生境：山谷阔叶林下阴湿处。 海拔：1400—2300m。

无齿介蕨

Deparia edentula (Kunze) X. C. Zhang, *comb. nov.*
Aspidium edentulum Kunze in Bot. Zeitung (Berlin) 4: 474. 1846.
Dryoathyrium edentulum (Kunze) Ching

分布：CQ, GZ, GD, GX, YN.　　生境：杂木林下或山谷阴湿处。　　海拔：500—2400m。

陕西蛾眉蕨

Deparia giraldii (Christ) X. C. Zhang, *comb. nov.*
Athyrium giraldii Christ in Nuov. Giorn. Soc. Bot. Ital. n.s. 4: 91. 1897.
Lunathyrium giraldii (Christ) Ching

分布：CQ, GS, HeN, HuB, NX, SaX, SC, ShX.
生境：山谷林下。　　海拔：960—2900m。

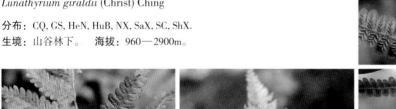

海南网蕨

Deparia hainanensis (Ching) R. Sano
Dictyodroma hainanense Ching

分布：HaN.
生境：山谷溪沟边密林下。
海拔：800—1000m。

鄂西介蕨

Deparia henryi (Baker) M. Kato
Aspidium henryi Baker
Dryoathyrium henryi (Baker) Ching

分布：AH, CQ, FJ, GS, GZ, HeN, HuB, HuN, SaX, SC, YN.
生境：落叶阔叶林下或灌木林下阴湿处。
海拔：1000—2000m。

假蹄盖蕨

Deparia japonica (Thunb.) M. Kato
Asplenium japonicum Thunb.
Athyriopsis japonica (Thunb.) Ching

分布：AH, CQ, FJ, GD, GS, GX, GZ, HaN, HeN, HK, HuB,
　　　HuN, JS, JX, MC, SC, SD, SH, TW, YN, ZJ.
生境：林下湿地及山谷溪沟边。　海拔：60—2000m。

单叶对囊蕨（单叶双盖蕨）

Deparia lancea (Thunb.) Fraser-Jenk.
Asplenium lanceum Thunb.
Triblemma lancea (Thunb.) Ching
Deparia lancea (Thunb.) R. Sano
Diplazium subsinuatum (Wall. ex Hook. & Grev.) Tagawa

分布：AH, CQ, FJ, GD, GX, GZ, HaN, HeN, HK, HuN, JS, JX, SC,
　　　TW, YN, ZJ.
生境：溪旁林下酸性土或岩石上。
海拔：200—1600m。（蒋日红 摄）

华中介蕨

Deparia okuboana (Makino) M. Kato
Athyrium okuboanum Makino
Dryoathyrium okuboanum (Makino) Ching

分布：AH, CQ, FJ, GD, GS, GX, GZ, HeN,
　　　HuB, HuN, JS, JX, SaX, SC, YN, ZJ.
生境：山谷林下、林缘或沟边阴湿处。
海拔：60—2100m。

毛轴假蹄盖蕨

Deparia petersenii (Kunze) M. Kato
Asplenium petersenii Kunze
Athyriopsis petersenii (Kunze) Ching

分布：AH, CQ, FJ, GD, GS, GX, GZ, HaN,
　　　HeN, HK, HuB, HuN, JS, JX, MC,
　　　SaX, SC, TW, XZ, YN, ZJ.
生境：林下。
海拔：200—2500m。

翅轴介蕨

Deparia pterorachis (Christ) M. Kato
Athyrium pterorachis Christ
Dryoathyrium pterorachis (Christ) Ching

分布：HLJ, JL.
生境：针叶林下阴湿处。
海拔：800—1000m。

东北蛾眉蕨

Deparia pycnosora (Christ) M. Kato
Athyrium pycnosorum Christ
Lunathyrium pycnosorum (Christ) Koidz.

分布：BJ, HeB, HL, JL, LN, SD, TW.
生境：针阔叶混交林下阴湿处。
海拔：200—1000m。

华中峨眉蕨

Deparia shennongensis (Ching, Boufford & K. H. Shing) X. C. Zhang, *comb. nov.*
Lunathyrium shennongense Ching, Boufford & K. H. Shing in B. M. Barthol. & al., J. Arnold Arbor. 64: 21. 1983.
Lunathyrium centrochinense Ching ex K. H. Shing

分布：BJ, HeB, HL, JL, LN, SD, TW. 生境：山坡林下阴湿处。 海拔：250—3300m。

峨眉介蕨

Deparia unifurcata (Baker) M. Kato
Nephrodium unifurcatum Baker
Dryoathyrium unifurcatum (Baker) Ching

分布：CQ, GX, GZ, HuB, HuN, SaX, SC, TW, YN, ZJ.
生境：山地林下或沟边阴湿处。 海拔：250—2800m。

河北蛾眉蕨

Deparia vegetius (Kitag.) X. C. Zhang, *comb. nov.*
Athyrium pycnosorum Christ var. *vegetius* Kitag. in Rep. First Sci. Exped. Manch. 4 (2): 72. 1935.
Lunathyrium vegetius (Kitag.) Ching

分布：BJ, GS, HeB, HeN, SaX, SC, SD, ShX.　　生境：山谷林下湿处或溪沟边。　　海拔：480—2600m。

峨山蛾眉蕨

Deparia wilsonii (Christ) X. C. Zhang, *comb. nov.*
Athyrium wilsonii Christ in Bull. Herb. Boissier, ser. 2, 3 (6): 512. 1903.
Lunathyrium wilsonii (Christ) Ching

分布：CQ, GS, GZ, HuB, SC, XZ, YN.　　生境：山坡林下或水沟边阴湿处。　　海拔：1400—3700m。

云南网蕨

Deparia yunnanensis (Ching) R. Sano
Dictyodroma yunnanensis Ching

分布：YN.
生境：山谷密林下阴湿处。
海拔：1500m。

羽裂叶对囊蕨（羽裂叶双盖蕨）

Deparia × tomitaroana (Masam.) R. Sano
Diplazium tomitaroanum Masam.
Athyriopsis tomitaroana (Masam.) P. S. Wang

分布：CQ, FJ, GD, GX, GZ, HaN, HK, HuN, JX, SC, TW, YN, ZJ.
生境：沟边。
海拔：800—1250m。（蒋日红 摄）

狭翅短肠蕨

Diplazium alatum (Christ) R. Wei & X. C. Zhang, *comb. nov.*
Athyrium alatum Christ in Bull. Herb. Boissier 6: 963. 1898.
Allantodia alata (Christ) Ching

分布：GX, GZ, HaN, YN.　　生境：阔叶林下及深谷溪沟边。　　海拔：550—2200m。

美丽短肠蕨

Diplazium bellum (C. B. Clarke) Bir
Allantodia bella (C. B. Clarke) Ching

分布：YN.
生境：山地林下沟谷中。
海拔：1400—2100m。（卫然 摄）

中华短肠蕨

Diplazium chinense (Baker) C. Chr.
Asplenium chinense Baker
Allantodia chinensis (Baker) Ching

分布：CQ, FJ, GD, GX, GZ, HuB, HuN, JS, JX, SC, SH, TW, ZJ.
生境：山谷林下溪沟边、石隙。
海拔：10—800m。

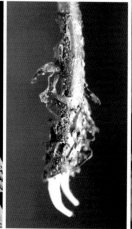

边生短肠蕨

Diplazium conterminum Christ
Allantodia contermina (Christ) Ching

分布：CQ, FJ, GD, GX, GZ, HK, HuN, JX, SC, YN, ZJ.
生境：山谷密林下或林缘溪边。
海拔：400—950m。

厚叶双盖蕨

Diplazium crassiusculum Ching

分布：FJ, GD, GX, GZ, HuN, JX, TW, ZJ.
生境：常绿阔叶林及灌木林下或岩石上。
海拔：200—1700m。

毛柄短肠蕨

Diplazium dilatatum Blume
Allantodia dilatata (Blume) Ching
Diplazium crinipes Ching
Allantodia crinipes (Ching) Ching

分布：CQ, FJ, GD, GX, GZ, HaN, HK, HuN, MC, SC, TW, YN, ZJ.
生境：热带山地阴湿阔叶林下。
海拔：400—1800m。

双盖蕨（大羽双盖蕨）

Diplazium donianum (Mett.) Tardieu
Asplenium donianum Mett.

分布：AH, CQ, FJ, GD, GX, GZ, HaN, HK, HuN, TW, YN.
生境：常绿阔叶林下溪边。　海拔：350—1600m。

独山短肠蕨

Diplazium dushanense (Ching ex W. M. Chu & Z. R. He) R. Wei & X. C. Zhang, *comb. nov.*
Allantodia dushanensis Ching ex W. M. Chu & Z. R. He in Acta Phytotax. Sin. 36: 379, t. 2: 1–2. 1998.

分布：GX, GZ.　生境：石灰岩山丘林下岩隙。　海拔：600—900m。　（蒋日红 摄）

菜蕨（过沟菜蕨）

Diplazium esculentum (Retz.) Sm.

Hemionitis esculenta Retz.

Callipteris esculenta (Retz.) J. Sm. ex T. Moore & Houlst.

分布：AH, FJ, GD, GX, GZ, HeN, HK, HuB, HuN,
　　　JX, MC, SC, TW, YN, ZJ.

生境：山谷林下湿地及河沟边。

海拔：100—1200m。

毛轴菜蕨

Diplazium esculentum (Retz.) Sw. var. **pubescens** (Link) Tardieu & C. Chr.

Diplazium pubescens Link

Callipteris esculenta J. Sm. ex T. Moore & Houlst. var. *pubescens* (Link) Ching

分布：GX, GZ, HaN, HuN, JX, SC, XZ, YN, ZJ.

生境：林缘溪沟边湿地。　海拔：170—900m。（蒋日红 摄）

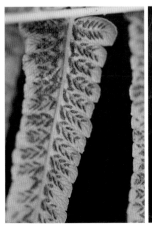

大型短肠蕨

Diplazium giganteum (Baker) Ching
Gymnogramma gigantea Baker
Allantodia gigantea (Baker) Ching

分布：CQ, GZ, HeN, HuB, JX, SC, XZ, YN.
生境：山地阔叶林下或溪沟边。
海拔：450—2600m。

镰羽短肠蕨

Diplazium griffithii T. Moore
Allantodia griffithii (T. Moore) Ching

分布：GX, GZ, HuN, YN.
生境：山地常绿阔叶林下阴湿处。
海拔：1000—1900m。

薄盖短肠蕨

Diplazium hachijoense Nakai
Allantodia hachijoensis (Nakai) Ching

分布：AH, CQ, FJ, GD, GX, GZ, HuN,
JX, SC, ZJ.
生境：山坡阔叶林下。
海拔：400—1700m。

海南双盖蕨

Diplazium hainanense Ching

分布：GD, HaN.
生境：常绿阔叶林下溪旁。　海拔：800—1200m。

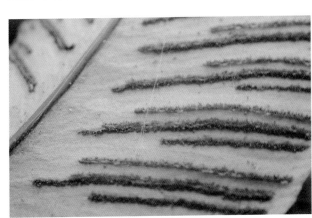

异果短肠蕨

Diplazium heterocarpum Ching
Allantodia heterocarpa (Ching) Ching

分布：CQ, GZ, HuN, SC.
生境：阴湿石灰岩洞前或沟边岩石缝中。
海拔：900—1350m。

褐色短肠蕨

Diplazium himalayense (Ching) Panigrahi
Allantodia himalayensis Ching

分布：GX, GZ, SC, XZ, YN.
生境：山箐常绿阔叶林下。
海拔：800—2400m。（卫然 摄）

鳞轴短肠蕨

Diplazium hirtipes Christ
Allantodia hirtipes (Christ) Ching

分布：CQ, GX, GZ, HuB, HuN, SC, YN.
生境：山谷密林下阴湿沟边。
海拔：900—2700m。

疏裂短肠蕨

Diplazium incomptum Tagawa
Allantodia incompta (Tagawa) Ching

分布：TW.
生境：林下阴湿处。
海拔：550—800m。

柄鳞短肠蕨

Diplazium kawakamii Hayata

Allantodia kawakamii (Hayata) Ching

分布：TW, YN.
生境：常绿阔叶林下或溪沟边阴湿处。
海拔：1700—2400m。（卫然 摄）

异裂短肠蕨

Diplazium laxifrons Rosent.

Allantodia laxifrons (Rosent.) Ching

分布：CQ, FJ, GD, GX, GZ, HuN, SC, TW, XZ, YN.
生境：常绿阔叶林下及林缘溪沟边阴湿处。
海拔：350—2200m。

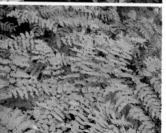

浅裂短肠蕨

Diplazium longifolium (D. Don) T. Moore

Asplenium longifolium D. Don

Asplenium lobulosum Wall. ex Mett.

Diplazium lobulosum (Wall. ex Mett.) Bedd.

Allantodia lobulosum (Wall. ex Mett.) Ching

分布： XZ, YN.
生境： 山地常绿阔叶林下或阴湿的岩石上。
海拔： 1500—2500m。

阔片短肠蕨

Diplazium matthewii (Copel.) C. Chr.

Athyrium matthewii Copel.

Allantodia matthewii (Copel.) Ching

分布： FJ, GD, GX, HK, HuN.
生境： 林下沟旁阴湿处。
海拔： 340—1200m。（卫然 摄）

大叶短肠蕨

Diplazium maximum (D. Don) C. Chr.
Asplenium maximum D. Don
Allantodia maxima (D. Don) Ching

分布：FJ, GX, GZ, HaN, JX, YN.
生境：山地沟谷常绿阔叶林下溪边。
海拔：900—1800m。（卫然 摄）

大羽短肠蕨

Diplazium megaphyllum (Baker) Christ
Asplenium megaphyllum Baker
Allantodia megaphylla (Baker) Ching

分布：CQ, GX, GZ, HuN, SC, TW, YN.
生境：山谷林下溪沟边，多见于石灰岩地区。
海拔：200—1700m。

江南短肠蕨

Diplazium mettenianum (Miq.) C. Chr.

Asplenium mettenianum Miq.

Allantodia metteniana (Miq.) Ching

分布：AH, CQ, FJ, GD, GX, GZ, HaN, HK, HuN, JX, SC, TW, YN, ZJ.

生境：山谷密林下。　海拔：200—1600m。

高大短肠蕨

Diplazium muricatum (Mett.) Alderw.

Asplenium muricatum Mett.

Allantodia muricata (Mett.) W. M. Chu & Z. R. He

分布：GX, XZ, YN.

生境：常绿阔叶林下或溪边阴湿处。

海拔：1000—2600m。（卫然 摄）

假耳羽短肠蕨

Diplazium okudairai Makino
Allantodia okudairai (Makino) Ching

分布：CQ, GZ, HuB, HuN, JX, SC, TW, YN.
生境：阔叶林下或阴湿处石上。　海拔：400—1950m。

褐柄短肠蕨

Diplazium petelotii Tardieu
Allantodia petelotii (Tardieu) Ching

分布：GZ, YN.
生境：密林下溪沟边阴湿处。
海拔：150—400m。　（卫然 摄）

假镰羽短肠蕨

Diplazium petri Tardieu
Allantodia petri (Tardieu) Ching

分布：GD, GX, GZ, HaN, HuN, TW, ZJ.
生境：热带、亚热带山坡常绿阔叶林下。
海拔：1000—1750m。

薄叶双盖蕨

Diplazium pinfaense Ching

分布：CQ, FJ, GD, GX, GZ, HuB, HuN, JX, SC, YN, ZJ.
生境：山谷溪沟边常绿阔叶林或灌木林下，
　　　土生或生岩石缝隙中。
海拔：400—1800m。

羽裂短肠蕨

Diplazium pinnatifidopinnatum (Hook.) T. Moore
Asplenium pinnatifidopinnatum Hook.
Allantodia pinnatifidopinnata (Hook.) Ching

分布：HaN, YN.
生境：热带林下阴处。
海拔：300—800m。（卫然摄）

双生短肠蕨

Diplazium prolixum Rosenst.
Allantodia prolixa (Rosenst.) Ching

分布：CQ, GX, GZ, SC, YN.
生境：石灰岩地区或山谷疏林下。
海拔：500—1600m。

毛子蕨（毛轴线盖蕨）

Diplazium pullingeri (Baker) J. Sm.

Asplenium pullingeri Baker

Monomelangium pullingeri (Baker) Tagawa

Monomelangium dinghushanicum Ching & S. H. Wu

分布：FJ, GD, GX, GZ, HaN, HK, HuN, JX, TW, YN, ZJ.

生境：常绿阔叶林下、石壁上或沟谷溪边潮湿岩石缝中。

海拔：450—1600m。（蒋日红 摄）

黑鳞短肠蕨

Diplazium sibiricum (Turcz. ex Kunze) Sa. Kurata

Asplenium sibiricum Turcz. ex Kunze

Allantodia crenata (Sommerf.) Ching

分布：BJ, HeB, HeN, HL, JL, LN, NM, SaX, ShX, XZ.

生境：针阔叶混交林或阔叶林下。

海拔：1100—2400m。（卫然 摄）

肉刺短肠蕨

Diplazium simile (W. M. Chu) R. Wei & X. C. Zhang, *comb. nov.*
Allantodia similis W. M. Chu in Acta Bot. Yunnan. 3: 337. 1981.

分布：GX, YN.
生境：山箐、热带雨林林缘溪边。
海拔：350—1200m。 （卫然 摄）

密果短肠蕨

Diplazium spectabile (Wall. ex Mett.) Ching
Asplenium spectabile Wall. ex Mett.
Allantodia spectabilis (Wall. ex Mett.) Ching

分布：XZ, YN.
生境：常绿阔叶林下溪沟边。
海拔：1500—2700m。 （卫然 摄）

鳞柄短肠蕨

Diplazium squamigerum (Mett.) Christ
Asplenium squamigerum Mett.
Allantodia squamigera (Mett.) Ching

分布： AH, CQ, FJ, GS, GX, GZ, HeN, HuB, HuN, JS, JX, SaX, SC, ShX, TW, XZ, YN, ZJ.
生境： 山地阔叶林下。
海拔： 800—3000m。

网脉短肠蕨

Diplazium stenochlamys C. Chr.
Allantodia stenochlamys (C. Chr.) Ching

分布： GX, HuN, YN.
生境： 热带山地常绿阔叶林下溪沟边。
海拔： 100—900m。（蒋日红 摄）

篦齿短肠蕨

Diplazium stoliczkae Bedd.
Diplazium stoliczkae Bedd. var. *hirsutipes* Bedd.
Allantodia hirsutipes (Bedd.) Ching

分布：XZ, YN.
生境：山地常绿阔叶林下。
海拔：1800—2700m。

淡绿短肠蕨

Diplazium virescens Kunze
Allantodia virescens (Kunze) Ching

分布：AH, CQ, FJ, GD, GX, GZ, HaN, HK, HuN, JX, SC, TW, YN, ZJ.
生境：山地常绿阔叶林下。　海拔：350—1500m。

草绿短肠蕨

Diplazium viridescens Ching
Allantodia viridescens (Ching) Ching

分布：GD, GX, HaN.
生境：热带山地雨林下。　海拔：700—1200m。

深绿短肠蕨

Diplazium viridissimum Christ
Allantodia viridissima (Christ) Ching

分布：GD, GX, GZ, HaN, SC, TW, XZ, YN.
生境：山地阔绿林下及林缘溪沟边。
海拔：400—2200m。

假江南短肠蕨

Diplazium yaoshanense (Wu) Tardieu

Diplazium japonicum Bedd. var. *yaoshanense* Wu

Allantodia yaoshanensis (Wu) W. M. Chu & Z. R. He

分布：GD, GX.

生境：林下沟边。　海拔：300—600m。（卫然 摄）

荚果蕨 *Matteuccia struthiopteris*

26. 球子蕨科

Onocleaceae Pic. Serm.

球子蕨属 Onoclea L.

球子蕨 Onoclea interrupta

荚果蕨属 Matteuccia Tod.

荚果蕨 Matteuccia struthiopteris

东方荚果蕨属 Pentarhizidium Hayata

中华东方荚果蕨 Pentarhizidium intermedium
东方荚果蕨 Pentarhizidium orientale

球子蕨

Onoclea interrupta (Maxim.) Ching & P. S. Chiu
Onoclea sensibilis L. var. *interrupta* Maxim.

分布：HeB, HeN, HL, JL, LN, NM, TJ.
生境：潮湿草甸或林区河谷湿地上。
海拔：250—900m。

荚果蕨属 Matteuccia Tod.

荚果蕨（黄瓜香）

Matteuccia struthiopteris (L.) Tadaro
Osmunda struthiopteris L.

分布：BJ, CQ, GS, HeB, HeN, HL, HuB, JL,
　　　LN, NM, SaX, SC, ShX, XZ, XJ.
生境：山谷林下或河岸湿地。
海拔：80—3000m。

中华东方荚果蕨

Pentarhizidium intermedium (C. Chr.) Hayata
Matteuccia intermedia C. Chr.

分布：CQ, GS, GZ, HeB, HeN, HuB, HuN, QH, SaX, SC, ShX, XZ, YN.

生境：山谷林下。 海拔：1500—4500m。

东方荚果蕨

Pentarhizidium orientale (Hook.) Hyata
Struthiopteris orientalis Hook.

分布：AH, CQ, FJ, GD, GS, GX, GZ, HeN, HuB, HuN, JL, JX, SaX, SC, TW, XZ, ZJ.

生境：林下溪边。 海拔：450—4000m。

东方狗脊蕨 *Woodwardia orientalis*

27. 乌毛蕨科

Blechnaceae Newman

乌毛蕨属 Blechnum L.

荚囊蕨 Blechnum eburneum
扫把蕨 Blechnum fraseri
乌木蕨 Blechnum melanopus
乌毛蕨 Blechnum orientale

苏铁蕨属 Brainea J. Sm.

苏铁蕨 Brainea insignis

光叶藤蕨属 Stenochlaena J. Sm.

光叶藤蕨 Stenochlaena palustris

狗脊蕨属 Woodwardia Sm.

崇澍蕨 Woodwardia harlandii
狗脊蕨 Woodwardia japonica
裂羽崇澍蕨 Woodwardia kempii
东方狗脊蕨 Woodwardia orientalis
顶芽狗脊蕨 Woodwardia unigemmata

荚囊蕨

Blechnum eburneum Christ
Struthiopteris eburnea (Christ) Ching

分布：AH, CQ, FJ, GD, GX, GZ, HuB, HuN, SC, TW, ZJ.
生境：林下阴湿处、路边或石壁上。
海拔：420—1800m。

扫把蕨

Blechnum fraseri (A. Cunn.) Luerss.
Lomaria fraseri A. Cunn.
Diploblechnum fraseri (A. Cunn.) De Vol

分布：TW.
生境：林下。　（Ralf Knapp 摄）

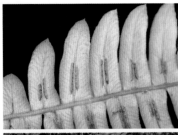

乌木蕨

Blechnum melanopus Hook.

Blechnidium melanopus (Hook.) T. Moore

分布：GZ, TW, YN.
生境：林下树干上或石壁上。
海拔：1400—2800m。

乌毛蕨

Blechnum orientale L.

分布：CQ, FJ, GD, GX, GZ, HaN, HK, HuN, JX, MC, SC, TW, XZ, YN, ZJ.
生境：较阴湿的水沟旁及坑穴边缘，山坡灌丛中或疏林下。
海拔：300—800m。

苏铁蕨

Brainea insignis (Hook.) J. Sm.
Bowringia insignis Hook.

分布：FJ, GD, GX, GZ, HaN, HK, MC, TW, YN.
生境：山坡向阳地方。
海拔：450—1700m。

光叶藤蕨属　Stenochlaena J. Sm.

光叶藤蕨

Stenochlaena palustris (Burm. f.) Bedd.
Polypodium palustre Burm. f.

分布：GD, GX, HaN, HK, YN.
生境：海岸带疏林中，或雨林边缘。
海拔：0—200m。

崇澍蕨（哈氏狗脊）

Woodwardia harlandii Hook.
Chieniopteris harlandii (Hook.) Ching

分布：FJ, GD, GX, GZ, HaN, HK, HuN, JX, TW.
生境：山谷湿地。
海拔：420—1250m。

狗脊蕨

Woodwardia japonica (L. f.) Sm.
Blechnum japonicum L. f.

分布：AH, CQ, FJ, GD, GX, GZ, HaN,
　　　HeN, HK, HuB, HuN, JS, JX, MC,
　　　SC, SH, TW, YN, ZJ.
生境：疏林下。
海拔：10—1900m。

裂羽崇澍蕨

Woodwardia kempii Copel.
Chieniopteris kempii (Copel.) Ching

分布：FJ, GD, GX, HK, TW.
生境：林下潮湿山地。
海拔：420—1250m。（蒋日红 摄）

东方狗脊蕨

Woodwardia orientalis Sw.
Woodwardia orientalis Sw. var. *formosana* Rosenst.
Woodwardia prolifera Hook. & Arn.

分布：AH, FJ, GD, GX, HK, HuN, JX, TW, ZJ.
生境：丘陵、坡地疏林下阴湿地方或溪边，喜酸性土。
海拔：100—1100m。

顶芽狗脊蕨（单芽狗脊）

Woodwardia unigemmata (Makino) Nakai

Woodwardia radicans Sm. var. *unigemmata* Mikino

分布：CQ, FJ, GD, GS, GX, GZ, HeN, HK, HuB, HuN, JX, SaX, SC, TW, XZ, YN.

生境：疏林下或路边灌丛中，喜钙质土。

海拔：450—3000m。

肿足蕨 *Hypodematium crenatum* （蒋日红 摄）

28. 肿足蕨科

Hypodematiaceae Ching

肿足蕨属 Hypodematium Kunze

肿足蕨 Hypodematium crenatum
无毛肿足蕨 Hypodematium glabrum
修株肿足蕨 Hypodematium gracile
光轴肿足蕨 Hypodematium hirsutum

大膜盖蕨属 Leucostegia C. Presl

大膜盖蕨 Leucostegia truncate

肿足蕨

Hypodematium crenatum (Forssk.) Kuhn
Polypodium crenatum Forssk.

分布：CQ, GD, GS, GX, GZ, HeN, HuN, JX, SC, TW, ZJ.
生境：石灰岩石缝中。　海拔：200—800m。

无毛肿足蕨

Hypodematium glabrum Ching ex K. H. Shing

分布：YN.
生境：山坡石灰岩上、石缝中。　海拔：1800m。

修株肿足蕨

Hypodematium gracile Ching

分布：AH, BJ, HeB, HeN, HuN, JX, SaX, SD, ZJ.
生境：山谷岩石缝中。
海拔：300—1000m。（刘冰 摄）

光轴肿足蕨

Hypodematium hirsutum (D. Don) Ching
Nephrodium hirsutum D. Don

分布：GD, GS, GZ, HeN, HuB, HuN, SaX, SC, XZ, YN.
生境：山坡或林下石灰岩缝。　海拔：400—2000m。

大膜盖蕨

Leucostegia truncata (D. Don) Fraser-Jenk.

Davallia truncata D. Don

Leucostegia immersa C. Presl

分布：GX, SC, TW, XZ, YN.

生境：山地混交林下或灌丛中。

海拔：1800—2800m。

29. 鳞毛蕨科

Dryopteridaceae Herter

大羽鳞毛蕨 *Dryopteris wallichiana*

鱼鳞蕨属 Acrophorus C. Presl

鱼鳞蕨 Acrophorus paleolatus

假复叶耳蕨属 Acrorumohra (H. Itô) H. Itô

弯柄假复叶耳蕨 Acrorumohra diffracta
草质假复叶耳蕨 Acrorumohra hasseltii

复叶耳蕨属 Arachniodes Blume

多羽复叶耳蕨 Arachniodes amoena
尾叶复叶耳蕨 Arachniodes caudata
大片复叶耳蕨 Arachniodes cavalerii
中华复叶耳蕨 Arachniodes chinensis
刺头复叶耳蕨 Arachniodes exilis
华南复叶耳蕨 Arachniodes festina
台湾复叶耳蕨 Arachniodes globisora
粗裂复叶耳蕨 Arachniodes grossa
海南复叶耳蕨 Arachniodes hainanensis

云南复叶耳蕨 Arachniodes henryi
日本复叶耳蕨 Arachniodes nipponica
斜方复叶耳蕨 Arachniodes rhomboidea
长尾复叶耳蕨 Arachniodes simplicior
华西复叶耳蕨 Arachniodes simulans
美丽复叶耳蕨 Arachniodes speciosa
清秀复叶耳蕨 Arachniodes spectabilis

肋毛蕨属 Ctenitis (C. Chr.) C. Chr.

海南肋毛蕨 Ctenitis decurrentipinnata
滇桂三相蕨 Ctenitis dianguiensis
直鳞肋毛蕨 Ctenitis eatonii
曼氏肋毛蕨 Ctenitis mannii
三相蕨 Ctenitis sinii
亮鳞肋毛蕨 Ctenitis subglandulosa

柳叶蕨属 Cyrtogonellum Ching

离脉柳叶蕨 Cyrtogonellum caducum
柳叶蕨 Cyrtogonellum fraxinellum
斜基柳叶蕨 Cyrtogonellum inaequale
石生柳叶蕨 Cyrtogonellum × rupicola

鞭叶蕨属 Cyrtomidictyum Ching

单叶鞭叶蕨 Cyrtomidictyum basipinnatum
卵状鞭叶蕨 Cyrtomidictyum conjunctum
鞭叶蕨 Cyrtomidictyum lepidocaulon

贯众属 Cyrtomium C. Presl

等基贯众 Cyrtomium aequibasis
镰羽贯众 Cyrtomium balansae
刺齿贯众 Cyrtomium caryotideum
全缘贯众 Cyrtomium falcatum
贯众 Cyrtomium fortunei
单叶贯众 Cyrtomium hemionitis
尖羽贯众 Cyrtomium hookerianum
小羽贯众 Cyrtomium lonchitoides
大叶贯众 Cyrtomium macrophyllum
低头贯众 Cyrtomium nephrolepioides
峨眉贯众 Cyrtomium omeiense
厚叶贯众 Cyrtomium pachyphyllum
线羽贯众 Cyrtomium urophyllum

红腺蕨属 Diacalpe Blume

圆头红腺蕨 Diacalpe annamensis
红腺蕨 Diacalpe aspidioides
大囊红腺蕨 Diacalpe chinensis
离轴红腺蕨 Diacalpe christensenae

轴鳞蕨属 Dryopsis Holttum & P. J. Edwards

顶囊轴鳞蕨 Dryopsis apiciflora
膜边轴鳞蕨 Dryopsis clarkei
异鳞轴鳞蕨 Ctenitis heterolaena
泡鳞轴鳞蕨 Dryopsis mariformis
阔鳞轴鳞蕨 Dryopsis maximowicziana
巢形轴鳞蕨 Dryopsis nidus

鳞毛蕨属 Dryopteris Adanson

尖齿鳞毛蕨 Dryopteris acutodentata
阿萨姆鳞毛蕨 Dryopteris assamensis
暗鳞鳞毛蕨 Dryopteris atrata
多鳞鳞毛蕨 Dryopteris barbigera
两色鳞毛蕨 Dryopteris bissetiana
大平鳞毛蕨 Dryopteris bodinieri
假边果鳞毛蕨 Dryopteris caroli-hopei
阔鳞鳞毛蕨 Dryopteris championii
中华鳞毛蕨 Dryopteris chinensis
金冠鳞毛蕨 Dryopteris chrysocoma
二型鳞毛蕨 Dryopteris cochleata
粗茎鳞毛蕨 Dryopteris crassirhizoma
桫椤鳞毛蕨 Dryopteris cycadina
弯羽鳞毛蕨 Dryopteris cyclopeltiformis
迷人鳞毛蕨 Dryopteris decipiens
深裂迷人鳞毛蕨 Dryopteris decipiens var. diplazioides
德化鳞毛蕨 Dryopteris dehuaensis
远轴鳞毛蕨 Dryopteris dickinsii
宜昌鳞毛蕨 Dryopteris enneaphylla
红盖鳞毛蕨 Dryopteris erythrosora
香鳞毛蕨 Dryopteris fragrans
硕果鳞毛蕨 Dryopteris fructuosa

黑足鳞毛蕨　Dryopteris fuscipes
华北鳞毛蕨　Dryopteris goeringiana
裸叶鳞毛蕨　Dryopteris gymnophylla
裸果鳞毛蕨　Dryopteris gymnosora
哈巴鳞毛蕨　Dryopteris habaensis
边生鳞毛蕨　Dryopteris handeliana
杭州鳞毛蕨　Dryopteris hangchowensis
深裂鳞毛蕨　Dryopteris incisolobata
平行鳞毛蕨　Dryopteris indusiata
羽裂鳞毛蕨　Dryopteris integriloba
粗齿鳞毛蕨　Dryopteris juxtaposita
京畿鳞毛蕨　Dryopteris kinkiensis
齿头鳞毛蕨　Dryopteris labordei
狭顶鳞毛蕨　Dryopteris lacera
脉纹鳞毛蕨　Dryopteris lachongensis
黑鳞鳞毛蕨　Dryopteris lepidopoda
两广鳞毛蕨　Dryopteris liangkwangensis
边果鳞毛蕨　Dryopteris marginata
山地鳞毛蕨　Dryopteris monticola
太平鳞毛蕨　Dryopteris pacifica
大果鳞毛蕨　Dryopteris panda
半岛鳞毛蕨　Dryopteris peninsulae
柄叶鳞毛蕨　Dryopteris podophylla
蓝色鳞毛蕨　Dryopteris polita
假稀羽鳞毛蕨　Dryopteris pseudosparsa
蕨状鳞毛蕨　Dryopteris pteridiformis
豫陕鳞毛蕨　Dryopteris pulcherrima
密鳞鳞毛蕨　Dryopteris pycnopteroides
藏布鳞毛蕨　Dryopteris redactopinnata
川西鳞毛蕨　Dryopteris rosthornii
红褐鳞毛蕨　Dryopteris rubrobrunnea
棕边鳞毛蕨　Dryopteris sacrosancta
虎耳鳞毛蕨　Dryopteris saxifraga
无盖鳞毛蕨　Dryopteris scottii
腺毛鳞毛蕨　Dryopteris sericea
刺尖鳞毛蕨　Dryopteris serratodentata
奇羽鳞毛蕨　Dryopteris sieboldii
纤维鳞毛蕨　Dryopteris sinofibrillosa
稀羽鳞毛蕨　Dryopteris sparsa
狭鳞鳞毛蕨　Dryopteris stenolepis
半育鳞毛蕨　Dryopteris sublacera
三角鳞毛蕨　Dryopteris subtriangularis
华南鳞毛蕨　Dryopteris tenuicula

东京鳞毛蕨　Dryopteris tokyoensis
同形鳞毛蕨　Dryopteris uniformis
变异鳞毛蕨　Dryopteris varia
大羽鳞毛蕨　Dryopteris wallichiana
黄山鳞毛蕨　Dryopteris whangshangensis
栗柄鳞毛蕨　Dryopteris yoroii

节毛蕨属　Lastreopsis Ching

云南节毛蕨　Lastreopsis microlepioides

毛枝蕨属　Leptorumohra (H. Itô) H. Itô

毛枝蕨　Leptorumohra miqueliana
四回毛枝蕨　Leptorumohra quadripinnata
无鳞毛枝蕨　Leptorumohra sinomiqueliana

石盖蕨属　Lithostegia Ching

石盖蕨　Lithostegia foeniculacea

柄盖蕨属　Peranema D. Don

柄盖蕨　Peranema cyatheoides

黔蕨属 Phanerophlebiopsis Ching

粗齿黔蕨 Phanerophlebiopsis blinii

黔蕨 Phanerophlebiopsis tsiangiana

黄腺羽蕨属 Pleocnemia C. Presl

黄腺羽蕨 Pleocnemia winitii

耳蕨属 Polystichum Roth

刺叶耳蕨 Polystichum acanthophyllum

尖齿耳蕨 Polystichum acutidens

角状耳蕨 Polystichum alcicorne

灰绿耳蕨 Polystichum anomalum

节毛耳蕨 Polystichum ariticulatipilosum

小狭叶芽胞耳蕨 Polystichum atkinsonii

长羽芽胞耳蕨 Polystichum attenuatum

滇东南耳蕨 Polystichum auriculum

薄叶耳蕨 Polystichum bakerianum

钳形耳蕨 Polystichum bifidum

川渝耳蕨 Polystichum bissectum

喜马拉雅耳蕨 Polystichum brachypterum

布朗耳蕨 Polystichum braunii

基芽耳蕨 Polystichum capillipes

陈氏耳蕨 Polystichum chunii

鞭叶耳蕨 Polystichum craspedosorum

圆片耳蕨 Polystichum cyclolobum

洱源耳蕨 Polystichum delavayi

对生耳蕨 Polystichum deltodon

圆顶耳蕨 Polystichum dielsii

分离耳蕨 Polystichum discretum

蚀盖耳蕨 Polystichum erosum

杰出耳蕨 Polystichum excelsius

玉龙蕨 Polystichum glaciale

广西耳蕨 Polystichum guangxiense

小戟叶耳蕨 Polystichum hancockii

草叶耳蕨 Polystichum herbaceum

九老洞耳蕨 Polystichum jiulaodongense

拉钦耳蕨 Polystichum lachenense

亮叶耳蕨 Polystichum lanceolatum

柔软耳蕨 Polystichum lentum

正宇耳蕨 Polystichum liui

长鳞耳蕨 Polystichum longipaleatum

黑鳞耳蕨 Polystichum makinoi

黔中耳蕨 Polystichum martinii

印西耳蕨 Polystichum mehrae

木坪耳蕨 Polystichum moupinense

新正宇耳蕨 Polystichum neoliuii

革叶耳蕨 Polystichum neolobatum

尼泊尔耳蕨 Polystichum nepalense

斜羽耳蕨 Polystichum obliquum

峨眉耳蕨 Polystichum omeiense

高山耳蕨 Polystichum otophorum

片马耳蕨 Polystichum pianmaense

乌鳞耳蕨 Polystichum piceopaleaceum

棕鳞耳蕨 Polystichum polyblepharum

假黑鳞耳蕨 Polystichum pseudomakinoi

密果耳蕨 Polystichum pycnopterum

倒鳞耳蕨 Polystichum retrosopaleaceum

半育耳蕨 Polystichum semifertile

陕西耳蕨 Polystichum shensiense

中华耳蕨 Polystichum sinense

中华对马耳蕨 Polystichum sinotusi-simense

密鳞耳蕨 Polystichum squarrosum

狭叶芽胞耳蕨 Polystichum stenophyllum

多羽耳蕨 Polystichum subacutidens

秦岭耳蕨 Polystichum submite

尾叶耳蕨 Polystichum thomsonii

中越耳蕨 Polystichum tonkinense

戟叶耳蕨 Polystichum tripteron

对马耳蕨 Polystichum tusi-simense

福山耳蕨 Polystichum wilsonii

剑叶耳蕨 Polystichum xiphophyllum

鱼鳞蕨

Acrophorus paleolatus Pic. Serm.

Acrophorus stipellatus, auct. non T. Moore

分布：CQ, FJ, GD, GX, GZ, HaN, HuN, JX, SC,
TW, XZ, YN, ZJ.
生境：林下溪边。
海拔：500—3300m。

假复叶耳蕨属 Acrorumohra (H. Itô) H. Itô

弯柄假复叶耳蕨

Acrorumohra diffracta (Baker) H. Itô

Nephrodium diffractum Baker

分布：GX, GZ, HaN, TW, XZ, YN.
生境：针阔叶混交林下。
海拔：900—2250m。

438 鳞毛蕨科
Dryopteridaceae Herter

鳞毛蕨亚科
Dryopteridoideae B. K. Nayar

假复叶耳蕨属
Acrorumohra (H. Itô) H. Itô

草质假复叶耳蕨

Acrorumohra hasseltii (Blume) Ching
Polypodium hasseltii Blume

分布：GX, HaN, TW, YN.
生境：山谷密林下。　海拔：900—1200m。

复叶耳蕨属　Arachniodes Blume

多羽复叶耳蕨（美丽复叶耳蕨）

Arachniodes amoena (Ching) Ching
Rumohra amoena Ching

分布：FJ, GD, GX, GZ, HuN, JX, YN, ZJ.
生境：山地林下、溪边阴湿岩上或泥土上。
海拔：400—1400m。

尾叶复叶耳蕨
Arachniodes caudata Ching

分布：CQ, GX, GZ, HuB, JX, SC.
生境：山坡林下、灌丛下及山谷溪边。
海拔：550—1900m。

大片复叶耳蕨
Arachniodes cavalerii (Christ) Ohwi
Aspidium cavalerii Christ

分布：AH, FJ, GD, GX, GZ, HaN, HuB, HuN, JX, YN, ZJ.
生境：常绿阔叶林下。　海拔：1200—1600m。

中华复叶耳蕨

Arachniodes chinensis (Rosenst.) Ching

Polystichum amabile (Blume) J. Sm. var. *chinense* Rosenst.

分布：CQ, FJ, GD, GX, GZ, HaN, HK, HuN, JX, MC, SC, YN, ZJ.

生境：山地杂木林下。　海拔：450—1600m。

刺头复叶耳蕨

Arachniodes exilis (Hance) Ching

Aspidium exile Hance

分布：AH, FJ, GD, GX, GZ, HeN, JS, JX, SD, TW, YN, ZJ.

生境：山地林下或岩石上。　海拔：400—1100m。

华南复叶耳蕨（系裂复叶耳蕨）

Arachniodes festina (Hance) Ching
Aspidium festinum Hance

分布：FJ, GD, GX, GZ, HeN, HuN, JX, SC, TW, ZJ.
生境：常绿阔叶林下。
海拔：1500—2000m。

台湾复叶耳蕨

Arachniodes globisora (Hayata) Ching
Polystichum globisorum Hayata

分布：TW, YN.
生境：常绿阔叶林下。
海拔：1000—2000m。

粗裂复叶耳蕨

Arachniodes grossa (Tardieu & C. Chr.) Ching
Rumohra grossa Tardieu & C. Chr.

分布：GD, HaN, HuN.
生境：山地林下。
海拔：600—650m。

海南复叶耳蕨

Arachniodes hainanensis (Ching) Ching
Rumohra hainanensis Ching

分布：HaN.
生境：山谷密林下或岩石壁上。
海拔：450—1000m。

云南复叶耳蕨

Arachniodes henryi (Christ) Ching

分布：GX, SC, YN.
生境：常绿叶林下。
海拔：1400—2000m。

日本复叶耳蕨

Arachniodes nipponica (Rosenst.) Ohwi
Polystichum nipponicum Rosenst.

分布：CQ, GD, GZ, HuN, JX, SC, YN, ZJ.
生境：山谷常绿阔叶林下或混交林下，溪边阴处。
海拔：800—2200m。

斜方复叶耳蕨

Arachniodes rhomboidea (Wall. ex Mett.) Ching
Aspidium rhomboideum Wall. ex Mett.

分布：AH, CQ, FJ, GD, GX, GZ, HaN, HK, HuB, HuN, JS, JX, SC, TW, YN, ZJ.
生境：山林下岩缝或泥土上。　海拔：260—1200m。

长尾复叶耳蕨

Arachniodes simplicior (Makino) Ohwi

Polystichum aristatum (Forst.) Sw. var. *simplicior* Makino

分布：AH, CQ, FJ, GD, GS, GX, GZ, HeN, HuB, HuN, JS, JX, SaX, SC, YN, ZJ.

生境：林下。　海拔：400—1000m。

华西复叶耳蕨

Arachniodes simulans (Ching) Ching

Rumohra simulans Ching

分布：CQ, GS, GZ, HuB, HuN, JX, SC, YN.

生境：常绿阔叶林下。

海拔：1200—2600m。

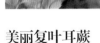

美丽复叶耳蕨

Arachniodes speciosa (D. Don) Ching

Aspidium speciosum D. Don

分布：FJ, GD, GZ, HaN, HuB, SC, TW, YN, ZJ.

生境：常绿阔叶林下。　海拔：800—1800m。

清秀复叶耳蕨

Arachniodes spectabilis (Ching) Ching
Rumohra spectabilis Ching

分布：YN.
生境：热带雨林或常绿阔叶林下。
海拔：650—1800m。

肋毛蕨属 Ctenitis (C. Chr.) C. Chr.

海南肋毛蕨

Ctenitis decurrentipinnata (Ching) Tardieu & C. Chr.
Dryopteris decurrentipinnata Ching
Ctenitis decurrentipinnata (Ching) Ching

分布：HaN.
生境：山谷密林下沟边。
海拔：600—1400m。

滇桂三相蕨

Ctenitis dianguiensis (W. M. Chu & H. G. Zhou) S. Y. Dong

Ataxipteris dianguiensis W. M. Chu & H. G. Zhou

分布：GX, HaN, YN.
生境：石灰岩地区常绿阔叶林或山地雨林下。
海拔：900—980m。

直鳞肋毛蕨

Ctenitis eatonii (Baker) Ching

Nephrodium eatonii Baker

分布：CQ, GD, GX, GZ, HuB, HuN, JX, SC, TW.
生境：溪边或阴湿岩石缝中。
海拔：300—1200m。 （蒋日红摄）

曼氏肋毛蕨

Ctenitis mannii (C. Hope) Ching

Nephrodium mannii C. Hope

分布：GX. 生境：季雨林下。
海拔：420—570m。 （蒋日红摄）

三相蕨

Ctenitis sinii (Ching) Ohwi
Ataxipteris sinii (Ching) Holttum
Ctenitopsis sinii (Ching) Ching

分布：FJ, GD, GX, HuN, JX, ZJ.
生境：山谷密林下。
海拔：280—800m。

亮鳞肋毛蕨（虹鳞肋毛蕨）

Ctenitis subglandulosa (Hance) Ching
Alsophila subglandulosa Hance
Ctenitis membranifolia Ching & Chu H. Wang
Ctenitis rhodolepis (C. B. Clarke) Ching

分布：CQ, FJ, GD, GX, GZ, HaN, HuB, HuN, JX, SC, TW, YN, ZJ.
生境：山谷林下、沟旁石缝。
海拔：450—980m。

离脉柳叶蕨

Cyrtogonellum caducum Ching

分布：CQ, GD, GX, GZ, HuN, SC, YN。
生境：杂木林或灌木林下岩缝中。　海拔：700—1780m。

刘红梅 摄

柳叶蕨

Cyrtogonellum fraxinellum (Christ) Ching
Aspidium fraxinellum Christ

分布：CQ, GD, GX, GZ, HuB, HuN, SC, TW, YN。
生境：山坡灌木林、竹林或阔叶林下岩缝。
海拔：500—1500m。

斜基柳叶蕨

Cyrtogonellum inaequale Ching

Cyrtomium fraxinellum Christ var. *inaequale* Christ

分布：CQ, GX, GZ.

生境：山坡林下石壁上或岩石缝中。

海拔：500—1500m。

石生柳叶蕨

Cyrtogonellum × rupicola P. S. Wang & X. Y. Wang

分布：GX, GZ.

生境：阴蔽林下石灰岩隙。　海拔：1460—1520m。

单叶鞭叶蕨

Cyrtomidictyum basipinnatum (Baker) Ching
Aspidium basipinnatum Baker

分布：GD, GX, HK.
生境：岩缝。　海拔：200—500m。　（蒋日红 摄）

卵状鞭叶蕨

Cyrtomidictyum conjunctum Ching

分布：JX, ZJ.
生境：山脚石缝或常绿阔叶林旁溪边。　海拔：300m。

鞭叶蕨

Cyrtomidictyum lepidocaulon (Hook.) Ching
Aspidium lepidocaulon Hook.

分布：AH, FJ, GD, GX, HuN, JS, JX, TW, ZJ.
生境：山谷岩缝阴湿处。
海拔：300—2400m。

等基贯众

Cyrtomium aequibasis (C. Chr.) Ching
Cyrtomium caryotideum C. Presl var. *aequibasis* C. Chr.

分布：GZ, HuN, SC, YN.
生境：常绿阔叶林下，石灰岩上。
海拔：600—2000m。

镰羽贯众（巴兰贯众）

Cyrtomium balansae (Christ) C. Chr.
Polystichum balansae Christ

分布：AH, CQ, FJ, GD, GX, GZ, HaN, HK, HuN, JX, SD, ZJ.
生境：林下。　海拔：80—1600m。

刺齿贯众

Cyrtomium caryotideum (Wall. ex Hook. & Grev.) C. Presl
Aspidium caryotideum Wall. ex Hook. & Grev.

分布：CQ, GD, GS, GX, GZ, HuB, HuN, JX, SaX, SC, TW, XZ, YN.
生境：林下。　海拔：600—2500m。

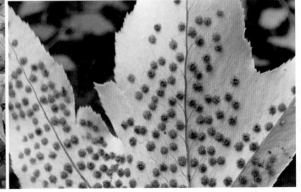

全缘贯众

Cyrtomium falcatum (L. f.) C. Presl
Polypodium falcatum L. f.

分布：CQ, FJ, GD, GX, GZ, HK, JS, JX, LN, SC, SD, SH, TW, ZJ.
生境：林下，石灰岩上。　　海拔：10—1610m。

贯　众

Cyrtomium fortunei J. Sm.

分布：AH, CQ, FJ, GD, GS, GX, GZ, HeB, HeN, HuB, HuN, JS, JX, SaX, SC, SD, SH, ShX, TW, YN, ZJ.
生境：空旷地石灰岩缝或林下。
海拔：2400m 以下。

单叶贯众

Cyrtomium hemionitis Christ

分布：GX, GZ, HaN, YN.
生境：石灰岩地区常绿阔叶林下。
海拔：1200—1700m。

蒋日红 摄

尖羽贯众 （虎克贯众）

Cyrtomium hookerianum (C. Presl) C. Chr.
Lastrea hookeriana C. Presl

分布：CQ, GX, GZ, HuB, HuN, SC, TW, XZ, YN.
生境：林下。　海拔：600—2450m。

小羽贯众

Cyrtomium lonchitoides (Christ) Christ

Aspidium lonchitoides Christ

分布：GS, GZ, HeN, HuB, HuN, SC, YN.
生境：针阔叶混交林下，或岩石上。
海拔：1200—2700m。

大叶贯众

Cyrtomium macrophyllum (Makino) Tagawa

Aspidium falcatum Sw. var. *macrophyllum* Makino

分布：CQ, GS, GZ, HuB, HuN, JX, SaX, SC, TW, XZ, YN.
生境：林下。　海拔：750—2700m。

低头贯众

Cyrtomium nephrolepioides (Christ) Copel.
Polystichum nephrolepioides Christ

分布：CQ, GX, GZ, HuB, HuN, SC.
生境：林下岩缝内。
海拔：1000—1600m。

峨眉贯众

Cyrtomium omeiense Ching & K. H. Shing

分布：CQ, GZ, HuB, HuN, SC, XZ.
生境：阔叶林下，草地也有。　海拔：700—2500m。

厚叶贯众

Cyrtomium pachyphyllum (Rosenst.) C. Chr.

分布：CQ, GX, GZ, YN.
生境：林下石灰岩上。
海拔：1300—1500m。

线羽贯众

Cyrtomium urophyllum Ching

分布：CQ, GX, GZ, HuN, SC, YN.
生境：常绿阔叶林下，溪边。
海拔：600—1650m。

红腺蕨属 Diacalpe Blume

圆头红腺蕨

Diacalpe annamensis Tagawa

分布：HaN, XZ, YN.
生境：常绿阔叶林下。　海拔：1600—2800m。

红腺蕨

Diacalpe aspidioides Blume

分布：GX, HaN, TW, XZ, YN, ZJ.
生境：密林下溪边。
海拔：1200—2600m。

大囊红腺蕨

Diacalpe chinensis Ching & S. H. Wu

分布：SC, YN.   生境：林下石上。
海拔：2300—2900m。

离轴红腺蕨

Diacalpe christensenae Ching

分布：YN.
生境：林下溪边。
海拔：1800—2500m。

轴鳞蕨属 Dryopsis Holttum & P. J. Edwards

顶囊轴鳞蕨（顶囊肋毛蕨）

Dryopsis apiciflora (Wall. ex Mett.) Holttum & P. J Edwards
Aspidium apiciflorum Wall. ex Mett.
Ctenitis apiciflora (Wall. ex Mett.) Ching

分布：GX, GZ, SC, TW, XZ, YN.
生境：山地林下。
海拔：1300—3200m。

膜边轴鳞蕨（膜边肋毛蕨）

Dryopsis clarkei (Baker) Holttum & P. J. Edwards
Nephrodium clarkei Baker
Ctenitis clarkei (Baker) Ching

分布：GD, GX, GZ, SC, XZ, YN.
生境：山地林下。
海拔：1300—3800m。

异鳞轴鳞蕨（异鳞肋毛蕨）

Dryopsis heterolaena (C. Chr.) Holttum & P. J. Edwards
Dryopteris heterolaena C. Chr.
Ctenitis heterolaena (C. Chr.) Ching

分布：CQ, GD, GX, GZ, HuN, SC, XZ, YN.
生境：路边林下、竹林下。
海拔：800—1750m。（蒋日红 摄）

轴鳞蕨属
Dryopsis Holttum & P. J. Edwards

鳞毛蕨亚科
Dryopteridoideae B. K. Nayar

鳞毛蕨科
Dryopteridaceae Herter 461

泡鳞轴鳞蕨（泡鳞肋毛蕨）

Dryopsis mariformis (Rosenst.) Holttum & P. J. Edwards
Dryopteris mariformis Rosenst.
Ctenitis mariformis (Rosenst.) Ching

分布：CQ, FJ, GD, GX, GZ, HuB, HuN, JX, SC, YN, ZJ.
生境：山顶密林下。
海拔：1000—3400m。

阔鳞轴鳞蕨（阔鳞肋毛蕨）

Dryopsis maximowicziana (Miq.) Holttum & P. J. Edwards
Aspidium maximowiczianum Miq.
Ctenitis maximowicziana (Miq.) Ching

分布：CQ, FJ, GZ, HuN, JX, SC, TW, ZJ.
生境：河谷林下。
海拔：500—1700m。

巢形轴鳞蕨

Dryopsis nidus (Baker) Holttum & P. J. Edwards
Nephrodium filix-mas (L.) Rich. ex Desv. var. *nidus* Baker
Ctenitis nidus (Baker) Ching

分布：SC, XZ, YN.
生境：山地竹林下或冷杉林下沟边。
海拔：2300—3700m。 （魏雪莘 摄）

鳞毛蕨属　Dryopteris Adanson

尖齿鳞毛蕨

Dryopteris acutodentata Ching

分布：SC, TW, XZ, YN.
生境：针阔叶混交林下或岩石缝中。
海拔：3500—4500m。

阿萨姆鳞毛蕨

Dryopteris assamensis (C. Hope) C. Chr. & Ching
Nephrodium assamense C. Hope

分布：GD, GX, YN.
生境：常绿阔叶林下。
海拔：800—1200m。

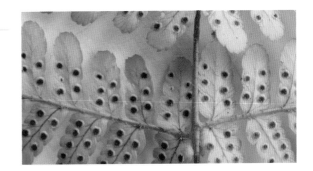

暗鳞鳞毛蕨

Dryopteris atrata (Wall. ex Kunze) Ching
Aspidium atratum Wall. ex Kunze

分布：CQ, FJ, GS, HeN, HuB, HuN, JS, JX, SC, TW, XZ, YN.
生境：常绿阔叶林下。　海拔：500—2000m。

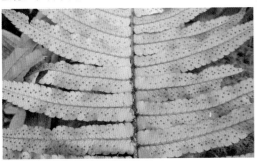

多鳞鳞毛蕨

Dryopteris barbigera (T. Moore & Hook.) Kuntze
Nephrodium barbigerum T. Moore ex Hook.

分布：QH, SC, TW, XZ, YN.
生境：山坡灌丛草地。　海拔：3600—4700m。

两色鳞毛蕨

Dryopteris bissetiana (Baker) C. Chr.
Nephrodium bissetiamum Baker
Dryopteris setosa (Thunb.) Akasawa

分布：AH, CQ, FJ, GZ, HeN, HuB, HuN, JS, JX, SaX, SC, SD, SH, ShX, YN, ZJ.
生境：山坡林下、林缘、路边、石隙，土生。
海拔：600—1800m。

大平鳞毛蕨

Dryopteris bodinieri (Christ) C. Chr.
Aspidium bodinieri Christ

分布：CQ, GX, GZ, HuN, SC, YN.
生境：常绿阔叶林下。
海拔：1000—1800m。 （蒋日红 摄）

假边果鳞毛蕨

Dryopteris caroli–hopei Fraser–Jenk.

分布：XZ, YN.

生境：栎林下。　海拔：2100—2300m。

阔鳞鳞毛蕨

Dryopteris championii (Benth.) C. Chr.

Aspidium championii Benth.

分布：CQ, FJ, GD, GX, GZ, HeN, HK, HuB, HuN,
　　　JS, JX, MC, SC, SD, SH, XZ, YN, ZJ.

生境：林下。

海拔：900—1700m。

中华鳞毛蕨

Dryopteris chinensis (Baker) Koidz.
Nephrodium chinense Baker

分布：AH, GX, HeB, HeN, HuB, HuN, JS, JX, JL, LN, SD, ZJ.　　生境：林下。　　海拔：200—1200m。

金冠鳞毛蕨

Dryopteris chrysocoma (Christ) C. Chr.
Aspidium filix–mas (L.) Swartz var. *chrysocoma* Christ

分布：GZ, SC, XZ, YN.　　生境：灌丛或常绿阔叶林缘。　　海拔：2400—3000m。

二型鳞毛蕨

Dryopteris cochleata (Buch. –Ham. ex D. Don) C. Chr.
Nephrodium cochleatum Buch. –Ham. ex D. Don

分布：GX, GZ, SC, YN.
生境：阔叶林下。
海拔：1250—1600m。

粗茎鳞毛蕨

Dryopteris crassirhizoma Nakai

分布：BJ, GS, HeB, HeN, NX, SaX, SC, ShX, TJ.
生境：山地林下。　海拔：650—2000m。

桫椤鳞毛蕨

Dryopteris cycadina (Franch. & Sav.) C. Chr.
Aspidium cycadinum Franch. & Sav.

分布：CQ, FJ, GD, GX, GZ, HuB, HuN, JX, SC,
　　　TW, XZ, YN, ZJ.
生境：杂木林下。
海拔：1400—3200m。

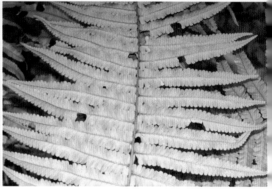

弯羽鳞毛蕨

Dryopteris cyclopeltidiformis C. Chr.

分布：HaN.
生境：沟边密林下。　　海拔：1160—1200m。

迷人鳞毛蕨

Dryopteris decipiens (Hook.) Kuntze
Nephrodium decipiens Hook.

分布：AH, FJ, CQ, GD, GX, GZ, HK, HuB, HuN, JX, SC, TW, ZJ.
生境：林下。 海拔：400—1700m。

深裂迷人鳞毛蕨

Dryopteris decipiens (Hook.) Kuntze var. **diplazioides** (Christ) Ching
Polystichum diplazioides Christ

分布：AH, FJ, GX, GZ, JS, JX, SC, ZJ.
生境：林下。
海拔：400—1700m。

德化鳞毛蕨

Dryopteris dehuaensis Ching & K. H. Shing

分布：FJ, GD, HK, HuN, JX, ZJ.
生境：林下、路边或石缝中。
海拔：100—1300m。

远轴鳞毛蕨

Dryopteris dickinsii (Franch. & Sav.) C. Chr.
Aspidium dickinsii Franch. & Sav.

分布：AH, CQ, FJ, GX, GZ, HeN, HuB, HuN, JX, SC, TW, XZ, YN, ZJ.
生境：常绿阔叶林下。　海拔：700—2080m。

宜昌鳞毛蕨

Dryopteris enneaphylla (Baker) C. Chr.

Nephrodium enneaphyllum Baker

分布：HuB, TW, ZJ.

生境：林下湿润处。　海拔：500—700m。

红盖鳞毛蕨

Dryopteris erythrosora (D. C. Eaton) Kuntze

Aspidium erythrosorum D. C. Eaton

分布：AH, CQ, FJ, GD, GX, GZ, HuB, HuN, JS, JX, SC, SH, YN, ZJ.

生境：林下。　海拔：1000—1300m。

香鳞毛蕨

Dryopteris fragrans (L.) Schott
Polypodium fragrans L.

分布：BJ, HeB, HL, JL, LN, NM, XJ.
生境：林下。
海拔：700—2400m。

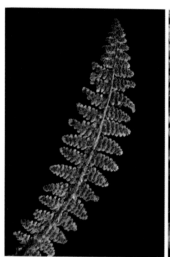

硕果鳞毛蕨

Dryopteris fructuosa (Christ) C. Chr.
Aspidium varium Sw. var. *fructuosum* Christ

分布：GZ, HuB, SaX, SC, TW, XZ, YN.
生境：松林或常绿阔叶林林缘。
海拔：1800—3400m。

黑足鳞毛蕨

Dryopteris fuscipes C. Chr.

分布：AH, CQ, FJ, GD, GX, GZ,
HaN, HK, HuB, HuN, JS, JX,
SC, SH, TW, YN, ZJ.

生境：林下。

海拔：200—2000m。

华北鳞毛蕨

Dryopteris goeringiana (Kunze) Koidz.
Aspidium goeringianum Kunze
Dryopteris laeta (Kom.) C. Chr.

分布：BJ, GS, HeN, HL, JL, LN, NM, QH, ShX.

生境：阔叶林下或灌丛中。

海拔：400—3200m。

裸叶鳞毛蕨

Dryopteris gymnophylla (Baker) C. Chr.
Nephrodium gymnophyllum Baker

分布：AH, CQ, HeN, HuB, HuN, JS, JX, LN, SD, ZJ.
生境：林下。　海拔：300—700m。

裸果鳞毛蕨

Dryopteris gymnosora (Makino) C. Chr.
Nephrodium gymnosorum Makino

分布：AH, CQ, FJ, GD, GX, GZ, HuB, HuN, JX, SC, YN, ZJ.
生境：林下。　海拔：1300—1700m。

哈巴鳞毛蕨

Dryopteris habaensis Ching

分布：YN.

生境：沟边、杂木林下。

海拔：2800—3200m

边生鳞毛蕨

Dryopteris handeliana C. Chr.

分布：CQ, GZ, HuB, HuN, SC, YN, ZJ.

生境：山坡、林下。　　海拔：500—1900m。

杭州鳞毛蕨

Dryopteris hangchowensis Ching

分布：JS, ZJ.

生境：林下。

海拔：50—350m。

深裂鳞毛蕨

Dryopteris incisolobata Ching

分布：SaX, SC, XZ, YN.
生境：冷杉林下。
海拔：2800—3700m。

平行鳞毛蕨

Dryopteris indusiata (Makino) Makino & Yamam. ex Yamam.
Nephrodium gymnosorum Makino var. *indusiatum* Makino

分布：CQ, FJ, GD, GX, GZ, HuB, HuN, JX, SC, YN, ZJ.
生境：林下。　海拔：1600—2000m。

羽裂鳞毛蕨

Dryopteris integriloba C. Chr.

分布：GD, GX, HaN, YN.
生境：常绿阔叶林下。
海拔：600—700m。

粗齿鳞毛蕨

Dryopteris juxtaposita Christ

分布：GS, GZ, HuN, SC, XZ, YN.
生境：山谷、河旁。
海拔：1500—2500m。

京畿鳞毛蕨

Dryopteris kinkiensis Koidz.

分布：CQ, FJ, GD, GZ, HuB, HuN, JX, SC, SH, ZJ.

生境：林缘或墙缝中。

海拔：200—400m。

齿头鳞毛蕨

Dryopteris labordei (Christ) C. Chr.

Aspidium labordei Christ

分布：AH, CQ, FJ, GD, GX, GZ, HuB, HuN, JX, SC, SH, TW, YN, ZJ.

生境：林下。　海拔：1700m。

狭顶鳞毛蕨

Dryopteris lacera (Thunb.) Kuntze
Polypodium lacerum Thunb.

分布：CQ, GZ, HL, HuB, HuN, JS, JX, LN, NX, SC, SD, TW, TJ, ZJ.
生境：山地疏林下。　　海拔：150—1350m。

脉纹鳞毛蕨

Dryopteris lachoongensis (Bedd.) B. K. Nayar & Kaur
Lastrea filix−mas C. Presl var. *lachoongensis* Bedd.
Dryopteris pseudodontoloma Ching
Dryopteris venosa Ching & S. K. Wu

分布：GZ, HuB, TW, XZ, YN.
生境：山沟杂木林下。
海拔：2000—3400m。

黑鳞鳞毛蕨

Dryopteris lepidopoda Hayata

分布：GD, GZ, SC, TW, XZ, YN.
生境：阔叶林下。
海拔：2300—2500m。

两广鳞毛蕨

Dryopteris liangkwangensis Ching

分布：GD, GX, HuN, YN.
生境：阔叶林下或水沟边。   海拔：600—1700m。

蒋日红 摄

边果鳞毛蕨

Dryopteris marginata (C. B. Clarke) Christ
Aspidium marginatum Wall. ex Christ
Nephrodium filix-mas (L.) Rich. ex Desv. var. *marginatum* C. B. Clarke

分布：GX, GZ, HuN, SC, TW, YN.
生境：山沟边林下。
海拔：1100—2300m。

山地鳞毛蕨

Dryopteris monticola (Makino) C. Chr.
Nephrodium monticola Makino

分布：JL, LN.
生境：山地阔叶林下。　海拔：500—1600m。

太平鱗毛蕨

Dryopteris pacifica (Nakai) Tagawa
Polystichum pacificum Nakai

分布：AH, FJ, GD, HaN, HK, HuB, HuN, JS, JX, SH, ZJ.
生境：林下。　海拔：10—900m。

大果鱗毛蕨

Dryopteris panda (C. B. Clarke) Christ
Nephrodium filix-mas (L.) Rich. ex Desv. var. *panda* C. B. Clarke

分布：CQ, GS, GZ, HuN, SC, TW, XZ, YN.
生境：雜木林下。　海拔：1300—3100m。

半岛鳞毛蕨

Dryopteris peninsulae Kitag.

分布：CQ, GS, GZ, HeN, HuB, HuN, JL, JX, LN, SaX, SC, SD, SH, ShX, YN, ZJ.
生境：阴湿地杂草丛中。
海拔：1000—1300m。

柄叶鳞毛蕨

Dryopteris podophylla (Hook.) Kuntze
Aspidium podophyllum Hook.

分布：FJ, GD, GX, HaN, HuN, HK, YN.
生境：林下溪沟边。　海拔：700—1500m。

蓝色鳞毛蕨

Dryopteris polita Rosenst.

分布：GD, HaN, TW, YN.
生境：常绿阔叶林下。
海拔：1780—2200m。

假稀羽鳞毛蕨

Dryopteris pseudosparsa Ching

分布：CQ, GX, GZ, HuN, SC, YN.
生境：林下。　海拔：800—2000m。

蕨状鳞毛蕨

Dryopteris pteridiiformis Christ

分布：GZ, YN.
生境：常绿阔叶林下。　　海拔：1900—2100m。

豫陕鳞毛蕨

Dryopteris pulcherrima Ching

分布：AH, GS, GZ, HeB, HeN, HuB, SaX, ShX, SC,
XZ.
生境：林下或山谷阴湿处。
海拔：1500—2300m。

密鳞鳞毛蕨

Dryopteris pycnopteroides (Christ) C. Chr.
Aspidium pycnopteroides Christ

分布：CQ, GZ, HuB, HuN, SC, YN.
生境：沟边林下。　　海拔：1800—2800m。

藏布鳞毛蕨

Dryopteris redactopinnata S. K. Basu & Panigrahi
Dryopteris pseudofibrillosa Ching
Dryopteris tsangpoensis Ching

分布：SC, TW, XZ, YN.
生境：针叶林下。
海拔：3200—3800m。

川西鳞毛蕨

Dryopteris rosthornii (Diels) C. Chr.
Nephrodium rosthornii Diels

分布：CQ, GS, GZ, HuB, HuN, SaX, SC, YN.
生境：林下。　海拔：1500—2450m。

红褐鳞毛蕨

Dryopteris rubrobrunnea W. M. Chu

分布：YN.
生境：常绿阔叶林下。
海拔：2050—2800m。

棕边鳞毛蕨

Dryopteris sacrosancta Koidz.

分布：HuN, JS, LN, SD, ZJ.
生境：沟谷林下。
海拔：600—1400m。

虎耳鳞毛蕨

Dryopteris saxifraga H. Itô

分布：JL, LN.

生境：林下，岩石缝。 海拔：600—1500m。

无盖鳞毛蕨

Dryopteris scottii (Bedd.) Ching ex C. Chr.
Polypodium scottii Bedd.

分布：AH, CQ, FJ, GD, GX, GZ, HaN, HK, HuN, JS, JX, SC, TW, XZ,
YN, ZJ.

生境：林下。

海拔：500—2200m。

腺毛鳞毛蕨

Dryopteris sericea C. Chr.

分布：CQ, GS, GZ, HeN, HuB, HuN,
　　　SaX, SC, SD, ShX.

生境：林下岩石上。

海拔：700—1600m。

刺尖鳞毛蕨

Dryopteris serratodentata (Bedd.) Hayata

Lastrea filix-mas (L.) C. Presl var. *serratodentata* Bedd.

分布：SC, TW, XZ, YN.

生境：冷杉林下。　　海拔：3400—3800m。

奇羽鱗毛蕨

Dryopteris sieboldii (van Houtte ex Mett.) Kuntze
Aspidium sieboldii van Houtte ex Mett.

分布：AH, CQ, FJ, GD, GX, GZ, HuB, HuN, JX, ZJ.
生境：林下。 海拔：400—900m。

纤维鱗毛蕨

Dryopteris sinofibrillosa Ching

分布：SC, TW, XZ, YN.
生境：针叶林下。
海拔：2800—4000m。

稀羽鳞毛蕨

Dryopteris sparsa (Buch.–Ham. ex D. Don) Kuntze
Nephrodium sparsum Buch.–Ham. ex D. Don

分布：AH, CQ, FJ, GD, GX, GZ, HaN, HeN, HK, HuB, HuN, JX, SaX, SC, SH, TW, XZ, YN, ZJ.
生境：林下溪边。　　海拔：500—2000m。

狭鳞鳞毛蕨

Dryopteris stenolepis (Baker) C. Chr.
Polypodium stenolepis Baker

分布：GS, GX, GZ, HuN, SC, TW, XZ, YN.
生境：溪边林下。
海拔：700—2200m。

半育鳞毛蕨

Dryopteris sublacera Christ

分布：GZ, HeN, HuB, HuN, SaX, SC, TW, XZ, YN.
生境：松林或常绿阔叶林林缘。　海拔：1800—3400m。

三角鳞毛蕨

Dryopteris subtriangularis (C. Hope) C. Chr.
Nephrodium subtriangulare C. Hope

分布：CQ, GX, GZ, HaN, HuN, SC, TW, XZ, YN.
生境：常绿阔叶林下。
海拔：170—1700m。

华南鳞毛蕨

Dryopteris tenuicula Matthew & Christ

分布：CQ, GD, GX, GZ, HK, HuB, HuN, SC, ZJ.
生境：林下。
海拔：850—1450m。

东京鳞毛蕨

Dryopteris tokyoensis (Matsum. ex Makino) C. Chr.
Nephrodium tokyoense Matsum. ex Makino

分布：FJ, HuB, HuN, JX, ZJ.
生境：林下湿地或沼泽中。　海拔：1000—1200m。

同形鳞毛蕨

Dryopteris uniformis (Makino) Makino
Nephrodium lacerum Baker var. *uniforme* Makino

分布：AH, FJ, GD, GS, GZ, HuB, HuN, JS, JX, SH, ZJ.
生境：常绿阔叶林下。　海拔：100—1200m。

变异鳞毛蕨

Dryopteris varia (L.) Kuntze
Polypodium varium L.

分布：AH, CQ, FJ, GD, GX, GZ, HeN, HK, HuB, HuN, JS, JX, SaX, SC, SH, TW, YN, ZJ.
生境：林下。　海拔：700—1200m。

大羽鳞毛蕨

Dryopteris wallichiana (Spreng.) Hylander
Aspidium wallichianum Spreng.

分布：FJ, GZ, HuB, HuN, JX, SaX, SC, TW, XZ, YN.
生境：铁杉林或云杉林下。
海拔：1500—3600m。

黄山鳞毛蕨

Dryopteris whangshangensis Ching

分布：AH, FJ, HuB, JX, TW, ZJ.
生境：林下。
海拔：1200—1800m

栗柄鳞毛蕨

Dryopteris yoroii Seriz.

分布：GX, GZ, HuN, SC, TW, XZ, YN.
生境：林下溪边。
海拔：500—2000m。

云南节毛蕨（毛脉蕨）

Lastreopsis microlepioides (Ching) W. M. Chu & Z. R. He
Trichoneuron microlepioides Ching

分布：YN.
生境：林下。　海拔：1600m。

毛枝蕨属 Leptorumohra (H. Itô) H. Itô

毛枝蕨

Leptorumohra miqueliana (Maxim. ex Franch. & Sav.) H. Itô
Aspidium miquelianum Maxim. ex Franch. & Sav.

分布：CQ, GZ, HuB, HuN, JL, JX, LN, SC, ZJ.
生境：山谷疏林下或岩壁阴湿处。　海拔：800—1700m。

毛枝蕨属
Leptorumohra (H. Itô) H. Itô

鳞毛蕨亚科
Dryopteridoideae B. K. Nayar

鳞毛蕨科
Dryopteridaceae Herter 497

四回毛枝蕨

Leptorumohra quadripinnata (Hayata) H. Itô
Microlepia quadripinnata Hayata

分布：CQ, GX, GZ, TW, YN.
生境：山谷林下。
海拔：1000—3000m。

无鳞毛枝蕨

Leptorumohra sinomiqueliana (Ching) Tagawa
Rumohra sinomiqueliana Ching

分布：CQ, GZ, HuN, SC, YN, ZJ.
生境：疏林下。　海拔：1365—1800m

石盖蕨

Lithostegia foeniculacea (Hook.) Ching
Aspidium foeniculaceum Hook.

分布：XZ, YN.
生境：常绿阔叶林或针阔叶混交林下，陡峭岩缝。
海拔：2100—3200m。

柄盖蕨属 Peranema D. Don

柄盖蕨

Peranema cyatheoides D. Don

分布：GZ, TW, XZ, YN.
生境：林下沟边。　海拔：2000—2400m。

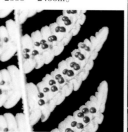

粗齿黔蕨

Phanerophlebiopsis blinii (H. Lév.) Ching
Aspidium blinii H. Lév.

分布：CQ, GD, GX, GZ, HuN, JX.
生境：山谷常绿林下阴湿处。　海拔：500—1100m。

刘红梅 摄

黔　蕨

Phanerophlebiopsis tsiangiana Ching

分布：GX, GZ, HuN.
生境：山坡林下。　海拔：460—1250m。

蒋日红 摄

黄腺羽蕨

Pleocnemia winitii Holttum

分布：FJ, GD, GX, HaN, HK, TW, YN.
生境：密林下或森林迹地上。
海拔：120—1000m。

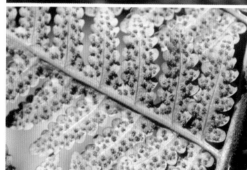

耳蕨属 Polystichum Roth

刺叶耳蕨

Polystichum acanthophyllum (Franch.) Christ
Aspidium acanthophyllum Franch.

分布：SC, TW, XZ, YN.
生境：高山针叶林下或针阔叶混交林下。
海拔：2800—4100m。

尖齿耳蕨

Polystichum acutidens Christ

分布：CQ, GX, GZ, HuB, HuN, SC, TW, XZ, YN, ZJ.
生境：山地常绿阔叶林下。
海拔：600—2400m。

角状耳蕨

Polystichum alcicorne (Baker) Diels
Polypodium alcicorne Baker

分布：CQ, GZ, SC.
生境：山地常绿阔叶林下、阴湿处石灰岩隙。
海拔：600—1000m。

灰绿耳蕨

Polystichum anomalum (Hook. ex Arn.) C. Chr.
Polypodium anamalum Hook. ex Arn.
Polystichum eximium (Mett. ex Kuhn) Ching

分布：GD, GX, GZ, HaN, HK, HuN, JX, SC, TW, YN, ZJ.
生境：山谷常绿阔叶林下溪沟边。　海拔：250—1850m。

节毛耳蕨

Polystichum ariticulatipilosum H. G. Zhou & Hua Li

分布：GX.
生境：阴暗处石灰岩洞内。
海拔：500m左右。

小狭叶芽胞耳蕨

Polystichum atkinsonii Bedd.

分布：CQ, GZ, HuB, HuN, SaX, SC, XZ, YN.

生境：山地岩隙，多生于高山。

海拔：2800—4040m。

长羽芽胞耳蕨

Polystichum attenuatum Tagawa & K. Iwats.

分布：GX, YN.

生境：山谷常绿阔叶林下。

海拔：800—2200m。

滇东南耳蕨

Polystichum auriculum Ching

分布：YN.
生境：山地常绿阔叶林下或石灰岩隙。
海拔：1100—1750m。

薄叶耳蕨

Polystichum bakerianum (Atk. ex C. B. Clarke) Diels
Aspidium prescottianum (Wall. ex Mett.) var. *bakerianum* Atk. ex C. B. Clarke
Aspidium bakerianum Atk. ex Baker

分布：SC, XZ, YN.
生境：高山针叶林下、高山栎林下或草甸上。
海拔：2900—4000m。

钳形耳蕨

Polystichum bifidum Ching

分布：YN.
生境：山地常绿阔叶林下石灰岩隙。
海拔：1500m左右。

川渝耳蕨

Polystichum bissectum C. Chr.

分布：CQ, SC.
生境：山谷常绿阔叶林下阴湿溪边石灰岩隙。
海拔：750—850m。

喜马拉雅耳蕨

Polystichum brachypterum (Kunze) Ching
Aspidium brachypterum Kunze

分布：GS, GZ, HeN, SaX, SC, XZ, YN.
生境：阔叶林下或高山针叶林下。
海拔：1500—3400m。

布郎耳蕨

Polystichum braunii (Spenn.) Fée
Aspidium braunii Spenn.

分布：AH, BJ, GS, HeB, HeN, HL, HuB, JL, LN,
SaX, SC, ShX, XZ, XJ.
生境：林下及林缘阴处或半阴处。
海拔：1000—3400m。

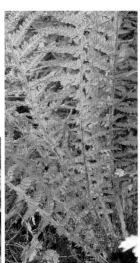

基芽耳蕨

Polystichum capillipes (Baker) Diels
Aspidium capillipes Baker

分布：CQ, GZ, HuB, SC, XZ, YN.
生境：山地阴湿处岩隙及崖壁藓类
密丛中。
海拔：2400—3500m。

陈氏耳蕨

Polystichum chunii Ching

分布：GX, GZ, HaN, HuN, YN.
生境：山谷常绿阔叶林下岩石上。
海拔：800—1350m。（蒋日红 摄）

鞭叶耳蕨

Polystichum craspedosorum (Maxim.) Diels

Aspidium craspedosorum Maxim.

分布：BJ, CQ, GS, GZ, HeB, HeN, HL, HuB, HuN, JL, LN, NX, SaX, SC, SD, ShX, TJ, YN, ZJ.

生境：石灰岩地区，生在阴面干燥的石灰岩上。

海拔：500—2100m。

圆片耳蕨

Polystichum cyclolobum C. Chr.

分布：GZ, SC, XZ, YN.

生境：疏林下及光裸石灰岩隙。

海拔：1900—3000m。

洱源耳蕨

Polystichum delavayi (Christ) Ching
Polystichum ilicifolium D. Don var. *delavayi* Christ

分布：YN. 生境：阔叶林下，石灰岩壁上。
海拔：2200—2300m。

对生耳蕨

Polystichum deltodon (Baker) Diels
Aspidium deltodon Baker

分布：AH, CQ, GD, GX, GZ, HaN, HuB, HuN, SC, TW, YN, ZJ.
生境：山地常绿阔叶林下或石灰岩隙。
海拔：1000—2600m。

圆顶耳蕨

Polystichum dielsii Christ

分布：CQ, GX, GZ, HuB, HuN, SC, YN.

生境：石灰岩上及岩隙。　　海拔：500—1500m.

分离耳蕨

Polystichum discretum (D. Don) J. Sm.

Aspidium discretum D. Don

分布：XZ, YN.

生境：常绿阔叶林下或山坡岩石上。

海拔：1700—2900m。

蚀盖耳蕨

Polystichum erosum Ching & K. H. Shing

分布：CQ, GS, GZ, HeN, HuB, HuN, SC, YN.
生境：林下岩石上。
海拔：1400—2400m。

杰出耳蕨

Polystichum excelsius Ching & Z. Y. Liu

分布：CQ, HuN.
生境：常绿阔叶林下溪沟边。
海拔：400—1400m。

玉龙蕨

Polystichum glaciale Christ
Sorolepidium glaciale (Christ) Christ

分布：GS, QH, SC, TW, XZ, YN.
生境：高山冰川穴洞、岩缝、林缘、路边。
海拔：3200—4700m。

广西耳蕨

Polystichum guangxiense W. M. Chu & H. G. Zhou

分布：GX.
生境：石灰岩山脊常绿阔叶林下岩隙。
海拔：800—1000m。　（蒋日红 摄）

小戟叶耳蕨

Polystichum hancockii (Hance) Diels

Ptilopteris hancockii Hance

分布：AH, FJ, GD, GX, HeN, HuN, JX, TW, ZJ.
生境：林下。
海拔：600—1200m。

草叶耳蕨

Polystichum herbaceum Ching & Z. Y. Liu

分布：CQ, GZ, HuB, HuN, SC.
生境：林下。
海拔：1100—1700m。

九老洞耳蕨

Polystichum jiulaodongense W. M. Chu & Z. R. He

分布：SC.

生境：常绿阔叶林下覆盖苔藓植物石灰岩岩壁上。

海拔：1750m左右。　（李策宏 摄）

拉钦耳蕨

Polystichum lachenense (Hook.) Bedd.

Aspidium lachenense Hook.

分布：GS, SC, TW, XJ, XZ,YN.

生境：高山草甸。　海拔：3600—5000m.

亮叶耳蕨

Polystichum lanceolatum (Baker) Diels

Aspidium lanceolatum Baker

分布：CQ, GZ, HuB, HuN, JX, SC, YN.

生境：山谷阴湿处石灰岩隙。

海拔：900—1800m.

柔软耳蕨

Polystichum lentum (D. Don) T. Moore
Aspidium lentum D. Don

分布：XZ, YN.
生境：山地常绿阔叶林下岩石上。
海拔：1800—2120m。

正宇耳蕨

Polystichum liui Ching

分布：CQ, GZ, HuN, SC.
生境：山谷常绿阔叶林下或阴湿处石灰岩隙。
海拔：600—1700m。

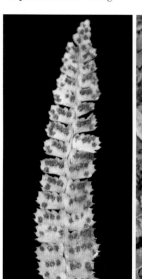

长鳞耳蕨

Polystichum longipaleatum Christ

分布：CQ, GX, GZ, HuN, SC, XZ, YN.
生境：针、阔叶混交林、竹林或灌丛下。
海拔：1100—2600m。

黑鳞耳蕨

Polystichum makinoi (Tagawa) Tagawa
Polystichum aculeatum (L.) Roth var. *makinoi* Tagawa

分布：AH, CQ, FJ, GD, GS, GX, GZ, HeB, HeN, HuB, HuN, JS, JX, SaX, SC, XZ, YN, ZJ.
生境：林下湿地、岩石上。　　海拔：600—2500m。

黔中耳蕨

Polystichum martinii Christ

分布：GZ, SC.
生境：石灰岩地区。
海拔：1100—1400m。

印西耳蕨

Polystichum mehrae Fraser–Jenk. & Khullar

分布：GS, SC, XZ, YN.
生境：铁杉林下，石上。　海拔：1600—3200m。

木坪耳蕨（宝兴耳蕨）

Polystichum moupinense (Franch.) Bedd.
Aspidium moupinense Franch.

分布：GS, HuB, SaX, SC, XZ, YN.
生境：高山草甸或高山针叶林下。　海拔：2500—4500m。

新正宇耳蕨

Polystichum neoliuii D. S. Jiang

分布：CQ, HuB.
生境：山沟疏林下，石壁上。
海拔：1100—1600m。

革叶耳蕨

Polystichum neolobatum Nakai

分布：AH, CQ, GS, GZ, HeN, HuB, HuN, JX, SaX, SC, TW, XZ, YN, ZJ.
生境：阔叶林下。
海拔：1260—3000m。

尼泊尔耳蕨

Polystichum nepalense (Spreng.) C. Chr.
Aspidium nepalense Spreng.

分布：SC, TW, XZ, YN.
生境：林下。　海拔：1500—3000m。

斜羽耳蕨

Polystichum obliquum (D. Don) T. Moore
Aspidium obliquum D. Don

分布：GZ, SC, TW, YN.
生境：山地阴湿处石灰岩隙。　海拔：1900—2800m。

峨眉耳蕨

Polystichum omeiense C. Chr.

分布：CQ, GX, GZ, SC, YN.
生境：石灰岩地区山谷溪沟边阴湿处石上及岩洞洞壁上。
海拔：750—1750m。

高山耳蕨

Polystichum otophorum (Franch.) Bedd.

Aspidium otophorum Franch.

分布：CQ, SC.

生境：常绿阔叶林下。

海拔：1100—2600m。

片马耳蕨

Polystichum pianmaense W. M. Chu

分布：XZ, YN.

生境：林下。

海拔：2200—2600m。

乌鳞耳蕨

Polystichum piceopaleaceum Tagawa

分布：CQ, GS, GZ, HuB, SaX, SC, TW, XZ, YN.

生境：山沟、溪边、河谷林下的岩壁、石隙或湿地。

海拔：1200—3400m。

棕鳞耳蕨

Polystichum polyblepharum (Roem. ex Kunze) C. Presl
Aspidium polyblepharum Roem. ex Kunze

分布：HuN, JS, ZJ.
生境：山沟林下湿地。　海拔：100—400m。

假黑鳞耳蕨

Polystichum pseudomakinoi Tagawa

分布：AH, CQ, FJ, GD, GX, GZ, HeN, HuN, JS, JX, SC, ZJ.
生境：山坡的沟边、路旁林下或林缘。
海拔：200—2000m。

密果耳蕨

Polystichum pycnopterum (Christ) Ching ex W. M. Chu & Z. R. He
Aspidium aculeatum Sw. var. *pycnopterum* Christ

分布：YN.　　生境：常绿阔叶林下。　　海拔：1500—2600m。

倒鳞耳蕨

Polystichum retrosopaleaceum (Kodama) Tagawa
Polystichum aculeatum (L.) Schott var. *retrosopaleaceum* Kodama

分布：AH, HuB, HuN, JX, ZJ.
生境：林下。
海拔：600—1600m。

半育耳蕨

Polystichum semifertile (C. B. Clarke) Ching
Aspidium aculeatum (L.) Sw. var. *semifertile* C. B. Clarke

分布：SC, XZ, YN.
生境：山坡、河谷、箐沟的阔叶林、混交林、苔藓林下湿地。
海拔：1000—3000m。

陕西耳蕨

Polystichum shensiense Christ
Polystichum lichiangense (C. H. Wright) Ching ex H. S. Kung

分布：CQ, GS, HuB, QH, SaX, SC, XZ, YN.
生境：高山草甸或高山针叶林下。
海拔：2600—4000m。

中华耳蕨

Polystichum sinense Christ

分布：GS, HuB, NM, NX, QH, SaX, SC, XJ, XZ, YN.

生境：高山针叶林下或草甸上。　海拔：2500—4000m。

中华对马耳蕨

Polystichum sinotsus–simense Ching & Z. Y. Liu

分布：CQ, GZ, HuB, HuN, SC.

生境：阔叶林下或岩石上。　海拔：600—1750m。

密鳞耳蕨

Polystichum squarrosum (D. Don) Fée
Aspidium squarrosum D. Don

分布：GS, HeN, SaX, XZ.
生境：林下。
海拔：1900—2400m。

狭叶芽胞耳蕨

Polystichum stenophyllum Christ

分布：GS, HeN, HuB, SC, TW, XZ, YN.
生境：山地阔叶林、针阔叶混交林及竹林下。
海拔：1700—3200m。

多羽耳蕨

Polystichum subacutidens Ching ex L. L. Xiang

分布：YN.
生境：石灰岩地区。　海拔：700—1500m。

秦岭耳蕨

Polystichum submite (Christ) Diels
Aspidium submite Christ

分布：GS, HeN, HuB, SaX, SC.
生境：林下。
海拔：1200—2500m。

尾叶耳蕨

Polystichum thomsonii (Hook. f.) Bedd.
Aspidium thomsonii Hook. f.

分布：GS, GZ, SC, TW, XZ, YN.
生境：山地阔叶林、针阔叶混交林及冷杉
　　　林下，崖壁上及岩隙。
海拔：2000—3900m。

中越耳蕨

Polystichum tonkinense (Christ) W. M. Chu & Z. R. He
Aspidium aculeatum Sw. var. *tonkinense* Christ

分布：GX, GZ, YN.
生境：石灰岩丘陵或山坡常绿阔叶林下岩石上。
海拔：850—1500m。

戟叶耳蕨（三叉耳蕨）

Polystichum tripteron (Kunze) C. Presl

Aspidium tripteron Kunze

分布：AH, BJ, CQ, FJ, GD, GS, GX, GZ, HeB, HeN, HL, HuB, HuN, JS, JX, JL, LN, SaX, SC, SD, ZJ.

生境：林下石隙或石上。　　海拔：400—2300m。

对马耳蕨

Polystichum tsus-simense (Hook.) J. Sm.

Aspidium tsus-simense Hook.

分布：AH, CQ, FJ, GD, GS, GX, GZ, HeN, HuB, HuN, JS, JX, JL, SaX, SC, SD, SH, TW, XZ, YN, ZJ.

生境：常绿阔叶林下或灌丛中。　　海拔：250—3400m。

福山耳蕨

Polystichum wilsonii Christ

分布：SC, TW, YN, XZ.
生境：冷杉林下。
海拔：3000—3600m。

剑叶耳蕨

Polystichum xiphophyllum (Baker) Diels
Aspidium xiphophyllum Baker

分布：CQ, GS, GX, GZ, HuB, HuN, SC, TW, YN.
生境：常绿阔叶林下。
海拔：650—1800m。

舌蕨 *Elaphoglossum conforme* (蒋日红 摄)

29b. 舌蕨亚科

Elaphoglossoideae (Pic. Serm.) Crabbe, Jermy & Mickel

实蕨属 Bolbitis Schott

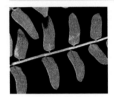

多羽实蕨 Bolbitis angustipinna
刺蕨 Bolbitis appendiculata
间断实蕨 Bolbitis deltigera
红柄实蕨 Bolbitis scalpturata
中华刺蕨 Bolbitis sinensis
华南实蕨 Bolbitis subcordata
镰裂刺蕨 Bolbitis tokinensis
宽羽实蕨 Bolbitis virens
长叶实蕨 Bolbotis heteroclite
网脉实蕨 Bolbitis × laxireticulata
云南实蕨 Bolbitis × multipinna

舌蕨属 Elaphoglossum Schott ex J. Sm.

爪哇舌蕨 Elaphoglossum angulatum
舌蕨 Elaphoglossum conforme
圆叶舌蕨 Elaphoglossum sinii
云南舌蕨 Elaphoglossum stelligerum
华南舌蕨 Elaphoglossum yoshinagae

网藤蕨属 Lomagramma J. Sm.

网藤蕨 Lomagramma matthewii

符藤蕨属 Teratophyllum Mett. ex Kuhn

海南符藤蕨 Teratophyllum hainanense

实蕨属
Bolbitis Schott

舌蕨亚科
Elaphoglossoideae (Pic. Serm.) Crabbe, Jermy & Mickel

鳞毛蕨科
Dryopteridaceae Herter 531

多羽实蕨

Bolbitis angustipinna (Hayata) H. Itô
Leptochilus angustipinna Hayata

分布：HaN, TW, YN.
生境：沟谷密林下石上、树干基部。
海拔：250—1400m。（许天铨 摄）

刺 蕨

Bolbitis appendiculata (Willd.) K. Iwats.
Acrostichum appendiculatum Willd.
Egenolfia appendiculata (Willd.) J. Sm.

分布：GD, GX, HaN, HK, TW, YN.　　生境：雨林下或潮湿岩石上。　　海拔：100—1200m。

532 鳞毛蕨科
Dryopteridaceae Herter

舌蕨亚科
Elaphoglossoideae (Pic. Serm.) Crabbe, Jermy & Mickel

实蕨属
Bolbitis Schott

间断实蕨

Bolbitis deltigera (Bedd.) C. Chr.
Poecilopteris costata (C. Presl) Bedd. var. *deltigera* Bedd.

分布：HaN, YN.
生境：阴湿密林。
海拔：300—700m。（李中阳 摄）

红柄实蕨

Bolbitis scalpturata (Fée) Ching
Heteroneuron scalpturatum Fée

分布：HaN, TW. 生境：林下石上。 海拔：1200m以下。

实蕨属
Bolbitis Schott

舌蕨亚科
Elaphoglossoideae (Pic. Serm.) Crabbe, Jermy & Mickel

鳞毛蕨科
Dryopteridaceae Herter 533

中华刺蕨

Bolbitis sinensis (Baker) K. Iwats.
Acrostichum sinense Baker
Egenolfia sinensis (Baker) Maxon

分布：GZ, HK, YN.　　生境：林下石上或土生。　　海拔：650—1900m。

华南实蕨

Bolbitis subcordata (Copel.) Ching
Campium subcordatum Copel.

分布：FJ, GD, GX, GZ, HaN, HK, HuN, JX, MC, TW, YN, ZJ.
生境：山谷水边或密林下石上。　　海拔：200—370m。

镰裂刺蕨

Bolbitis tokinensis (C. Chr. ex Ching) K. Iwats.
Egenolfia tokinensis C. Chr. ex Ching

分布：GD, GX, HaN, HK, TW, YN.
生境：林下或潮湿岩石上。　海拔：100—1200m。

宽羽实蕨

Bolbitis virens (Wall. ex Hook. & Grev.) Schott
Acrostichum virens Wall. ex Hook. & Grev.

分布：YN.
生境：常绿阔叶林下。　海拔：700—800m。

实蕨属
Bolbitis Schott

舌蕨亚科
Elaphoglossoideae (Pic. Serm.) Crabbe, Jermy & Mickel

鳞毛蕨科
Dryopteridaceae Herter 535

长叶实蕨

Bolbitis heteroclita (C. Presl) Ching

Acrostichum heteroclitum C. Presl

分布：CQ, FJ, GD, GX, GZ, HaN, SC, TW, YN.

生境：密林下树干基部或岩石上。

海拔：50—1500m。

网脉实蕨

Bolbitis × laxireticulata K. Iwats.

分布：YN.

生境：山谷雨林下或树干基部附生。

海拔：850—1050m。 （蒋日红 摄）

云南实蕨

Bolbitis × multipinna F. G. Wang, K. Iwats. & F. W. Xing

Bolbitis angustipinna × sinensis Hennipman

Egenolfia × yunnanensis Ching & P. S. Chiu

分布：YN.　生境：山谷雨林下或树干基部附生。　海拔：850—1050m。

舌蕨属　Elaphoglossum Schott ex J. Sm.

爪哇舌蕨

Elaphoglossum angulatum (Blume) T. Moore

Acrostichum angulatum Blume

分布：GD, HaN, TW.

生境：潮湿岩石上或树干的基部。　海拔：1600m左右。

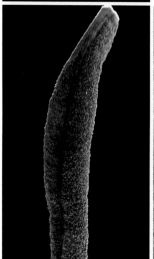

舌蕨属
hoglossum Schott ex J. Sm.

舌蕨亚科
Elaphoglossoideae (Pic. Serm.) Crabbe, Jermy & Mickel

鳞毛蕨科
Dryopteridaceae Herter 537

舌 蕨

Elaphoglossum conforme (Sw.) Schott

Acrostichum conforme Sw.

Elaphoglossum marginatum (Wall. ex Fée) T. Moore

分布：GD, GX, GZ, HaN, JX, SC, TW, XZ, YN.

生境：附生于潮湿的岩石上或树干上。

海拔：500—2600m。

圆叶舌蕨

Elaphoglossum sinii C. Chr.

分布：GD, GX, YN.

生境：阔叶林下。

海拔：1100—1900m。

538 鳞毛蕨科
Dryopteridaceae Herter

舌蕨亚科
Elaphoglossoideae (Pic. Serm.) Crabbe, Jermy & Mickel

舌蕨属
Elaphoglossum Schott ex J.

云南舌蕨

Elaphoglossum stelligerum (Wall. ex Baker) T. Moore ex Alston & Bonner

Acrostichum stelligerum Wall. ex Baker

Elaphoglossum yunnanense (Baker) C. Chr.

分布：XZ, YN.　生境：杂木林林缘或岩石上。　海拔：1100—1800m。

华南舌蕨

Elaphoglossum yoshinagae (Yatabe) Makino

Acrostichum yoshinagae Yatabe

分布：FJ, GD, GX, GZ, HaN, HK, HuN, JX, TW, ZJ.
生境：山谷岩石上或潮湿树干上。
海拔：370—1700m。

网藤蕨属
Lomagramma J. Sm.

舌蕨亚科
Elaphoglossoideae (Pic. Serm.) Crabbe, Jermy & Mickel

鳞毛蕨科
Dryopteridaceae Herter 539

网藤蕨

Lomagramma matthewii (Ching) Holttum

Campium matthewii Ching

分布：FJ, GD, HaN, HK, XZ, YN.
生境：沟谷密林下、石上或树干下部。
海拔：380—700m。

符藤蕨属 Teratophyllum Mett. ex Kuhn

海南符藤蕨

Teratophyllum hainanense S. Y. Dong & X. C. Zhang

分布：HaN.
生境：攀援于林中树干上。
海拔：720m。（董仕勇 摄）

30. 藤蕨科

Lomariopsidaceae Alston

拟贯众属 Cyclopeltis Fée

拟贯众

Cyclopeltis crenata (Fée) C. Chr.
Hemicardion crenatum Fée

分布：HaN.
生境：河边密林下岩石旁阴湿处。
海拔：800—1300m。

藤蕨属 Lomariopsis Fée

美丽藤蕨

Lomariopsis spectabilis (Kunze) Mett.
Lomaria spectabilis Kunze

分布：GX, HaN, TW.
生境：密林中树干上。
海拔：620—700m。（蒋日红 摄）

肾蕨属 **Nephrolepis** Schott

长叶肾蕨 Nephrolepis biserrata
毛叶肾蕨 Nephrolepis brownii
肾蕨 Nephrolepis cordifolia
镰叶肾蕨 Nephrolepis falciformis

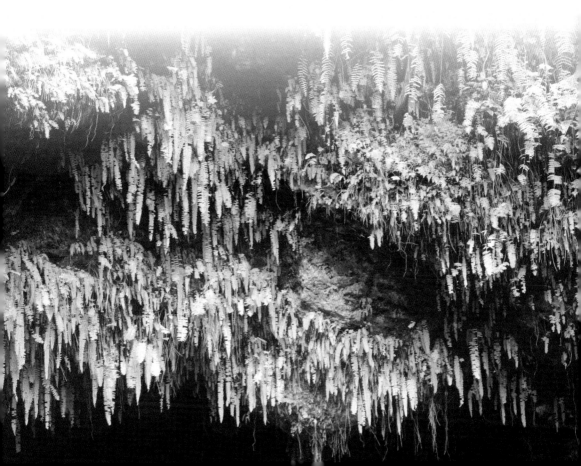

长叶肾蕨

Nephrolepis biserrata (Sw.) Schott
Aspidium biserratum Sw.

分布：GD, HaN, HK, MC, TW, YN.
生境：附生林下。 海拔：30—750m。

毛叶肾蕨

Nephrolepis brownii (Desv.) Hovenkamp & Miyam.
Nephrodium brownii Desv.
Nephrolepis hirsutula auct. non (Forst.) C. Presl

分布：FJ, GD, GX, HaN, HK, MC, TW, YN.
生境：林下。 海拔：500—600m。

肾 蕨

Nephrolepis cordifolia (L.) C. Presl
Polypodium cordifolium L.
Nephrolepis auriculata (L.) Trimen

分布：BJ, CQ, FJ, GD, GX, GZ, HaN, HeB,
　　　HeN, HK, HuN, JS, JX, MC, SC, SD,
　　　TW, XZ, YN, ZJ.
生境：溪边林下或岩石上。
海拔：30—1500m。

镰叶肾蕨

Nephrolepis falciformis J. Sm.
Nephrolepis falcata auct. non (Cav.) C. Chr.

分布：YN.
生境：附生棕榈树干上。　　海拔：600—800m。

大齿三叉蕨 *Tectaria coadunate*

32. 三叉蕨科

Tectariaceae Panigrahi

爬树蕨属 Arthropteris J. Sm.

爬树蕨 Arthropteris palisotii
有盖爬树蕨 Arthropteris repens

牙蕨属 Pteridrys C. Chr. & Ching

毛轴牙蕨 Pteridrys australis
薄叶牙蕨 Pteridrys cnemidaria

三叉蕨属 Tectaria Cav.

大齿三叉蕨 Tectaria coadunata
下延三叉蕨 Tectaria decurrens
毛叶轴脉蕨 Tectaria devexa
芽胞三叉蕨 Tectaria fauriei
黑鳞轴脉蕨 Tectaria fuscipes
沙皮蕨 Tectaria harlandii
河口三叉蕨 Tectaria hekouensis
疣状三叉蕨 Tectaria impressa
硕大轴脉蕨 Tectaria ingens
台湾轴脉蕨 Tectaria kusukusensis

剑叶三叉蕨 Tectaria leptophylla
掌状三叉蕨 Tectaria morsei
条裂三叉蕨 Tectaria phaeocaulis
轴脉蕨 Tectaria sagenioides
棕毛轴脉蕨 Tectaria setulosa
燕尾三叉蕨 Tectaria simonsii
无盖轴脉蕨 Tectaria subsageniaca
三叉蕨 Tectaria subtriphylla
多变三叉蕨 Tectaria variabilis
云南三叉蕨 Tectaria yunnanensis
地耳蕨 Tectaria zeylanica

爬树蕨

Arthropteris palisotii (Desv.) Alston
Aspidium palisotii Desv.

分布：GX, HaN, TW, YN.
生境：林中树干上或岩壁上。
海拔：250—600m。 （蒋日红 摄）

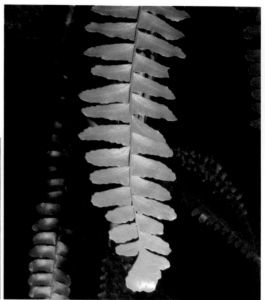

有盖爬树蕨

Arthropteris repens (Brack.) C. Chr.

Nephrolepis repens Brack.

Arthropteris guinanensis H. G. Zhou & Y. Y. Huang

分布：GX.

生境：石灰岩林下，附生于树干或石壁上。

海拔：300—800m。（蒋日红 摄）

毛轴牙蕨

Pteridrys australis Ching

分布：GD, GX, YN.
生境：山谷密林下溪边。 海拔：100—500m。

薄叶牙蕨

Pteridrys cnemidaria (Christ) C. Chr. & Ching
Dryopteris cnemidaria Christ

分布：GX, GZ, TW, YN.
生境：山谷密林下。
海拔：100—800m。

大齿三叉蕨

Tectaria coadunata (Wall. ex Hook. & Grev.) C. Chr.
Aspidium coadunatum Wall. ex Hook. & Grev.

分布：CQ, GD, GX, GZ, SC, TW, XZ, YN.
生境：山地常绿阔叶林林下、石灰岩岩缝或沟边。
海拔：500—2000m。

下延三叉蕨

Tectaria decurrens (C. Presl) Copel.
Aspidium decurrens C. Presl

分布：FJ, GD, GX, HaN, HK, HuN, SC, TW, YN.
生境：山谷林下阴湿处或岩石旁。
海拔：150—1200m。

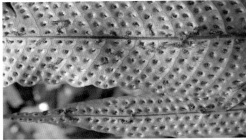

毛叶轴脉蕨

Tectaria devexa (Kunze ex Mett.) Copel.
Aspidium devexum Kunze
Ctenitopsis devexa (Kunze ex Mett.) Ching & Chu H. Wang

分布：CQ, GD, GX, GZ, HaN, SC, TW, YN, ZJ.
生境：石灰岩地区，潮湿石缝中。　海拔：150—1400m。

芽胞三叉蕨

Tectaria fauriei Tagawa

分布：HaN, TW, YN.
生境：山谷林下，河边、石上。
海拔：540—950m。

黑鳞轴脉蕨

Tectaria fuscipes (Wall. ex Bedd.) C. Chr.
Aspidium fuscipes Wall. ex Bedd.
Ctenitopsis fuscipes (Wall. ex Bedd.) Ching

分布：GX, GZ, HaN, TW, XZ, YN.　生境：山谷雨林下及竹林下。　海拔：150—380m。

沙皮蕨

Tectaria harlandii (Hook.) C. M. Kuo
Acrostichum harlandii Hook.
Gymnopteris decurrens Hook.
Hemigramma decurrens (Hook.) Copel.

分布：FJ, GD, GX, HaN, HK, MC, TW, YN.
生境：密林下阴湿处或岩石上。
海拔：100—700m。

河口三叉蕨

Tectaria hekouensis Ching & Chu H. Wang

分布：YN.
生境：林下阴湿处。
海拔：380—520m。

疣状三叉蕨

Tectaria impressa (Fée) Holttum
Phlebiogonium impressum Fée
Tectaria variolosa (Wall. ex Hook.) C. Chr.
Aspidium variolosum Wall. ex Hook.

分布：GX, HaN, TW, YN.
生境：山谷或河边密林下阴湿处。
海拔：150—500m。

硕大轴脉蕨

Tectaria ingens (Atkinson ex C. B. Clarke) Holttum
Nephrodium ingens Atkinson ex C. B. Clarke
Ctenitopsis ingens (Atkinson ex C. B. Clarke) Ching

分布：XZ, YN.
生境：常绿阔叶林下。　海拔：1000—2500m。

台湾轴脉蕨

Tectaria kusukusensis (Hayata) Lellinger
Dryopteris kusukusensis Hayata
Ctenitopsis kusukusensis (Hayata) C. Chr.

分布：GD, GX, HaN, HK, TW.
生境：山谷林下溪旁。

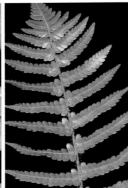

剑叶三叉蕨

Tectaria leptophylla (C. H. Wright) Ching
Nephrodium leptophyllum C. H. Wright

分布：YN.
生境：林下。　海拔：380m。　（蒋日红 摄）

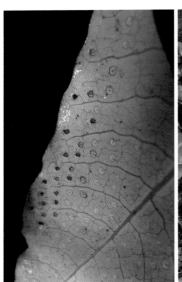

掌状三叉蕨

Tectaria morsei (Baker) P. J. Edwards ex S. Y. Dong
Nephrodium morsei Baker
Tectaria morsei C. Chr.
Tectaria subpedata auct. non. (Harr.) Ching

分布：GX, GZ, TW.
生境：石灰岩上阴处。　海拔：500—800m。

条裂三叉蕨

Tectaria phaeocaulis (Rosenst.) C. Chr.
Aspidium phaeocaulon Rosenst.

分布：FJ, GD, GX, HaN, HK, HuN, JX, TW, YN.
生境：山谷或河边密林下阴湿处。
海拔：400—500m。

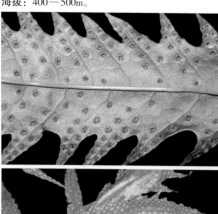

轴脉蕨

Tectaria sagenioides (Mett.) Christenh.

Aspidium sagenioides Mett.

Ctenitopsis sagenioides (Mett.) Ching

分布：GX, HaN, YN.

生境：山谷雨林下潮湿处。　海拔：120—220m。

棕毛轴脉蕨

Tectaria setulosa (Baker) Holttum

Nephrodium setulosum Baker

Ctenitopsis setulosa (Baker) C. Chr. ex Tardieu & C. Chr.

分布：GD, GX, YN.

生境：山谷林下潮湿的岩石旁。　海拔：300—600m。

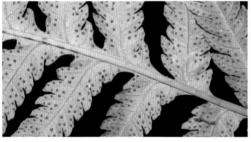

燕尾三叉蕨

Tectaria simonsii (Baker) Ching

Nephrodium simonsii Baker

分布：FJ, GD, GX, GZ, HaN, TW, YN.

生境：山谷或河边密林下潮湿的岩石上。

海拔：200—1200m。

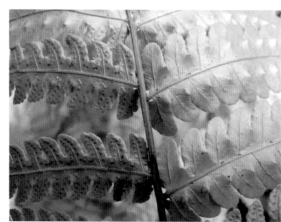

无盖轴脉蕨

Tectaria subsageniacea (Christ) Christenh.
Aspidium subsageniacum Christ
Ctenitopsis subsageniacea (Christ) Ching

分布：GD, GX, GZ, YN.
生境：雨林下石灰岩缝。　　海拔：800—1500m。

三叉蕨

Tectaria subtriphylla (Hook. & Arn.) Copel.
Polypodium subtriphyllum Hook. & Arn.

分布：FJ, GD, GX, GZ, HaN, HK, HuN, MC, TW, YN.
生境：山地或河边密林下阴湿处或岩石上。
海拔：100—450m。

多变三叉蕨

Tectaria variabilis Tardieu & Ching

分布：GX, HaN.
生境：山谷林下岩石上。
海拔：300—500m。

云南三叉蕨

Tectaria yunnanensis (Baker) Ching
Nephrodium yunnanense Baker

分布：GX, HaN, SC, TW, YN.
生境：林下沟边阴湿处。
海拔：100—1400m。

地耳蕨

Tectaria zeilanica (Houtt.) Sledge
Ophioglossum zeylanicum Houtt.
Quercifilix zeylanica (Houtt.) Copel.

分布：FJ, GD, GX, GZ, HaN, HK, HuN, TW, YN.
生境：林下或溪旁潮湿的地上或岩石上。
海拔：300—1000m。

高山条蕨 *Oleandra wallichii*

33. 条蕨科

Oleandraceae Ching ex Pic. Serm.

条蕨属 Oleandra Cav.

华南条蕨 Oleandra cumingii
海南条蕨 Oleandra hainanensis
圆基条蕨 Oleandra intermedia
波边条蕨 Oleandra undulata
高山条蕨 Oleandra wallichii

华南条蕨

Oleandra cumingii J. Sm.

分布：GD, YN.
生境：常绿阔叶林林缘或花岗岩石上。
海拔：1800m。　（蒋日红 摄）

海南条蕨

Oleandra hainanensis Ching

分布：HaN.
生境：密林下岩石上。
海拔：900—1200m。

圆基条蕨

Oleandra intermedia Ching

分布：GD, GX, GZ, HK, YN.
生境：石坡或崖壁上。　海拔：1100—5000m。

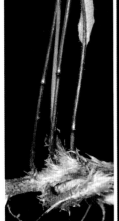
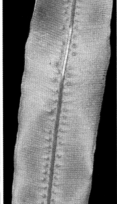

波边条蕨

Oleandra undulata (Willd.) Ching
Polypodium undulatum Willd.

分布：GD, HaN, YN.
生境：山地石缝中或林下石上。
海拔：1600—2600m。

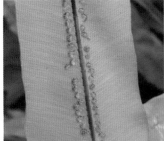

高山条蕨

Oleandra wallichii (Hook.) C. Presl

Aspidium wallichii Hook.

分布：GX, SC, TW, XZ, YN.

生境：石坡上或疏林中树干上。   **海拔**：1750—2700m。

骨碎补 *Davallia mariesii*

34. 骨碎补科

Davalliaceae M. R. Schomb.

长叶阴石蕨

Davallia assamica (Bedd.) Baker
Acrophorus assamicus Bedd.
Humata assamica (Bedd.) C. Chr.

分布：XZ, YN.
生境：林中树干上或岩石上。
海拔：1200—2300m。

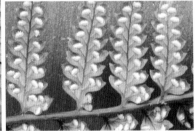

假美小膜盖蕨

Davallia beddomei C. Hope
Araiostegia beddomei (C. Hope) Ching
Davallodes beddomei (C. Hope) M. Kato & Tsutsumi

分布：XZ, YN.
生境：山地混交林或冷杉林中的树干上。
海拔：2700—3500m。

小膜盖蕨

Davallia delavayi Bedd. ex Clarke & Baker
Araiostegia delavayi (Bedd. ex C. B. Clarke & Baker) Ching

分布：XZ, YN.
生境：山地林下或附生于树干上。
海拔：2300—3200m。

假脉骨碎补

Davallia denticulata (Burm. f.) Mett. ex Kuhn
Adiantum denticulatum Burm. f.
Wibelia denticulata (Burm. f.) M. Kato & Tsutsumi

分布：HaN.
生境：山地疏林下，树干上或岩石上。
海拔：1300—1400m。

大叶骨碎补 （华南骨碎补）

Davallia divaricata Dutch & Tutch.

Davallia divaricata Blume var. *orientalis* Tardeiu & C. Chr.

Davallia formosana Hayata

Wibelia divaricata (Blume) M. Kato & Tsutsumi

Wibelia formosana (Hayata) M. Kato & Tsutsumi

分布：FJ, GD, GX, HaN, HK, HuN, TW, YN.

生境：低山山谷的岩石上或树干上。

海拔：600—700m。

宿枝小膜盖蕨

Davallia hookeri (T. Moore ex Bedd.) X. C. Zhang, *comb. nov.*

Acrophorus hookeri T. Moore ex Bedd., in Ferns Br. Ind. t. 95. 1865.

Leucostegia hookeri (T. Moore ex Bedd.) Bedd.

Araiostegia hookeri (T. Moore ex Bedd.) Ching

Araiostegiella hookeri (T. Moore ex Bedd.) Fraser–Jenk.

Davallia clarkei Baker

Araiostegia clarkei Copel.

Araiostegiella clarkei (Copel.) M. Kato & C. Tsutsumi

分布：SC, XZ, YN.

生境：山地混交林或云杉林中，附生于树干上或岩石上。

海拔：2700—3500m。

绿叶小膜盖蕨

Davallia imbricata (Ching) X.C. Zhang, *comb. nov.*
Araiostegia imbricata Ching in Fl. Reip. Pop. Sin. 2: 377. 1959.
Davallodes imbricata (Ching) M. Kato & Tsutsumi

分布：YN.
生境：常绿阔叶林下岩石上。　海拔：1500—1900m。

骨碎补

Davallia mariesii T. Moore ex Baker

分布：JS, LN, SD, TW, ZJ.
生境：山地林中树干上或岩石上。
海拔：500—700m。

假钻毛蕨

Davallia multidentata Hook. & Baker

Paradavallodes multidentatum (Hook. & Baker) Ching

分布：CQ, SC, XZ, YN.

生境：林下岩石上或树干上。

海拔：1500—2800m。

鳞轴小膜盖蕨

Davallia perdurans Christ

Araiostegia perdurans (Christ) Copel.

Araiostegiella perdurans (Christ) M. Kato & Tsutsumi

分布：CQ, FJ, GX, GZ, HuN, JX, SC, TW, XZ, YN, ZJ.
生境：山地混交林中树干上或岩石上。
海拔：1900—3400m。

半圆盖阴石蕨

Davallia platylepis Baker

Humata platylepis (Baker) Ching

Davallia henryana Baker

Humata henryana (Baker) Ching

分布：GX, GZ, YN.
生境：林下岩石或树干上附生。
海拔：1400—1530m。

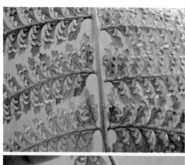

长片小膜盖蕨

Davallia pseudocystopteris Kunze

Araiostegia pseudocystopteris (Kunze) Copel.

Davallodes pseudocystopteris (Kunze) M. Kato & Tsutsumi

分布：GZ, SC, XZ, YN.

生境：混交林及冷杉林下的岩石上或树干上。　海拔：2200—3400m。

美小膜盖蕨

Davallia pulchra D. Don

Araiostegia pulchra (D. Don) Copel.

Davallodes pulchra (D. Don) M. Kato & Tsutsumi

分布：SC, XZ, YN.

生境：山地林下沟边岩石上或树干上。　海拔：2300—3500m。

阴石蕨

Davallia repens (L. f.) Kuhn
Adiantum repens L. f.
Humata repens (L. f.) J. Small ex Diels

分布：FJ, GD, GX, GZ, HaN, HK, HuN, JX, SC, TW, YN, ZJ。
生境：林中岩石上。
海拔：500—1900m。

阔叶骨碎补

Davallia solida (Forst.) Sw.
Trichomanes solidum Forst.

分布：GD, GX, TW, YN.
生境：山谷溪流旁岩石上或附生树干上。
海拔：500—1400m。

圆盖阴石蕨

Davallia tyermannii (T. Moore) Baker
Humata tyermannii T. Moore

分布：CQ, FJ, GD, GX, GZ, HaN, HK, HuN, JS, JX, SH, YN, ZJ.
生境：林中树干上或岩石上。
海拔：300—1760m。

35. 水龙骨科

Polypodiaceae J. Presl & C. Presl

棕鳞瓦韦 *Lepisorus scolopendrium*

35a. 剑蕨亚科

Loxogrammoideae H. Schneid.

剑蕨属 **Loxogramme** (Blume) C. Presl

黑鳞剑蕨 Loxogramme assimilis
中华剑蕨 Loxogramme chinensis
西藏剑蕨 Loxogramme cuspidata
褐柄剑蕨 Loxogramme duclouxii
台湾剑蕨 Loxogramme formosana
匙叶剑蕨 Loxogramme grammitoides
内卷剑蕨 Loxogramme involute
老街剑蕨 Loxogramme lankokiensis
柳叶剑蕨 Loxogramme salicifolia

黑鳞剑蕨

Loxogramme assimilis Ching

分布：CQ, GX, GZ, HaN, JX, SC, YN。
生境：林下岩石上或树干上。
海拔：600—2200m。

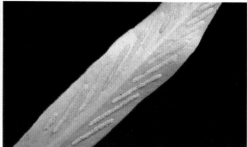

中华剑蕨

Loxogramme chinensis Ching

分布：AH, CQ, FJ, GD, GX, GZ, HuN, JX, SC, TW, XZ, YN, ZJ。
生境：岩石上。　　海拔：1300—2700m。

西藏剑蕨

Loxogramme cuspidata (Zenker) M. G. Price
Grammitis cuspidata Zenker

分布：SC, XZ, YN。
生境：树上或岩石上。
海拔：2000—3500m。

褐柄剑蕨

Loxogramme duclouxii Chirst

Loxogramme saziran Tagawa ex M. G. Price

分布：AH, CQ, GS, GX, GZ, HeN, HuB, HuN, JX, SaX, SC, TW, YN, XZ, ZJ.

生境：常绿阔叶林下岩石上或树干上。

海拔：800—2500m。

台湾剑蕨

Loxogramme formosana Nakai

分布：CQ, GZ, SC, TW.

生境：林下阴湿处岩石上。

海拔：1000—1600m。

匙叶剑蕨

Loxogramme grammitoides (Baker) C. Chr.

Gymnogramma grammitoides Baker

分布：AH, CQ, FJ, GS, GZ, HeN, HuB, HuN, JX, SaX, SC, TW, XZ, YN, ZJ.

生境：常绿阔叶林下岩石上或树干上。

海拔：1600—2000m。

内卷剑蕨

Loxogramme involute (D. Don) C. Presl

Grammitis involute D. Don

分布：XZ, YN.
生境：常绿阔叶林下，附生树干上或岩石上。
海拔：2000—2500m。

老街剑蕨

Loxogramme lankokiensis (Rosenst.) C. Chr.

Polypodium lankokiense Rosenst.

分布：GD, GX, GZ, XZ, YN.
生境：山谷林下岩石上苔藓层中。
海拔：900—1400m。（蒋日红 摄）

柳叶剑蕨

Loxogramme salicifolia (Makino) Makino

Gymnogramma salicifolia Makino

分布：AH, CQ, GS, GX, GZ, HK, HuB, HuN, JX,
　　　SaX, SC, TW, XZ, YN, ZJ.
生境：常绿阔叶林中，附生于树干上或岩石
　　　上。
海拔：800—2500m。

35b. 槲蕨亚科

Drynarioideae Crabbe, Jermy & Mickel

连珠蕨属 Aglaomorpha Schott

顶育蕨　Aglaomorpha acuminata
崖姜蕨　Aglaomorpha coronans
连珠蕨　Aglaomorpha meyeniana

节肢蕨属 Arthromeris (T. Moore) J. Sm.

琉璃节肢蕨　Arthromeris himalayensis
节肢蕨　Arthromeris lehmannii
多羽节肢蕨　Arthromeris mairei
单行节肢蕨　Arthromeris wallichiana
灰背节肢蕨　Arthromeris wardii

戟蕨属 Christiopteris Copel.

戟蕨　Christiopteris tricuspis

槲蕨属 Drynaria (Bory) J. Sm.

秦岭槲蕨　Drynaria baronii
团叶槲蕨　Drynaria bonii
川滇槲蕨　Drynaria delavayi
毛槲蕨　Drynaria mollis
石莲姜槲蕨　Drynaria propinqua
栎叶槲蕨　Drynaria quercifolia
硬叶槲蕨　Drynaria rigidula
槲蕨　Drynaria roosii

雨蕨属 Gymnogrammitis Griffith

雨蕨　Gymnogrammitis dareiformis

假瘤蕨属 Phymatopteris Pic. Serm.

灰鳞假瘤蕨　Phymatopteris albopes
鹅绒假瘤蕨　Phymatopteris chenopus
白茎假瘤蕨　Phymatopteris chrysotricha
紫柄假瘤蕨　Phymatopteris crenatopinnata
黑鳞假瘤蕨　Phymatopteris ebenipes

修蕨属　Selliguea Bory

三指修蕨　Selliguea triloba

顶育蕨

Aglaomorpha acuminata (Willd.) Hovenkamp

Acrostichum acuminatum Willd.

Photinopteris acuminata (Willd) C. V. Morton

Aglaomorpha speciosa (Blume) M. C. Roos

Photinopteris speciosa (Blume) C. Presl

分布：YN.

生境：岩石上。   海拔：1300—1400m。

崖姜蕨（皇冠蕨、王冠蕨）

Aglaomorpha coronans (Wall. ex Mett.) Copel.

Polypodium coronans Wall. ex Mett.

Pseudodrynaria coronans (Wall. ex Mett.) Ching

分布：FJ, GD, GX, GZ, HaN, MC, TW, XZ, YN.

生境：雨林中的树干上或石上附生。

海拔：100—1900m。

连珠蕨

Aglaomorpha meyeniana (Hook.) Schott
Polypodium meyenianum Hook.

分布：TW.
生境：树干上。
海拔：450—1600m。

节肢蕨属 Arthromeris (T. Moore) J. Sm.

琉璃节肢蕨

Arthromeris himalayensis (Hook.) Ching
Polypodium himalayense Hook.

分布：SC, XZ, YN.
生境：林下岩石上或树干上附生。
海拔：1700—2800m。

节肢蕨属
Arthromeris (T. Moore) J. Sm.

槲蕨亚科
Drynarioideae Crabbe, Jermy & Mickel

水龙骨科
Polypodiaceae J. Presl & C. Presl 583

节肢蕨

Arthromeris lehmannii (Mett.) Ching
Polypodium lehmannii Mett.
Arthromeris lungtauensis Ching

分布：CQ, GD, GX, GZ, HaN, HuB,
HuN, JX, SC, TW, XZ, YN, ZJ.
生境：树干上或石上。
海拔：1000—2900m。

多羽节肢蕨

Arthromeris mairei (Brause) Ching
Polypodium mairei Brause

分布：CQ, GX, GZ, HuB, HuN, JX, SaX, SC, XZ, YN.
生境：山坡林下。　海拔：1000—2700m。

584 水龙骨科
Polypodiaceae J. Presl & C. Presl
槲蕨亚科
Drynarioideae Crabbe, Jermy & Mickel
节肢蕨属
Arthromeris (T. Moore) J. Sm.

单行节肢蕨

Arthromeris wallichiana (Spreng.) Ching
Polypodium wallichianum Spreng.

分布：CQ, GD, GZ, SC, XZ, YN.
生境：树干上或岩石上。
海拔：1500—2500m。

灰背节肢蕨

Arthromeris wardii (C. B. Clarke) Ching
Polypodium wardii C. B. Clarke

分布：GZ, XZ, YN.
生境：林下岩石上或树干上。
海拔：1800—2500m。

戟蕨属
Christiopteris Copel.

槲蕨亚科
Drynarioideae Crabbe, Jermy & Mickel

水龙骨科
Polypodiaceae J. Presl & C. Presl 585

戟 蕨

Christiopteris tricuspis (Hook.) Christ
Acrostichum tricuspe Hook.

分布：HaN.
生境：树干上或偶有土生。　海拔：500—800m。

槲蕨属　Drynaria (Bory) J. Sm.

秦岭槲蕨（中华槲蕨）

Drynaria baronii (Christ) Diels
Drynaria sinica Diels

分布：CQ, GS, NM, QH, SaX, SC, ShX, XZ, YN.
生境：山坡林下或岩石上。　海拔：1380—3800m。

团叶槲蕨

Drynaria bonii Christ

分布：GD, GX, GZ, HaN, YN.
生境：林下树干或岩石上。
海拔：100—1300（—1700）m.

川滇槲蕨

Drynaria delavayi Christ

分布：CQ, GS, GZ, QH, SaX, SC, XZ, YN.
生境：石上或草坡。
海拔：1000—1900（—2800—3800—4200）m。

毛槲蕨

Drynaria mollis Bedd.

分布：XZ, YN.
生境：针阔叶混交林中或树上附生。
海拔：2700—3400m。

石莲姜槲蕨

Drynaria propinqua (Wall. ex Mett.) J. Sm. ex Bedd.
Polypodium propinquum Wall. ex Mett.

分布：GX, GZ, SC, XZ, YN.
生境：树干上或林下岩石上。
海拔：500—1900（—2800）m。

栎叶槲蕨

Drynaria quercifolia (L.) J. Sm.
Polypodium quercifolium L.

分布：HaN, YN.
生境：树干上或林下岩石上。
海拔：150—1700m。

硬叶槲蕨

Drynaria rigidula (Sw.) Bedd.
Polypodium rigidulum Sw.

分布：HaN, YN.
生境：树干上，偶生岩石上。
海拔：0—2000（—2400）m。

槲 蕨

Drynaria roosii Nakaike

Drynaria fortunei (Kunze ex Mett.) J. Sm.

分布：AH, CQ, FJ, GD, GX, GZ, HaN, HuB, HuN, JS, JX, QH, SC, TW, YN, ZJ.

生境：树干或岩石上。　海拔：100—1800m。

雨蕨属 Gymnogrammitis Griffith

雨 蕨

Gymnogrammitis dareiformis (Hook.) Ching ex Tardieu & C. Chr.

Polypodium dareiforme Hook.

分布：GD, GX, GZ, HaN, HuN, JX, XZ, YN.　　生境：山地密林下，树干上或岩石上。　　海拔：1300—2700m。（陈彬 摄）

灰鳞假瘤蕨

Phymatopteris albopes (C. Chr. & Ching) Pic. Serm.
Polypodium albopes C. Chr. & Ching
Pichisermollodes albopes (C. Chr. & Ching) Fraser-Jenk.

分布：FJ, GD, GX, HuN, JX, YN.
生境：林下岩石上或树干上附生。
海拔：1700—1900m。

鹅绒假瘤蕨

Phymatopteris chenopus (Christ) S. G. Lu
Polypodium chenopus Christ

分布：SC, XZ, YN.
生境：常绿阔叶林下的树干上或岩石上。
海拔：1800—3400m。

白茎假瘤蕨

Phymatopteris chrysotricha (C. Chr.) Pic. Serm.

Polypodium chrysotrichum C. Chr.

Selliguea chrysotricha (C. Chr.) Fraser-Jenk.

分布：XZ, YN.

生境：常绿阔叶林下或沟边阴湿石壁上。

海拔：2200—2900m。

紫柄假瘤蕨

Phymatopteris crenatopinnata (C. B. Clarke) Pic. Serm.

Polypodium crenatopinnatum C. B. Clarke

Pichisermollia crenatopinnata (C. B. Clarke) Fraser-Jenk.

Pichisermollodes crenatopinnata (C. B. Clarke) Fraser-Jenk.

分布：GX, GZ, HuN, SC, XZ, YN.

生境：松林下。

海拔：1900—2900m。

黑鳞假瘤蕨

Phymatopteris ebenipes (Hook.) Pic. Serm.
Polypodium ebenipes Hook.
Pichisermollia ebenipes (Hook.) Fraser–Jenk.
Pichisermollodes ebenipes (Hook.) Fraser–Jenk.

分布：HuN, SC, XZ, YN.
生境：树干上或岩石上。
海拔：1900—3200m。

恩氏假瘤蕨

Phymatopteris engleri (Luerss.) Pic. Serm.
Polypodium engleri Luerss.
Selliguea engleri (Luerss.) Fraser–Jenk.

分布：FJ, GX, GZ, JX, TW, ZJ.
生境：树干上或岩石上。
海拔：650—1100m

刺齿假瘤蕨

Phymatopteris glaucopsis (Franch.) Pic. Serm.
Polypodium glaucopsis Franch.

分布：SC, YN.
生境：山坡岩石上。
海拔：2700—3700m。

大果假瘤蕨

Phymatopteris griffithiana (Hook.) Pic. Serm.
Polypodium griffithianum Hook.
Selliguea griffithiana (Hook.) Fraser–Jenk.

分布：AH, CQ, GZ, HuB, HuN, SC, XZ, YN.
生境：树干上或石上。
海拔：1300—3200m。

金鸡脚假瘤蕨

Phymatopteris hastata (Thunb.) Pic. Serm.
Polypodium hastatum Thunb.
Selliguea hastata (Thunb.) Fraser–Jenk.

分布：AH, CQ, FJ, GD, GS, GX, GZ, HeN, HuB, HuN,
　　　JS, JX, LN, SaX, SC, SD, TW, XZ, YN, ZJ.
生境：林缘土坎上。　海拔：2000—2300m。

宽底假瘤蕨

Phymatopteris majoensis (C. Chr.) Pic. Serm.
Polypodium majoense C. Chr.
Selliguea majoensis (C. Chr.) Fraser–Jenk.

分布：AH, CQ, GX, GZ, HuB, HuN, JX, SaX, SC, YN.
生境：树干上或岩石上。
海拔：1400—1800m。

弯弓假瘤蕨

Phymatopteris malacodon (Hook.) Pic. Serm.
Polypodium malacodon Hook.
Pichisermollia malacodon (Hook.) Fraser–Jenk.
Pichisermollodes malacodon (Hook.) Fraser–Jenk.

分布：SC, XZ, YN.
生境：树干上或岩石上。
海拔：2800—3700m。

毛叶假瘤蕨

Phymatopteris nigrovenia (Christ) Pic. Serm.
Polypodium shensiense Christ var. *nigrovenium* Christ
Pichisermollia nigrovenia (Christ) Fraser–Jenk.
Pichisermollodes nigrovenia (Christ) Fraser–Jenk.

分布：CQ, HuB, SC, XZ, YN.
生境：树干上或岩石上。
海拔：2500—3300m。

圆顶假瘤蕨

Phymatopteris obtusa (Ching) Pic. Serm.
Phymatopsis obtusa Ching

分布：GX, HaN.
生境：树干上或岩石上。　海拔：1400—1700m。

尖裂假瘤蕨

Phymatopteris oxyloba (Wall. ex Kunze) Pic. Serm.
Polypodium oxylobum Wall. ex Kunze
Selliguea oxyloba (Wall. ex Kunze) Fraser–Jenk.

分布：GD, GX, SC, XZ, YN.
生境：树干基部和林缘石上。
海拔：1000—2700m。

喙叶假瘤蕨

Phymatopteris rhynchophylla (Hook.) Pic. Serm.
Polypodium rhynchophyllum Hook.
Selliguea rhynchophylla (Hook.) Fraser–Jenk.

分布：CQ, FJ, GD, GX, GZ, HuB, HuN, JX, SC, TW, YN.
生境：密林下阴处或溪边石壁上。
海拔：1200—2700m。

陕西假瘤蕨

Phymatopteris shensiensis (Christ) Pic. Serm.
Polypodium shensiense Christ

分布：CQ, HeN, HuB, SaX, SC, ShX, XZ, YN.
生境：树干上或岩石上。　海拔：1300—3600m。

尾尖假瘤蕨

Phymatopteris stewartii (Bedd.) Pic. Serm.

Pleopeltis stewartii Bedd.

Pichisermollia stewartii (Bedd.) Fraser–Jenk.

Pichisermollodes stewartii (Bedd.) Fraser–Jenk.

分布：SC, XZ, YN.　　生境：树干上或岩石上。　　海拔：2400—3000m。

斜下假瘤蕨

Phymatopteris stracheyi (Ching) Pic. Serm.

Phymatodes stracheyi Ching

分布：GZ, HuB, HuN, SC, XZ, YN.
生境：树干上或岩石缝中。
海拔：2800—3700m。

苍山假瘤蕨

Phymatopteris subebenipes (Ching) Pic. Serm.
Phymatopsis subebenipes Ching
Pichisermollia subebenipes (Ching) Fraser-Jenk.
Pichisermollodes subebenipes (Ching) Fraser-Jenk.

分布：SC, YN.
生境：土生或石上附生。
海拔：2300—3000m。

西藏假瘤蕨

Phymatopteris tibetana (Ching & S. K. Wu) W. M. Chu
Phymatopsis tibetana Ching & S. K. Wu
Pichisermollia tibetana (Ching & S. K. Wu) Fraser-Jenk.
Pichisermollodes tibetana (Ching & S. K.Wu) Fraser-Jenk.

分布：XZ, YN.
生境：针阔叶混交林下或山坡岩石上。　海拔：2400—3400m。

三出假瘤蕨

Phymatopteris trisecta (Baker) Pic. Serm.
Polypodium trisectum Baker
Selliguea trisecta (Baker) Fraser—Jenk.

分布：GZ, SC, YN.
生境：林下。　海拔：1600—2400m。

三指修蕨

Selliguea triloba (Houtt.) M. G. Price
Polypodium trilobum Houtt.

分布：HaN.
生境：林下。　海拔：450—1600m。

瓦氏鹿角蕨 *Platycerium wallichii* （李东 摄）

35c. 鹿角蕨亚科

Platycerioideae B. K. Nayar

鹿角蕨属 Platycerium Desv

瓦氏鹿角蕨 Platycerium wallichii

石韦属 Pyrrosia Mirbel

贴生石韦 Pyrrosia adnascens
石蕨 Pyrrosia angustissima
相近石韦 Pyrrosia assimilis
光石韦 Pyrrosia calvata
下延石韦 Pyrrosia costata
华北石韦 Pyrrosia davidii

毡毛石韦 Pyrrosia drakeana
琼崖石韦 Pyrrosia eberhardtii
卷毛石韦 Pyrrosia flocculosa
西南石韦 Pyrrosia gralla
纸质石韦 Pyrrosia heteractis
线叶石韦 Pyrrosia linearifolia
石韦 Pyrrosia lingua
南洋石韦 Pyrrosia longifolia
裸叶石韦 Pyrrosia nuda
钱币石韦 Pyrrosia nummulariifolia
有柄石韦 Pyrrosia petiolosa
抱树莲 Pyrrosia piloselloides
槭叶石韦 Pyrrosia polydactyla
庐山石韦 Pyrrosia sheareri
狭叶石韦 Pyrrosia stenophylla
绒毛石韦 Pyrrosia subfurfuracea
截基石韦 Pyrrosia subtruncata
中越石韦 Pyrrosia tonkinensis
戟叶石韦 Pyrrosia tricuspis

瓦氏鹿角蕨

Platycerium wallichii Hook.

分布：YN.
生境：雨林中附生树上。
海拔：210—950m。

石韦属　Pyrrosia Mirbel

贴生石韦

Pyrrosia adnascens (Sw.) Ching
Polypodium adnascens Sw.

分布：FJ, GD, GX, HaN, HK, HuN, MC, TW, YN.
生境：树干或岩石上。
海拔：100—1300m。

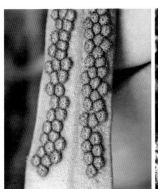

石蕨

Pyrrosia angustissima (Gies. ex Diels) Tagawa & K. Iwats.
Niphobolus angustissimus Gies. ex Diels
Saxiglossum angustissimum (Gies. ex Diels) Ching

分布：AH, CQ, FJ, GD, GS, GX, GZ, HeN, HuB, HuN, JX,
SaX, SC, ShX, TW, YN, ZJ.
生境：阴湿石上或树干上。　海拔：700—2000m。

相近石韦

Pyrrosia assimilis (Baker) Ching
Polypodium assimile Baker

分布：AH, CQ, FJ, GD, GX, GZ, HeN, HuB,
HuN, JX, SC, ZJ.
生境：山坡林下阴湿岩石上。
海拔：270—950m。

光石韦

Pyrrosia calvata (Baker) Ching
Polypodium calvatum Baker

分布：CQ, FJ, GD, GS, GX, GZ, HaN, HeN, HuB, HuN, JX, SaX, SC, YN, ZJ.
生境：林下树干上或岩石上。
海拔：400—1750m。

下延石韦

Pyrrosia costata (Wall. ex C. Presl) Tagawa & K. Iwats.
Niphobolus costatus Wall. ex C. Presl

分布：XZ, YN.
生境：林下树干上或岩石上。
海拔：350—2000m。

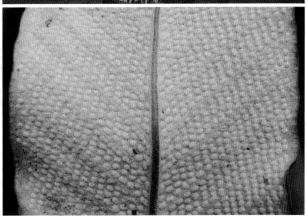

华北石韦

Pyrrosia davidii (Baker) Ching
Polypodium davidii Baker

分布：BJ, CQ, GS, HeB, HeN, HuB, HuN, LN, NM, NX, SaX, SD, ShX, TJ.
生境：阴湿岩石上。 海拔：200—2500m。

毡毛石韦

Pyrrosia drakeana (Franch.) Ching
Polypodium drakeanum Franch.

分布：CQ, GS, GZ, HeN, HuB, SaX, SC, XZ, YN.
生境：山坡杂木林下树干上或岩石上。
海拔：1000—3600m。

琼崖石韦

Pyrrosia eberhardtii (Christ) Ching
Cyclophorus eberhardtii Christ

分布：GD, HaN.
生境：林下树干上或岩石上。　海拔：1000—1650m。

卷毛石韦

Pyrrosia flocculosa (D. Don) Ching
Polypodium flocculosum D. Don

分布：GX, XZ, YN.
生境：林下树干上或岩石上。　海拔：50—700m。

西南石韦

Pyrrosia gralla (Gies.) Ching

Niphobolus gralla Gies.

分布：CQ, GZ, HuB, SC, TW, YN.
生境：林下树干上，或山坡岩石上。
海拔：1000—2900m。

纸质石韦

Pyrrosia heteractis (Mett. ex. Kuhn) Ching

Polypodium heteractis Mett. ex Kuhn

Pyrrosia lingua (Thunb.) Farw. var. *heteractis* (Mett. ex Kuhn) Hovenkamp

分布：GS, GX, HaN, XZ, YN.
生境：林下树干上或岩壁上。　海拔：1250—2600m。

线叶石韦（绒毛石韦）

Pyrrosia linearifolia (Hook.) Ching
Niphobolus linearifolius Hook.

分布：LN, TW, ZJ.
生境：山坡岩石上或树干上。　海拔：300—1200m。

石　韦

Pyrrosia lingua (Thunb.) Farw.
Acrostichum lingua Thunb.

分布：AH, CQ, FJ, GD, GS, GX, GZ,
　　　HaN, HeN, HK, HuB, HuN, JS,
　　　JX, MC, SC, TW, XZ, YN, ZJ.
生境：林下树干上，或稍干的岩石上。
海拔：100—1800m。

南洋石韦

Pyrrosia longifolia (Burm. f.) Morton

Acrostichum longifolium Burm. f.

分布：HaN, YN.
生境：林中树干上或阴湿岩石上。
海拔：340—1400m。

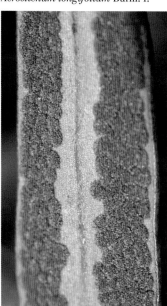
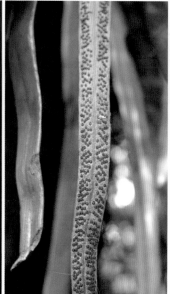

裸叶石韦

Pyrrosia nuda (Gies.) Ching

Niphobolus nudus Gies.

分布：GX, HaN, SC, YN.
生境：林下树干上。
海拔：560—1550m。

钱币石韦

Pyrrosia nummulariifolia (Sw.) Ching
Acrostichum nummularifolium Sw.

分布：YN.
生境：岩石上。　海拔：400—1050m。

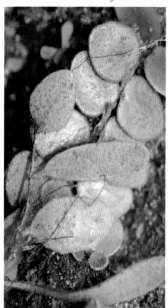

有柄石韦

Pyrrosia petiolosa (Christ) Ching
Polypodium petiolosum Christ

分布：AH, CQ, GS, GX, GZ, HeN, HL, HuB,
HuN, JS, JX, JL, LN, NM, SaX, SC, SD,
ShX, TJ, YN, ZJ.
生境：干旱裸露岩石上。
海拔：250—2200m。

抱树莲

Pyrrosia piloselloides (L.) M. G. Price
Pteris piloselloides L.
Drymoglossum piloselloides (L.) C. Presl

分布：HaN, YN.
生境：林中树干上或岩石上。
海拔：100—500m。

槭叶石韦

Pyrrosia polydactyla (Hance) Ching
Polypodium polydactylon Hance

分布：TW.
生境：林下岩石上或树干上。　海拔：100—2600m。

庐山石韦

Pyrrosia sheareri (Baker) Ching

Polypodium sheareri Baker

分布：AH, FJ, CQ, GD, GX, GZ, HeN, HuB, HuN, JS, JX, SC, TW, YN, ZJ.
生境：溪边林下岩石上或树干上。
海拔：60—2100m。

狭叶石韦

Pyrrosia stenophylla (Bedd.) Ching

Niphobolus fissus Blume var. *stenophyllus* Bedd.

分布：XZ, YN.
生境：林下树干上或岩石上。
海拔：1240—2750m。

绒毛石韦

Pyrrosia subfurfuracea (Hook.) Ching
Polypodium subfurfuraceum Hook.

分布：GX, GZ, XZ, YN.
生境：林下岩石上。
海拔：750—2000m。 （蒋日红 摄）

截基石韦

Pyrrosia subtruncata Ching

分布：GX. 生境：阴湿石壁上。 海拔：约1500m。

中越石韦

Pyrrosia tonkinensis (Gies.) Ching

Niphobolus tonkinensis Gies.

Pyrrosia porasa (C. Presl) Hovenkamp var. *tonkinensis* (Gies.) Hovenkamp

分布：GD, GX, GZ, HaN, YN.   生境：林下树干上或岩石上。   海拔：80—1600m。

戟叶石韦

Pyrrosia tricuspis (Sw.) Tagawa

Polypodium tricuspe Sw.

Pyrrosia hastata (Thunb. ex Houtt.) Ching

分布：AH.

生境：林下树干上，或藓类丛生的阴湿岩面上。

海拔：300—1000m。

白边瓦韦 *Lepisorus morrisonensis* （陈文伟 摄）

35d. 星蕨亚科

Microsoroideae B. K. Nayar

棱脉蕨属 Goniophlebium (Blume) C. Presl

友水龙骨 Goniophlebium amoenum
柔毛水龙骨 Goniophlebium amoenum var. pilosum
尖齿拟水龙骨 Goniophlebium argutum
滇越水龙骨 Goniophlebium bourretii
中华水龙骨 Goniophlebium chinense
川拟水龙骨 Goniophlebium dielseanum
台湾水龙骨 Goniophlebium formosanum
濑水龙骨 Goniophlebium lachnopus
篦齿蕨 Goniophlebium manmeiense
蒙自拟水龙骨 Goniophlebium mengtzeense
日本水龙骨 Goniophlebium niponicum
棱脉蕨 Goniophlebium persicifolium
假友水龙骨 Goniophlebium subamoenum
穴果棱脉蕨 Goniophlebium subauriculatum
光茎水龙骨 Goniophlebium wattii

有翅星蕨属 Kaulinia Nayar

羽裂星蕨 Kaulinia insignis
有翅星蕨 Kaulinia pteropus

伏石蕨属 Lemmaphyllum C. Presl

贴生骨牌蕨 Lemmaphyllum adnascens
肉质伏石蕨 Lemmaphyllum carnosum
披针骨牌蕨 Lemmaphyllum diversum
抱石莲 Lemmaphyllum drymoglossoides
伏石蕨 Lemmaphyllum microphyllum
骨牌蕨 Lemmaphyllum rostratum
高平蕨 Lemmaphyllum squamatum

鳞果星蕨属 Lepidomicrosorium Ching & K. H. Shing

鳞果星蕨 Lepidomicrosorium buergerianum
云南鳞果星蕨 Lepidomicrosorium subhemionitideum
表面星蕨 Lepidomicrosorium superficiale

瓦韦属 Lepisorus (J. Sm.) Ching

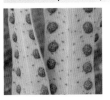

海南瓦韦 Lepisorus affinis
显脉尖嘴蕨 Lepisorus annamensis
黄瓦韦 Lepisorus asterolepis
两色瓦韦 Lepisorus bicolor

扭瓦韦 Lepisorus contortus
高山瓦韦 Lepisorus eilophyllus
隐柄尖嘴蕨 Lepisorus henryi
庐山瓦韦 Lepisorus lewisii
丽江瓦韦 Lepisorus likiangensis
线叶瓦韦 Lepisorus lineariformis
带叶瓦韦 Lepisorus loriformis
绿春瓦韦 Lepisorus luchunensis
大瓦韦 Lepisorus macrosphaerus
有边瓦韦 Lepisorus marginatus
丝带蕨 Lepisorus miyoshianus
白边瓦韦 Lepisorus morrisonensis
粤瓦韦 Lepisorus obscure-venulosus
鳞瓦韦 Lepisorus oligolepidus
长瓦韦 Lepisorus pseudonudus
棕鳞瓦韦 Lepisorus scolopendrium
中华瓦韦 Lepisorus sinensis
川西宽带蕨 Lepisorus soulieanus
连珠瓦韦 Lepisorus subconfluens
滇瓦韦 Lepisorus sublinearis
瓦韦 Lepisorus thunbergianus
西藏瓦韦 Lepisorus tibeticus
阔叶瓦韦 Lepisorus tosaensis
乌苏里瓦韦 Lepisorus ussuriensis
多变宽带蕨 Lepisorus variabilis
宽带蕨 Lepisorus waltonii

薄唇蕨属 Leptochilus Kaulf.

心叶薄唇蕨 Leptochilus cantoniensis
似薄唇蕨 Leptochilus decurrens
掌叶线蕨 Leptochilus digitatus
线蕨 Leptochilus ellipticus
曲边线蕨 Leptochilus ellipticus var. flexilobus
宽羽线蕨 Leptochilus ellipticus var. pothifolius
断线蕨 Leptochilus hemionitideus
矩圆线蕨 Leptochilus henryi
绿叶线蕨 Leptochilus leveillei
长柄羽裂线蕨 Leptochilus longipes

长柄线蕨 Leptochilus pedunculatus
褐叶线蕨 Leptochilus wrightii
胄叶线蕨 Leptochilus × hemitomus

星蕨属 Microsorum Link

膜叶星蕨 Microsorum membranaceum
星蕨 Microsorum punctatum
广叶星蕨 Microsorum steerei

扇蕨属 Neocheiropteris Christ

扇蕨 Neocheiropteris palmatopedata

盾蕨属 Neolepisorus Ching

剑叶盾蕨 Neolepisorus ensatus
江南星蕨 Neolepisorus fortunei
盾蕨 Neolepisorus ovatus
显脉星蕨 Neolepisorus zippelii

瘤蕨属 Phymatosorus Pic. Serm.

光亮瘤蕨 Phymatosorus cuspidatus
阔鳞瘤蕨 Phymatosorus hainanensis
多羽瘤蕨 Phymatosorus longissimus
显脉瘤蕨 Phymatosorus membranifolius
瘤蕨 Phymatosorus scolopendria

毛鳞蕨属 Tricholepidium Ching

毛鳞蕨　Tricholepidium normale

620 水龙骨科
Polypodiaceae J. Presl & C. Presl

星蕨亚科
Microsoroideae B. K. Nayar

棱脉蕨属
Goniophlebium (Blume) C. Presl

友水龙骨

Goniophlebium amoenum (Wall. ex Mett.) Bedd.
Polypodium amoenum Wall. ex Mett.
Polypodiodes amoena (Wall. ex Mett.) Ching

分布：AH, CQ, GD, GX, GZ, HaN, HeN, HuB, HuN, JX, SC, ShX, TW, XZ, YN, ZJ.
生境：岩石上或大树干基部。 海拔：1000—2500m

柔毛水龙骨

Goniophlebium amoenum (Wall. ex Mett.) Bedd. var. **pilosum** (C. B. Clarke) X. C. Zhang, *comb. nov.*
Polypodium amoenum Wall. ex Mett. var. *pilosum* C. B. Clarke in J. Linn. Soc, Bot. 24. 417. 1888
Polypodiodes amoena (Wall. ex Mett.) Ching var. *pilosa* (C. B. Clarke) Ching

分布：CQ, GZ, HuB, HuN, SC, XZ, YN, ZJ. 生境：岩石上或大树干基部。 海拔：1000—2500m。

棱脉蕨属
Goniophlebium (Blume) C. Presl

星蕨亚科
Microsoroideae B. K. Nayar

水龙骨科
Polypodiaceae J. Presl & C. Presl 621

尖齿拟水龙骨

Goniophlebium argutum (Wall. ex Hook.) J. Sm.
Polypodium argutum Wall. ex Hook.
Polypodiastrum argutum (Wall. ex Hook.) Ching

分布：GD, GX, GZ, HuN, TW, XZ, YN.
生境：树干上或岩石上。　海拔：1000—3800m。

滇越水龙骨

Goniophlebium bourretii (C. Chr. & Tardieu) X. C. Zhang, *comb. nov.*
Polypodium bourretii C. Chr. & Tardieu, in Notul. Syst. (Paris) 8: 183. 1939.
Polypodiodes bourretii (C. Chr. & Tardieu) W. M. Chu

分布：GZ, YN.　生境：树干上或岩石上。　海拔：600—1500m。（齐新萍 摄）

622 水龙骨科
Polypodiaceae J. Presl & C. Presl

星蕨亚科
Microsoroideae B. K. Nayar

棱脉蕨属
Goniophlebium (Blume) C. Presl

中华水龙骨

Goniophlebium chinense (Ching) X. C. Zhang, *comb. nov.*

Polypodium subamoenum C. B. Clarke var. *chinense* Christ in Nuov. Giorn. Bot. Ital. 4: 99. 1897; non *Polypodium chinense* Mett. ex Kuhn (1868) = *Microsorum fortunei* (T. Moore) Ching = *Neolepisorus fortunei* (T. Moore) Li Wang

Polypodiodes chinensis (Christ) S. G. Lu

Polypodium pseudoamoenum Ching

Polypodiodes pseudoamoena (Ching) Ching

分布：AH, GD, GS, GZ, HeB, HeN, HuB, HuN, JS, JX, SaX, SC, ShX, TW, YN, ZJ.
生境：常绿阔叶林下岩石上。　海拔：1800—2800m。

川拟水龙骨

Goniophlebium dielseanum (C. Chr.) Rödl–Linder

Polypodium dielseanum C. Chr.

Polypodiastrum dielseanum (C. Chr.) Ching

分布：CQ, GZ, SC, YN.
生境：树干上或岩石上。
海拔：1600—1800m。

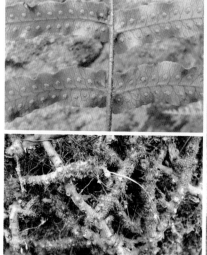

棱脉蕨属
Goniophlebium (Blume) C. Presl

星蕨亚科
Microsoroideae B. K. Nayar

水龙骨科
Polypodiaceae J. Presl & C. Presl 623

台湾水龙骨

Goniophlebium formosanum (Baker) Rödl–Linder
Polypodium formosanum Baker
Polypodiodes formosana (Baker) Ching

分布：FJ, TW.
生境：树干上或岩石上。
海拔：200—1200m。

濑水龙骨

Goniophlebium lachnopus (Wall. ex Hook.) T. Moore
Polypodium lachnopus Wall. ex Hook.
Polypodiodes lachnopus (Wall. ex Hook.) Ching

分布：GX, SC, XZ, YN.
生境：树干上或石上。　海拔：1700—2500m。

篦齿蕨

Goniophlebium manmeiense (Christ) Rödl–Linder
Polypodium manmeiense Christ
Metapolypodium manmeiense (Christ) Ching
Metapolypodium kingpingense Ching & W. M. Chu

分布：GZ, SC, YN.
生境：树干上或石上，
海拔：1000—2500m。

蒙自拟水龙骨

Goniophlebium mengtzeense (Christ) Rödl–Linder
Polypodium mengtzeense Christ
Polypodiastrum mengtzeense (Christ) Ching
Polypodium argutum Wall. ex Hook. var. *mengtzeense* Christ

分布：GX, TW, YN.
生境：树干上或石上。　　海拔：1200—2700m。

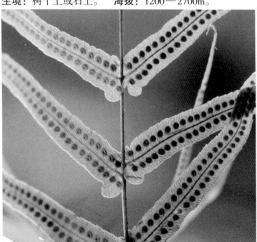

棱脉蕨属
Goniophlebium (Blume) C. Presl
星蕨亚科
Microsoroideae B. K. Nayar
水龙骨科
Polypodiaceae J. Presl & C. Presl 625

日本水龙骨

Goniophlebium niponicum (Mett.) Bedd.
Polypodium niponicum Mett.
Polypodiodes niponica (Mett.) Ching

分布：AH, CQ, FJ, GD, GS, GX, GZ, HeN, HuB, HuN,
JS, JX, SC, ShX, TW, XZ, YN, ZJ.
生境：树干上或岩石上。　海拔：1000—1600m。

棱脉蕨

Goniophlebium persicifolium (Desv.) Bedd.
Polypodium persicifolium Desv.
Schellolepis persicifolia (Desv.) Pic. Serm.

分布：HaN.
生境：树干上。
海拔：700—1000m。

626 水龙骨科
Polypodiaceae J. Presl & C. Presl

星蕨亚科
Microsoroideae B. K. Nayar

棱脉蕨属
Goniophlebium (Blume) C. Presl

假友水龙骨

Goniophlebium subamoenum (C. B. Clarke) Bedd.
Polypodium subamoenum C. B. Clarke
Polypodiodes subamoena (C. B. Clarke) Ching

分布：CQ, SC, XZ, YN。
生境：树干上或岩石上。
海拔：2400—3300m。

穴果棱脉蕨

Goniophlebium subauriculatum (Blume) C. Presl
Polypodium subauriculatum Blume
Schellolepis subauriculata (Blume) J. Sm.

分布：YN。
生境：树干上。
海拔：500—1300m。

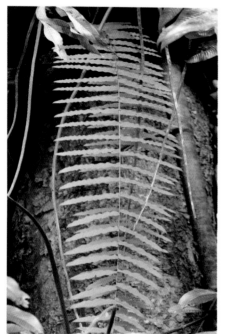

棱脉蕨属
Goniophlebium (Blume) C. Presl

星蕨亚科
Microsoroideae B. K. Nayar

水龙骨科
Polypodiaceae J. Presl & C. Presl 627

光茎水龙骨

Goniophlebium wattii (Bedd.) Panigrahi & Sarn. Singh
Polypodium niponicum Mett. var. *wattii* Bedd.
Polypodiodes wattii (Bedd.) Ching
Goniophlebium niponicum (Mett.) Bedd. var. *wattii* (Bedd.) Bedd.

分布：SC, XZ, YN.　生境：树干上或岩石上。　海拔：600—1500m。

有翅星蕨属　Kaulinia Nayar

羽裂星蕨

Kaulinia insignis (Blume) X. C. Zhang, *comb. nov.*
Polypodium insigne Blume in Enum. Pl. Jav. 127. 1828.
Microsorum insigne (Blume) Copel.

分布：CQ, FJ, GD, GX, GZ, HaN, HK, HuN, JX, SC, TW, XZ, YN.
生境：林下沟边岩石上或山坡阔叶林下。
海拔：600—800m。

有翅星蕨

Kaulinia pteropus (Blume) B. K. Nayar
Polypodium pteropus Blume
Microsorum pteropus (Blume) Copel.
Colysis pteropus (Blume) Bosman

分布：FJ, GD, GX, GZ, HaN, HK, HuN, JX, TW, YN.
生境：山谷溪边或河边的岩石上，雨季可在水中生长。
海拔：400—1200m。

伏石蕨属 Lemmaphyllum C. Presl

贴生骨牌蕨

Lemmaphyllum adnascens Ching
Lepidogrammitis adnascens Ching

分布：CQ, SC.
生境：林下树干或岩石上附生。
海拔：690—1900m。（魏雪苹 摄）

伏石蕨属
Lemmaphyllum C. Presl

星蕨亚科
Microsoroideae B. K. Nayar

水龙骨科
Polypodiaceae J. Presl & C. Presl 629

肉质伏石蕨

Lemmaphyllum carnosum (J. Sm. ex Hook.) C. Presl
Drymoglossum carnosum J. Sm. ex Hook.

分布：GX, GZ, SC, YN.
生境：林下树干和岩石上。　海拔：1500—2900m。

披针骨牌蕨

Lemmaphyllum diversum (Rosenst.) De Vol & C. M. Kuo
Polypodium diversum Rosenst
Lepidogrammitis diversa (Rosenst.) Ching

分布：CQ, FJ, GD, GX, GZ, HK, HuB, HuN, JX, TW, ZJ.
生境：林缘岩石上。
海拔：700—1200m。

630 水龙骨科
Polypodiaceae J. Presl & C. Presl
星蕨亚科
Microsoroideae B. K. Nayar
伏石蕨属
Lemmaphyllum C. Presl

抱石莲

Lemmaphyllum drymoglossoides (Baker) Ching
Polypodium drymoglossoides Baker
Lepidogrammitis drymoglossoides (Baker) Ching

分布：CQ, FJ, GD, GS, GX, GZ, HeN, HuB, HuN, JS, JX, SaX, SH, YN, ZJ.
生境：阴湿树干上和岩石上。　海拔：200—1400m。

伏石蕨

Lemmaphyllum microphyllum C. Presl

分布：AH, FJ, GD, GX, GZ, HeN, HK, HuB, HuN, JS, JX, MC,
　　　TW, XZ, YN, ZJ.
生境：林中树干上或岩石上。
海拔：95—1500m。

伏石蕨属
Lemmaphyllum C. Presl

星蕨亚科
Microsoroideae B. K. Nayar

水龙骨科
Polypodiaceae J. Presl & C. Presl 631

骨牌蕨

Lemmaphyllum rostratum (Bedd.) Tagawa
Pleopeltis rostrata Bedd.
Lepidogrammitis rostrata (Bedd.) Ching

分布：GD, GX, GZ, HaN, HK, HuB, HuN, XZ, YN, ZJ.
生境：林下树干上或岩石上。
海拔：240—2000m。

高平蕨

Lemmaphyllum squamatum (A. R. Smith & X. C. Zhang) Li Wang
Caobangia squamata A. R. Smith & X. C. Zhang

分布：GX.　　生境：石灰岩上。　　海拔：840m左右。　（蒋日红 摄）

632 水龙骨科
Polypodiaceae J. Presl & C. Presl

星蕨亚科
Microsoroideae B. K. Nayar

鳞果星蕨属
Lepidomicrosorium Ching & K. H. Shing

鳞果星蕨

Lepidomicrosorium buergerianum (Miq.) Ching & K. H. Shing ex S. X. Xu
Polypodium buergerianum Miq.
Lepidomicrosorium subhastatum (Baker) Ching

分布：CQ, GS, GZ, HuB, HuN, JX, SC, TW, YN, ZJ.
生境：林下攀援于树干和岩石上。
海拔：450—2000m。

云南鳞果星蕨

Lepidomicrosorium subhemionitideum (Christ) P. S. Wang
Polypodium subhemionitideum Christ

分布：GX, HuN, SC,YN.
生境：林下攀援于树干和岩石上。　海拔：600—1600m.

鳞果星蕨属
Lepidomicrosorium Ching & K. H. Shing

星蕨亚科
Microsoroideae B. K. Nayar

水龙骨科
Polypodiaceae J. Presl & C. Presl 633

表面星蕨（褐叶星蕨）

Lepidomicrosorium superficiale (Blume) Li Wang
Polypodium superficiale Blume
Microsorum superficiale (Blume) Ching

分布：AH、CQ、FJ、GD、GS、GX、GZ、HaN、HK、HuB、
　　　HuN、JX、SC、TW、XZ、YN、ZJ.
生境：林下树干上或附生于岩石上。
海拔：200—2000m。

瓦韦属 Lepisorus (J. Sm.) Ching

海南瓦韦

Lepisorus affinis Ching

分布：HaN.
生境：林下树干上。　海拔：900—1100m。

显脉尖嘴蕨

Lepisorus annamensis (C. Chr.) Li Wang

Hymenolepis annamensis C. Chr.

Belvisia annamensis (C. Chr.) S. H. Fu

分布：HaN, TW, YN.

生境：林下树干上。

海拔：1200—1600m。

黄瓦韦

Lepisorus asterolepis (Baker) Ching

Polypodium asterolepis Baker

Lepisorus macrosphaerus (Baker) Ching var. *asterolepis* (Baker) Ching

分布：AH, CQ, FJ, GX, GZ, HeN, HuB, HuN, JS, JX, SaX, SC, XZ, YN, ZJ.

生境：林下树干或岩石上。　　海拔：1000—3500m。

两色瓦韦

Lepisorus bicolor (Takeda) Ching

Polypodium excavatum Bory var. *bicolor* Takeda

分布：CQ, GS, GZ, HeN, HuB, HuN, SC, XZ, YN.
生境：林下沟边或山坡路旁岩石缝，或林下树干上。
海拔：1000—3300m。

扭瓦韦

Lepisorus contortus (Christ) Ching

Polypodium contortum Christ

分布：AH, CQ, FJ, GS, GX, GZ, HeN, HuB, HuN, JX, SaX,
　　　SC, SD, XZ, YN, ZJ.
生境：林下树干或岩石上。
海拔：700—3000m。

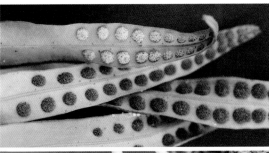

高山瓦韦

Lepisorus eilophyllus (Diels) Ching
Polypodium eilophyllus Diels

分布：CQ, GS, GZ, HuB, NX, SaX, SC, XZ, YN.
生境：林下树干或岩石上。　海拔：1000—3300m。

隐柄尖嘴蕨

Lepisorus henryi (Hieron. ex C. Chr.) Li Wang
Hymenolepis henryi Hieron. ex C. Chr.
Belvisia henryi (Hieron. ex C. Chr.) Raymond

分布：YN.
生境：林下树干上，或与苔藓混生于岩石上。
海拔：114—1520m。

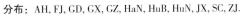

庐山瓦韦

Lepisorus lewisii (Baker) Ching
Polypodium lewisii Baker

分布：AH, FJ, GD, GX, GZ, HaN, HuB, HuN, JX, SC, ZJ.
生境：林下或溪边岩石缝。
海拔：280—1100m。　（蒋日红 摄）

丽江瓦韦

Lepisorus likiangensis Ching & S. K. Wu

分布：SC, YN.
生境：林下岩石缝中。
海拔：2500—3800m。

线叶瓦韦

Lepisorus lineariformis Ching & S. K. Wu
Lepisorus nyalamensis Ching & S. K. Wu

分布：XZ, YN.
生境：山坡岩石上或树干上附生。
海拔：1200—3200m。

带叶瓦韦

Lepisorus loriformis (Wall. ex Mett.) Ching
Polypodium loriforme Wall. ex Mett.

分布：CQ, GS, HuB, SaX, SC, XZ, YN.
生境：林下树干上或岩石缝中。
海拔：2000—3000m。

绿春瓦韦

Lepisorus luchunensis Y. X. Lin

分布：YN.
生境：常绿阔叶林下树干上。　海拔：1500—1600m。

大瓦韦

Lepisorus macrosphaerus (Baker) Ching
Polypodium macrosphaerum Baker

分布：AH, CQ, GS, GX, GZ, HeN, JX, SC, XZ, YN, ZJ.
生境：林下树干上或岩石上。
海拔：1340—3400m。

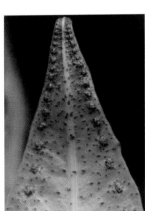

有边瓦韦

Lepisorus marginatus Ching

分布：CQ, GS, GZ, HeB, HeN, HuB, SaX, SC, SD, ShX, YN.
生境：林下树干或岩石上。　海拔：920—3000m。

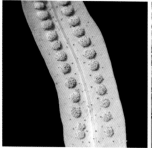

丝带蕨

Lepisorus miyoshianus (Makino) Fraser–Jenk. & Subh. Chandra
Drymotaenium miyoshianum (Makino) Makino
Taenitis miyoshiana Makino

分布：AH, CQ, GD, GS, GZ, HuB, HuN, JX, SaX, SC, TW, XZ, YN, ZJ.
生境：林下树干上。　海拔：1600—2800m。

白边瓦韦（玉山瓦韦）

Lepisorus morrisonensis (Hayata) H. Itô
Polypodium morrisonense Hayata

分布：SC, TW, XZ, YN.
生境：林下树干或岩石上。
海拔：1300—4100m。

粤瓦韦

Lepisorus obscure–venulosus (Hayata) Ching
Polypodium obscure–venulosum Hayata

分布：AH, CQ, FJ, GD, GX, GZ, HK, HuN, JX, TW, YN, ZJ.
生境：林下树干或岩石上。
海拔：400—1700m。

鳞瓦韦

Lepisorus oligolepidus (Baker) Ching
Polypodium oligolepidum Baker

分布：AH, CQ, FJ, GD, GX, GZ, HeN, HuB, HuN, JX, SaX, SC, XZ, YN, ZJ.
生境：山坡阴处或林下树干上或岩石缝中。
海拔：170—2300m。

长瓦韦

Lepisorus pseudonudus Ching

分布：CQ, GS, SC, XZ, YN.
生境：林下树干或岩石上。　海拔：2300—4150m。

棕鳞瓦韦

Lepisorus scolopendrium (Ham. ex D. Don) Mehra
Polypodium scolopendrium Buch. –Ham. ex D. Don

分布：GZ, HaN, HaN, SC, TW, XZ, YN.
生境：林下树干或岩石上。
海拔：500—2800m。

中华瓦韦

Lepisorus sinensis (Christ) Ching
Neurodium sinense Christ

分布：YN.
生境：常绿阔叶林下树干上或岩石上。
海拔：1200—3600m。

川西宽带蕨

Lepisorus soulieanus (Christ) Ching & S. K. Wu

Polypodium soulieanum Christ

Platygyria soulieana (Christ) X. C. Zhang & Q. R. Liu

分布：QH, SC, YN.

生境：林下石缝中。

海拔：2800—4200m。

连珠瓦韦

Lepisorus subconfluens Ching

分布：YN.

生境：杂木林下树干或岩石上。

海拔：2600—3600m。

滇瓦韦

Lepisorus sublinearis (Baker ex Takeda) Ching
Polypodium sublineare Baker ex Takeda

分布：YN.
生境：林下树干或岩石上。
海拔：1850—2500m。

瓦 韦

Lepisorus thunbergianus (Kaulf.) Ching
Pleopeltis thunbergianus Kaulf.

分布：AH, BJ, CQ, FJ, GD, GS, GX, GZ, HaN, HeN, HK, HuB,
　　　HuN, JS, JX, MC, SC, SD, SH, ShX, TW, XZ, YN, ZJ.
生境：山坡林下树干或岩石上。
海拔：400—3800m。

西藏瓦韦

Lepisorus tibeticus Ching & S. K. Wu

分布：SC, XZ, YN.
生境：密林中树上或岩石缝中。
海拔：1900—3700m。

阔叶瓦韦（拟瓦韦）

Lepisorus tosaensis (Makino) H. Itô
Polypodium tosaense Makino

分布：AH, CQ, FJ, GD, GX, GZ, HaN, HK, HuB,
　　　HuN, JS, JX, SC, TW, XZ, YN, ZJ.
生境：溪边林下树干或岩石上，石灰墙缝中。
海拔：650—1700m。

乌苏里瓦韦

Lepisorus ussuriensis (Regel & Maack) Ching
Pleopeltis ussuriensis Regel & Maack

分布：AH, BJ, HeB, HeN, HL, JL, LN, NM, SD, ShX, ZJ.
生境：林下或山坡阴处岩石缝。
海拔：750—1700m。

多变宽带蕨

Lepisorus variabilis Ching & S. K. Wu
Platygyria variabilis (Ching & S. K. Wu) Ching & S. K. Wu

分布：CQ, SC, XZ, YN.
生境：山坡灌丛下岩石缝或与苔藓混生于岩石上。
海拔：2700—3500m。

宽带蕨

Lepisorus waltonii (Ching) S. L. Yu
Neocheiropteris waltonii Ching
Platygyria waltonii (Ching) Ching & S. K. Wu
Platygyria × inaequibasis Ching & S. K.Wu

分布：XZ.　生境：山坡岩石上。　海拔：3500—5000m。

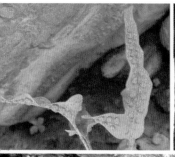

宽带蕨　Lepisorus waltonii (Ching) S. L. Yu

心叶薄唇蕨

Leptochilus cantoniensis (Baker) Ching

Gymnogramma cantoniense Baker

分布：GD, HaN, HuN.
生境：密林下潮湿岩石上或地上。
海拔：200—900m。

似薄唇蕨

Leptochilus decurrens Blume

分布：GX, GZ, HaN, TW, YN.
生境：密林下阴湿的溪边岩石上或树干基部。
海拔：400—2100m。

掌叶线蕨

Leptochilus digitatus (Baker.) Noot.

Gymnogramme digitata Baker

Colysis digitata (Baker) Ching

分布：CQ, GD, GX, GZ, HaN, HK, HuN, SC, YN.

生境：林下或溪边潮湿地方或岩石上。

海拔：50—1400m。

线 蕨

Leptochilus ellipticus (Thunb.) Noot.
Polypodium ellipticum Thunb.
Colysis elliptica (Thunb.) Ching

分布：CQ, FJ, GD, GS, GX, GZ, HaN, HK, HuB, JS, JX, MC, SC, YN, ZJ.
生境：山坡林下或溪边岩石上。　海拔：100—2500m。

曲边线蕨

Leptochilus ellipticus (Thunb.) Noot. var. **flexilobus** (Christ) X. C. Zhang, *comb. nov.*
Polypodium flexilobum Christ in Bull. Acad. Geogr. Bot. 107. 1904
Colysis elliptica (Thunb.) Ching var. *flexiloba* (Christ) L. Shi & X. C. Zhang

分布：CQ, GX, GZ, HuB, HuN, JX, SC, TW, YN.
生境：林下。　海拔：350—1000m。

宽羽线蕨

Leptochilus ellipticus (Thunb.) Noot. var. **pothifolius** (D. Don) X. C. Zhang, *comb. nov.*

Hemionitis pothifolia D. Don in Prodr. Fl. Nepal. 13. 1825.

Colysis pothifolia (D. Don) H. Ito

Leptochilus pothifolius (D. Don) Fraser–Jenk.

分布：CQ, FJ, GD, GX, GZ, HK, HuB, JX, TW, YN, ZJ.

生境：林下湿地或岩石上。

海拔：500—1500m。

断线蕨

Leptochilus hemionitideus (C. Presl) Noot.

Selliguea hemionitidea C. Presl

Colysis hemionitidea (C. Presl) C. Presl

分布：FJ, GD, GX, GZ, HaN, HK, HuN, JX, SC, TW, XZ, YN.

生境：溪边或林下岩石上。

海拔：300—2000m。

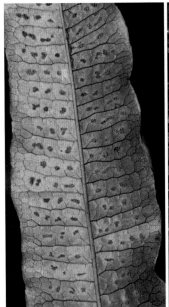

矩圆线蕨（亨利线蕨）

Leptochilus henryi (Baker) X. C. Zhang, *comb. nov.*
Gymnogramma henryi Baker in J. Bot. 171. 1887.
Colysis henryi (Baker) Ching

分布：CQ, FJ, GX, GZ, HuB, HuN, JS, JX, SaX, SC, YN, ZJ.
生境：林下或阴湿处。
海拔：600—1260m。

绿叶线蕨

Leptochilus leveillei (Ching) X. C. Zhang, *comb. nov.*
Colysis leveillei Ching in Bull. Fan Mem. Inst. Biol. 4: 323. 1933.

分布：FJ, GD, GX, GZ, HuN, JX.
生境：阴湿岩石上。
海拔：450—1250m。

长柄羽裂线蕨

Leptochilus longipes (Ching) X. C. Zhang, *comb. nov.*
Colysis longipes Ching in Bull. Fan Mem. Inst. Biol. 4: 332. 1933.

分布：HaN.　　生境：密林下阴湿岩石上。　　海拔：100—2500m。

长柄线蕨

Leptochilus pedunculatus (Hook. & Grev.) Fraser–Jenk.
Ceterach pedunculatum Hook. & Grev.
Colysis pedunculata (Hook. & Grev.) Ching

分布：GD, GX, HaN, XZ, YN.
生境：密林下溪边的潮湿岩石上。
海拔：350—1200m。

褐叶线蕨（莱氏线蕨）

Leptochilus wrightii (Hook.) X. C. Zhang, *comb. nov.*
Gymnogramma wrightii Hook. in Sp. Fil. 5: 160, t. 303. 1864.
Colysis wrightii (Hook.) Ching

分布：FJ, GD, GX, GZ, HK, HuN, JX, TW, YN, ZJ.
生境：阴湿岩石上。
海拔：150—1000m。

胃叶线蕨

Leptochilus × hemitomus (Hance) Noot.
Polypodium hemitomum Hance
Colysis hemitoma (Hance) Ching

分布：FJ, GD, GX, GZ, HaN, HuN, JX, SC, ZJ.
生境：山谷疏林下。
海拔：300—800m。

膜叶星蕨

Microsorum membranaceum (D. Don) Ching

Polypodium membranaceum D. Don

分布：CQ, GD, GX, GZ, HaN, SC, TW, XZ, YN.
生境：山谷溪边、林下潮湿的岩石上或树干上。
海拔：800—2600m。

星 蕨

Microsorum punctatum (L.) Copel.

Acrostichum punctatum L.

分布：CQ, GD, GS, GX, GZ, HaN, HK, HuN, SC, TW, YN.
生境：平原地区疏阴处的树干上或墙垣上。
海拔：800—2500m。

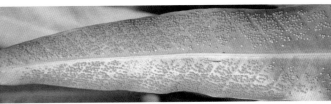

广叶星蕨

Microsorum steerei (Harr.) Ching
Polypodium steerei Harr.

分布：GX, GZ, TW.
生境：疏林或溪边的岩石上。
海拔：300—1200m。

扇蕨属 Neocheiropteris Christ

扇 蕨

Neocheiropteris palmatopedata (Baker) Christ
Polypodium palmatopedatum Baker

分布：GZ, SC, YN.
生境：密林下或山崖林下。 海拔：1500—2700m。

蒋日红 摄

剑叶盾蕨

Neolepisorus ensatus (Thunb.) Ching

Polypodium ensatum Thunb.

分布：CQ, GZ, HuB, HuN, SC, TW, YN, ZJ.

生境：常绿阔叶林下。　海拔：1400—2600m。

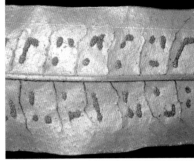

江南星蕨

Neolepisorus fortunei (T. Moore) Li Wang

Drynaria fortunii T. Moore

Microsorum fortunei (T. Moore) Ching

分布：CQ, FJ, GD, GS, GX, GZ, HaN, HeN, HK, HuB, HuN, JS, JX, SaX, SC, SD, TW, XZ, YN, ZJ.

生境：林下溪边岩石上或树干上。

海拔：300—1800m。

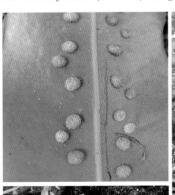

盾 蕨

Neolepisorus ovatus (Wall. ex Bedd.) Ching
Pleopeltis ovata Wall. ex Bedd.

分布：AH, CQ, FJ, GD, GX, GZ, HuB, HuN, JS, JX, SC, YN, ZJ。
生境：常绿阔叶林下岩石上或树干上。
海拔：850—2800m。

显脉星蕨

Neolepisorus zippelii (Blume) Li Wang
Polypodium zippelii Blume
Microsorum zippelii (Blume) Ching

分布：GD, GX, GZ, HaN, HK, HuN, XZ, YN.
生境：山谷密林下的树干上或溪边潮湿的岩石上。
海拔：550—1350m。

光亮瘤蕨

Phymatosorus cuspidatus (D. Don) Pic. Serm.
Polypodium cuspidatum D. Don

分布：GD, GX, GZ, HaN, SC, XZ, YN.
生境：林缘石灰岩石壁上。　海拔：230—1600m。

阔鳞瘤蕨

Phymatosorus hainanensis (Noot.) S. G. Lu
Microsorum hainanense Noot.

分布：HaN.
生境：密林树干上或溪边岩石上。　海拔：20—900m。

多羽瘤蕨

Phymatosorus longissimus (Blume) Pic. Serm.
Polypodium longissimum Blume

分布：GD, HaN, HK, TW, YN.
生境：低海拔地区湿地灌丛中。
海拔：150—400m。

显脉瘤蕨

Phymatosorus membranifolius (R. Br.) S. G. Lu
Polypodium membranifolium R. Br.

分布：GD, HaN, TW, YN.
生境：林下石上。
海拔：200—1200m。

瘤 蕨

Phymatosorus scolopendria (Burm. f.) Pic. Serm.

Polypodium scolopendria Burm. f.

分布：GD, HaN, HK, MC, TW.

生境：石上或附生树干上。

海拔：180—200m。

毛鳞蕨属 Tricholepidium Ching

毛鳞蕨

Tricholepidium normale (D. Don) Ching

Polypodium normale D. Don

分布：XZ, YN.

生境：攀援于林下树干上或岩石上。

海拔：900—2600m。

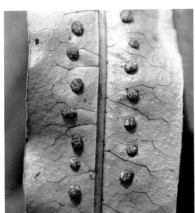

35e. 水龙骨亚科

Polypodioideae B. K. Nayar

荷包蕨属 **Calymmodon** C. Presl
短叶荷包蕨 Calymmodon asiaticus

禾叶蕨属 **Grammitis** Sw.
无毛禾叶蕨 Grammitis adspersa
短柄禾叶蕨 Grammitis dorsipila

锯蕨属 **Micropolypodium** Hayata
叉毛锯蕨 Micropolypodium cornigerum
锯蕨 Micropolypodium okuboi
锡金锯蕨 Micropolypodium sikkimense

睫毛蕨属 **Pleurosoriopsis** Fomin
睫毛蕨 Pleurosoriopsis makinoi

水龙骨属 **Polypodium** L.
欧亚水龙骨 Polypodium vulgare

穴子蕨属 **Prosaptia** C. Presl
缘生穴子蕨 Prosaptia contigua
穴子蕨 Prosaptia khasyana

革舌蕨属 **Scleroglossum** Alderw.
革舌蕨 Scleroglossum pusillum

虎尾蒿蕨属 **Tomophyllum** (E. Fourn.) Parris
虎尾蒿蕨 Tomophyllum donianum

短叶荷包蕨

Calymmodon asiaticus Copel.

分布：GX, HaN.

生境：林中树干或溪边岩石上，常和苔藓混生。　　海拔：400—1000m。

禾叶蕨属 Grammitis Sw.

无毛禾叶蕨

Grammitis adspersa Blume

分布：HaN, TW.

生境：山地雨林下，石上或树干上。

海拔：950m。

短柄禾叶蕨

Grammitis dorsipila (Christ) C. Chr. & Tardieu
Polypodium dorsipilum Christ

分布：FJ, GD, GX, GZ, HaN, HK, HuN, JX, TW, YN, ZJ。
生境：林下或溪边岩石上。　海拔：400—800m。

锯蕨属 Micropolypodium Hayata

叉毛锯蕨

Micropolypodium cornigerum (Baker) X. C. Zhang
Polypodium cornigerum Baker
Xiphopteris cornigera (Baker) Copel.

分布：FJ, GD, GX, YN, ZJ.
生境：林下树干上。　海拔：1200—1750m。

锯 蕨

Micropolypodium okuboi (Yatabe) Hayata

Polypodium okuboi Yatabe

Xiphopteris okuboi (Yatabe) Copel.

分布：FJ, GD, GX, GZ, HaN, HuN, JX, TW, ZJ.
生境：林下树干上。
海拔：1100—1900m。（蒋日红 摄）

锡金锯蕨

Micropolypodium sikkimense (Hieron.) X. C. Zhang

Polypodium sikkimensis Hieron.

Xiphopteris sikkimensis (Hieron.) Copel.

分布：GX, GZ, HuN, SC, XZ, YN.
生境：林下树干基部或岩石上。
海拔：2200—3600m。

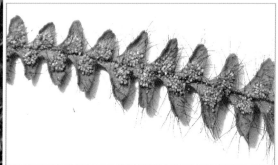

睫毛蕨

Pleurosoriopsis makinoi (Maxim. ex Makino) Fomin
Gymnogramma makinoi Maxim. ex Makino

分布：CQ, GS, GZ, HeN, HL, HuB, HuN, JL, LN, SaX, SC, YN。
生境：山地溪边潮湿的苔藓丛中、树干上或岩石上。
海拔：800—2700m。

欧亚水龙骨（欧亚多足蕨）

Polypodium vulgare L.

分布：XJ.

生境：石上。　海拔：400—2400m。

缘生穴子蕨

Prosaptia contigua (G. Forst.) C. Presl
Trichomanes contiguum G. Forst.
Ctenopteris contigua (G. Forst.) Holttum

分布：GD, HaN, TW, YN.
生境：岩石上。　海拔：600—1400m。

穴子蕨

Prosaptia khasyana (Hook.) C. Chr. & Tardieu
Polypodium khasyanum Hook.

分布：GD, GX, HaN, TW, YN.
生境：密林下潮湿的岩石上。
海拔：600—1500m。（蒋日红 摄）

革舌蕨

Scleroglossum pusillum (Blume) Alderw.
Vittaria pusilla Blume

分布：GD, GX, HaN, TW, YN.
生境：山坡灌丛旁，花岗岩石上。　海拔：800—1400m。

董仕勇 摄

虎尾蒿蕨属　Tomophyllum (E. Fourn.) Parris

虎尾蒿蕨

Tomophyllum donianum (Spreng.) Fraser–Jenk. & Parris
Polypodium donianum Spreng.
Polypodium sinicum Christ
Tomophyllum sinicum (Christ) Parris
Ctenopteris subfalcata auct. non (Blume) Kunze

分布：AH, GZ, HuN, SC, TW, XZ, YN.
生境：林下、石上苔藓丛中或树干上。
海拔：(1000) 2000—3200m。

Camus, J. M. 1988. The limits and affinities of marattialean fern genera in China and the west pacific. Proceedings of ISSP. 31–37.

Chandra, S. 2000. The ferns of India, enumeration, synonyms & distribution. International Book Distributors, Dehra Dun, India.

Chang, H. M. & J. C. Wang. 2001. Confirmation of three species of pteridophytes in Taiwan. Taiwania 46(4): 376–384.

Chang, H. M. , S. J. Moore, W. L. Chiou & J. C. Wang. 2006. Supplements to the pteridophytes in Taiwan (II): A newly recorded species *Diplazium crassiusculum* Ching (Athyriaceae) . Taiwania 51(4): 287–292.

Chang, H. M. , W. L. Chiou & J. C. Wang. 2003. Supplements to the pteridophytes in Taiwan (I): *Dryopteris decipiens* (Hook.) Kuntze (Dryopteridaceae) . Taiwania 48(3): 197–202.

Ching, R. C. 1940. On natural classification of the family 'Polypodiaceae' . Sunyatsenia 5(4): 201–268.

Christenhusz, M. J M., X. C. Zhang & H. Schneider. 2011. A linear sequence of extant families and genera of lycophytes and ferns. Phytotaxa 19: 7–54.

Dong, S. Y. & X. C. Zhang. 2005. *Teratophyllum hainanense* (Lomariopsidaceae), a new species from Hainan. Island, China. Novon 15: 104–108.

Dong, S. Y. 2008. *Ctenitis dianguiensis*, a ew combination and the recircumscription of *Ctenitis subglandulosa* (Pteridophyta, Dryopteriaceae) . Novon 18: 35–37.

Ebihara, A., J. Y. Dubuisson, K. Iwatsuki, S. Hennequin & M. Ito. 2006. A taxonomic revision of Hymenophyllaceae. Blume 51: 221–280.

Fraser-Jenkins, C. R. 1989. A monograph of the genus *Dryopteris* (Pteridophyta: Dryopteridaceae) in the Indian Subcontinent. Bulletin of the British Museum (Natural History) 18(5): 323–477.

Fraser-Jenkins, C. R. 1997a. Himalayan Ferns (A Guide to *Polystichum*). International Book Distributors, Dehra Dun, India.

Fraser-Jenkins, C. R. 1997b. New Species Syndrome in Indian Pteridology and the ferns of Nepal. International Book Distributors, Dehra Dun, India.

Fraser-Jenkins, C. R. 2008. Taxonomic Revision of three hundred Indian Subcontinental Pteridophytes with a Revised Census-List-a new picture of fern-taxonomy and nomenclature in the Indian subcontinent. Bishen Singh Mahendra Pal Singh, Dehra Dun, India.

Funston, A. M. 1999. Pteridophyte checklist for China. Missouri Botanical Garden, St. Louis, Missouri, USA.

German, D. A. , A. I. Shmakov, X. C. Zhang, W. L. Cheng, S. V. Smirnov, L. Xie, R. V. Kamelin & J. Weng. 2006. Some new floristic findings in Xinjiang, China. Acta Phytotaxonomica Sinica 44(5): 598–603.

Guo, Z. Y. & X. C. Zhang. 2009. *Asplenium ritoense* Hayata (Aspleniaceae), new to Guizhou Province, China. Indian Fern Journal 26: 77–78.

He, H. 2004. A taxonomic study of the fern genus *Arachniodes* Blume (Dryopteridaceae) from

China. American Fern Journal 94(4): 163–182.

Hennipman, E. 1977. A monograph of the fern genus *Bolbitis* (Lomariopsidaceae). Leiden University Press, Leiden.

Hovenkamp, P. H. , C. R. Fraser-Jenkins, H. Schneider & X. C. Zhang. 2011. Proposal to conserve the name *Lepisorus* against *Belvisia*, *Lemmaphyllum*, *Paragramma*, *Drymotaenium* & *Neocheiropteris* (Pteridophyta, Polypodiaceae). Taxon 60(2): 591–592.

Iwatsuki, K. 1995. Flora of Japan, vol. 1. Kodansha, Tokyo.

Jiang R. H. , X. C. Zhang & Y. Liu. 2011. *Asplenium cornutissimum* (Aspleniaceae), a new species from Karst caves in Guangxi, China. Brittonia 63: 83–86.

Kannp, R. 2011. Ferns and Fern Allies of Taiwan. KBCC Press, Yuan-Liou Publishing Co. , Ltd

Kato, M. & C. Tsutsumi. 2008. Generic classification of Davalliaceae. Acta Phytotaxonomica et Geobotanica 59(1): 1–14.

Khullar, S. P. 1994. An Illustrated Fern Flora of West Himalaya, Vol. I. International Book Distributors, Dehra Dun.

Khullar, S. P. 2000. An Illustrated Fern Flora of West Himalaya, Vol. II. International Book Distributors, Dehra Dun.

Kuo, C. M. 1985. Taxonomy and phytogeography of Taiwanese pteridophytes. Taiwania 30: 5–100.

Lehtonen, S., H. Tuomisto, G. Rouhan & M. J. M. Christenhusz. 2010. Phylogenetics and classification of the pantropical fern family Lindsaeaceae. Botaincal Journal of the Linnean Society 163: 305–359.

Liu, H. & Q. F. Wang. 2005. *Isoetes orientalis* (Isoetaceae), a new hexaploid quillwort from China. Novon 15: 164–167.

Liu, H. M. , X. C. Zhang, Z. D. Chen & Y. L. Qiu. 2007. Inclusion of the Eastern Asia endemic genus *Sorolepidium* in *Polystichum* (Dryopteridaceae): Evidence from the chloroplast *rbc*L gene and morphological characteristics. Chinese Science Bulletin 52(5): 631–638.

Liu, H. M., X. C. Zhang, W. Wang, Y. L. Qiu & Z. D. Chen. 2007. Molecular phylogeny of the fern family Dryopteridaceae inferred from chloroplast *rbc*L and *atp*B genes. International Journal of Plant Science 168(9): 1311–1323.

Liu, Y. C., W. L. Chiou & H. Y. Liu. 2009. Fern Flora of Taiwan: *Athyrium*. Taiwan Forestry Research Institute, Taipei, Taiwan.

Liu, Y. C., W. L. Chiou & M. Kato. 2011. Molecular phylogeny and taxonomy of the fern genus Anisocampium (Athyriaceae). Taxon 60(3): 35–830.

Nooteboom, H. P. 1997. The microsotioid ferns (Polypodaceae). Blumea 42: 261–395.

Qi, X. P. & X. C. Zhang. 2009a. Taxonomic revision of *Lepisorus* (J. Sm.) Ching sect. *Lepisorus* (Polypodiaceae) from China. Journal of Systematics and Evolution 47(6): 581–598.

Qi, X. P. & X. C. Zhang. 2009b. Additions to the Pteridophytic Flora of Xizang (Tibet). Indian Fern Journal 26: 71–76.

Shing, K. H. & K. Iwatsuki. 1997. On the fern genus *Pyrrosia* Mirbel (Polypodiaceae) in Asia and adjacent Oceania. Journal of Japanese Botany 72: 19–35; 72–88.

Smith, A. R. 1992. A review of the fern genus *Micropolypodium* (Grammitidaceae). Novon 2: 419–425.

Smith, A. R. & X. C. Zhang. 2002. *Caobangia*, a new genus and species of Polypodiaceae from Vietnam. Novon 12(4): 546–550.

Smith, A. R., K. M. Pryer, E. Schuettpelz, P. Korall, H. Schneider & P. G. Wolff. 2006. A classification for extant ferns. Taxon 55: 705–731.

Sunders, R. M. K. & K. Fowler. 1992. A morphological taxonomic revision of *Azolla* Lam. Section *Rhizospermae* (Mey.) Mett. (Azollaxeae). Botanical Journal of the Linnean Society 109: 329–357.

Thapa, N. 2002. Pteridophytes of Nepal. Bull. Dept. of Plant Resources No. 19. Department of Plant Resources, Ministry of Forests & Soil Conservation, Nepal. P. U. Printers, Kathmandu.

Tsai, J. L. (ed.). 1994. Flora of Taiwan, 2nd ed. , vol. 1. Taipei.

Wang, F. G., K. Iwatsuki & F. W. Xing. 2008. A new name of *Bolbitis* from China. American Fern Journal 98(2): 96–97.

Wang, L. , Z. Q. Wu, Q. P. Xiang, J. Heinrichs, H. Schneider & X. C. Zhang. 2010. A molecular phylogeny and a revised classification of tribe Lepisoreae (Polypodiaceae) based on an analysis of four plastid DNA regions. Botanical Journal of the Linnean Society, 162: 28–33.

Wu, S. G. , J. Y. Xiang & P. K. Loc. 2006. Some new records of ferns from Vietnam (2). Acta Botanica Yunnanica 28 (1): 17–18.

Yan, Y. H., C. N. Ng & F. W. Xing. 2006. Additions to fern flora of Hong Kong, China. Guihaia 26(1): 5–7.

Zhang, G. M. & X. C. Zhang. 2003. Taxonomic revision of the genus *Cryptogramma* R. Br. from China. Acta Phytotaxonomica Sinica 41(5): 475–482.

Zhang, X. C. & H. P. Nooteboom. 1998. A taxonomic revision of *Plagiogyriaceae* (Pteridophyta). Blumea 43: 401–469.

Zhang, X. C. 2003. New combinations in *Haplopteris* (Pteridophyta: Vittariaceae). Annuls Botanica Fennici 40: 459–461.

Zhang, X. C. 2004. Miscellaneous notes on pteridophytes from China and neighboring regions (IV)—Validation of some combinations in *Diplopterygium* (Pteridophyta: Gleicheniaceae). Novon 14: 149–151.

Zhang, X. C. & H. M. Liu. 2004. Miscellaneous notes on pteridophytes from China and neighbouring regions (III)—The onocleoid ferns, *Pentarhizidium* Hayata and *Matteuccia* (L.) Todaro. In P. C. SRIVASTAVA (ed.), Vistas in Palaeobotany and Plant Morphology: Evolutionary and Environmental Perspectives, 361–366. U. P. Offset, Lucknow, India.

Zhang, X. C., Z. H. Shen & S. Y. Dong. 2004. Additions to the pteridophyte flora of Xizang (II). Bulletin of Botanical Research 24(3): 274–277.

Zhang, X. C., Q. P. Xiang & H. P. Nooteboom. 2005. A new species of *Selaginella* from Hainan Island, China, with a key to the Hainan species. Botanical Journal of the Linnean Society 148: 323–327.

Zhang, X. C., S. Y. Dong, G. M. Zhang & H. M. Liu. 2006. *Asplenium ritoense* Hayata (Aspleniaceae), new to Hainan Island. Bulletin of Botanical Research 26(2): 136–137.

Zhang, X. C., 2008. Miscellaneous notes on Pteridophytes from China and neighbouring regions. In: S. C. Verma, S. P. Khullar & H. K. Cheema (eds.): Perspectives in Pteridology. pp. 29–33.

Zhang, X. C. & al. 2008. On the fern genus *Athyrium* Roth of Korean Peninsula and Cheju Island. Indian Fern Journal 25: 152–166.

Zhang, X. C. & al. 2008. On the fern genus *Dryopteris* Adans of Korean Peninsula and Cheju Island. Indian Fern Journal 25: 121–149.

Zhang, X. C., L. Wang & X. P. Qi. 2008. Additions to the pteridophyte flora of Xizang (IV). Newsletter of Himalayan Botany No. 41: 15–21.

Zou, X. M. & W. H. Wagner. 1988. A preliminary review of *Botrychium* in China. American Fern Journal 78(4): 122–135.

常缨, 强胜. 2004. 江苏省蕨类植物分布新记录. 植物研究 24(3): 271–271.

陈少风, 谢庆红, 程景福. 1997. 江西蕨类植物新记录. 植物研究 17(1): 56–57.

成晓, 武素功, 陆树刚. 2005. 云南植物志（第二十一卷）. 北京: 科学出版社.

成晓, 焦瑜. 2007. 中国云南野生蕨类植物彩色图鉴. 云南科技出版社.

程景福, 吴兆洪, 林尤兴, 邢公侠, 裘佩熹, 王铸豪, 徐声修. 1993. 江西植物志（第一卷）, 蕨类植物门.
    南昌: 江西科学出版社.

代朝霞, 苟光前. 2006. 贵州蕨类植物新记录. 植物研究26(4): 337–338.

邓莉兰. 1996. 云南凤尾蕨属一新种. 植物研究16(4): 423–425.

邓晰朝. 2006. 广西蕨类植物分布新记录. 广西植物26(4): 349–351.

邓云飞. 2003. 中国铁角蕨属（铁角蕨科）一新名称. 广西植物 23(5): 424.

董仕勇, 陆树刚. 2001. 云南产轴鳞蕨属（三叉蕨科）植物的分类研究. 云南植物研究23(2): 181–187.

董仕勇. 2004. 海南岛蕨类植物的分类、区系地理与保育. 中国科学院研究生博士论文, 中国科学院植
    物研究所.

董仕勇, 陈珍传, 张宪春. 2004. 海南岛蕨类植物新资料. 植物研究24(2): 137–140.

董仕勇, 张宪春. 2004. 海南岛叉蕨科植物的增补与修订. 植物分类学报42(4): 375–379.

董仕勇, 张宪春. 2006. 海南产鳞始蕨属（鳞始蕨科）的分类学修订. 植物分类学报44(3): 258–271.

傅沛云. 1995. 东北植物检索表（第二版）. 北京: 科学出版社.

高卉, 刘保东, 张宪春. 2005. 中国书带蕨科植物的分类和名称变化. 植物研究25(1): 30–33.

苟光前, 王培善. 2005. 贵州蕨类植物资料. 云南植物研究27(2): 144–146.

谷忠村, 陈功锡. 1993. 湖南蕨类植物新资料. 吉首大学学报（自然科学）14(6): 26–28.

郭晓思. 1999. 秦岭蕨类植物补遗. 西北植物学报19(5): 96–102.

何海, 武素功. 1996. 云南复叶耳蕨属的分类修订. 云南植物研究18(1): 56–64.

何海. 1997. 四川复叶耳蕨属的分类订正. 重庆师范学院学报（自然科学版）14(4): 82–87.

何海. 2002. 重庆蕨类植物新记录. 重庆师范学院学报（自然科学版）19(4): 63–67.

何海. 2003. 重庆蕨类植物名录. 重庆师范学院学报（自然科学版）20(1): 39–45.

和兆荣. 2000. 广西莲座蕨属一新种. 云南植物研究22(4): 399–400.

和兆荣. 2000. 云南蕨类植物小志（二）. 云南植物研究22(3): 255–262. .

和兆荣. 2001. 云南瓶尔小草属一新种. 云南植物研究23(1): 43–44.

贺士元, 邢其华, 尹祖棠. 1984. 北京植物志（上册）. 北京: 北京出版社.

江苏省植物研究所编. 1977. 江苏植物志（上册）. 南京: 江苏人民出版社.

蒋道松, 周朴华, 陈德懋. 2000. 神农架蕨类植物二新种. 湖南农业大学学报26(2): 88–99.

蒋日红, 吴磊等. 2010. 广西植物名录补遗(1). 广西师范大学学报. 自然科学版 28 (3): 66–69.

蒋日红, 农东新等. 2011. 广西蕨类植物新记录科—光叶藤蕨科. 广西植物 31(6): 718–720.

蒋日红, 张宪春, 吴磊等. 2011. 中国肋毛蕨属一新记录种—曼氏肋毛蕨. 西北植物学报 31(2): 413–
    416.

蒋日红, 张宪春. 2012. 中国网藤蕨属一新异名. 广西植物 32(2): 146–149.

农东新, 蒋日红等. 2012. 广西蕨类植物新记录属—白桫椤属. 广西植物 32(1): 12–14.

蒋木青, 陈仁钧, 卢心固. 1985. 安徽植物志（第一卷）. 合肥: 安徽科学技术出版社.

金水虎, 王祖良, 丁炳杨. 2003. 浙江蕨类植物分布新记录—荚囊蕨属. 浙江林学院学报20(2): 224–225.

孔宪需, 朱维明, 谢寅堂, 和兆荣, 张丽兵. 2001. 中国植物志5(2). 北京: 科学出版社.

李保贵. 1996. 西双版纳蕨类植物区系资料（1）. 云南植物研究18(1): 65–66.

李保贵. 2003. 广西蕨类植物新资料. 广西植物23(6): 539–540.

李建秀, 李法曾, 陈秀梅. 1990. 山东植物志（上卷）. 青岛: 青岛出版社.

李建宗, 陈三茂, 刘炳荣, 胡光万, 张灿明. 2004. 湖南植物志（第一卷）. 长沙: 湖南科学技术出版社.

李书心, 王建中. 1985. 辽宁植物志（上册）. 沈阳: 辽宁科学技术出版社.

李添进, 周锦超, 吴兆洪. 2003. 香港植物志（蕨类植物门）. 香港: 嘉道理家场暨植物园.

李新国, 吴世福, 夏志华. 2006. 湖南省线蕨属（Colysis）植物分布新记录. 上海师范大学学报35(2): 71–74.

林来官, 张清其, 黄友儒. 1991. 福建植物志（第一卷）, 蕨类植物门. 福州: 福建科学技术出版社.

林尤兴, 张宪春, 石雷, 陆树刚. 2000. 中国植物志6(2). 北京: 科学出版社.

林尤兴, 张宪春等. 2008. 中国高等植物（第二卷）（傅立国等主编）. 青岛: 青岛出版社.

刘炳荣, 严岳鸿. 2006. 湖南蕨类植物区系新资料. 植物研究 26(1): 25–28.

刘全儒, 明冠华, 葛源, 张宪春. 2008. 中国瓦韦属薄叶组的分类学修订. 植物分类学报 46: 906–915.

刘松柏, 李建强, 王映明, 王恒昌, 李晓东. 2002. 湖北鳞毛蕨属植物分布新记录. 武汉植物学研究 20(6): 425–426.

刘晰朝. 2006. 广西蕨类植物分布新记录. 广西植物 26(4): 349–351.

刘晓铃, 谢树莲. 2002. 山西省蕨类植物三个新记录. 山西大学学报（自然科学版）25(4): 345–346.

陆树刚. 1999. 滇产凤尾蕨属植物小志. 植物分类学报 37(3): 218–226.

陆树刚. 2001. 云南产凤丫蕨属植物（裸子蕨科）的分类订正. 广西植物 21(1): 37–42.

陆树刚. 2005. 云南的复叶耳蕨属（Arachniodes Bl.）植物. 武汉植物学研究 23(3): 239–246.

陆树刚, 李春香. 2005. 中国黑桫椤属植物（桫椤科）一新组合. 云南植物研究 27(1): 39–41.

马德滋, 刘惠兰. 1986. 宁夏植物志（第一卷）. 银川: 宁夏人民出版社.

梅丽娟. 1997. 蕨类植物, 青海植物志（第一卷）. 西宁: 青海人民出版社.

齐新萍, 张宪春, 卫然. 2010. 中国瓦韦属革质叶组的分类学修订. 云南植物研究 增刊17: 55–64.

秦仁昌, 傅书遐, 王铸豪, 邢公侠. 1959. 中国植物志（第二卷）. 北京: 科学出版社.

秦仁昌, 徐养鹏. 1974. 秦岭植物志（第二卷）. 北京: 科学出版社.

秦仁昌, 武素功等. 1983. 西藏植物志（第一卷）（吴征镒主编）. 北京: 科学出版社.

秦仁昌, 邢公侠, 林尤兴, 吴兆洪, 武素功. 1990. 中国植物志3(1). 北京: 科学出版社.

秦仁昌. 2011. 中国蕨类植物图谱. 北京大学出版社.

石雷. 1999. 中国及邻近地区水龙骨科星蕨亚科植物的分类. 中国科学院研究生博士论文, 中国科学院植物研究所.

苏美灵. 1995. 香港新记载的三种蕨类植物. 云南植物研究 17(2): 231–232.

王伯荪. 1961. 广东蕨类植物补志. 中山大学学报 1961(2): 41–52.

王发国, 刘东明, 严岳鸿, 叶育石, 邢福武. 2005. 广东蕨类植物分布新记录. 西北植物学报 25(11): 2307–2309.

王发国, 严岳鸿, 秦新生, 邢福武. 2005. 海南实蕨科植物分布新资料. 华南农业大学学报 26(3): 82–83.

王玛丽, 徐皓, 郑玲. 2006. 新蹄盖蕨——一个细齿角蕨的不必要组合. 西北植物学报 26(3): 606–609.

王玛丽, 徐皓, 郑玲. 2006. 直立介蕨是假蹄盖蕨属的成员. 植物分类学报 44(2): 204–210.

王培善, 王筱英. 2001. 贵州蕨类植物志. 贵阳: 贵州科技出版社.

吴庆如, 白学良. 1998. 内蒙古植物志（第二版）第一卷. 呼和浩特: 内蒙古人民出版社.

吴世福. 1993. 湖南黔蕨属一新种. 云南植物研究 15(3): 255–256.

吴兆洪, 秦仁昌. 1991. 中国蕨类植物科属志. 北京: 科学出版社.

吴兆洪. 1999. 中国植物志4(2). 北京: 科学出版社.

吴兆洪, 王铸豪. 1999. 中国植物志6(1). 北京: 科学出版社.

武素功, 谢寅堂, 陆树刚. 2000. 中国植物志5(1). 北京: 科学出版社.

谢寅堂, 武素功, 陆树刚. 2001. 中国植物志5(2). 北京: 科学出版社.

邢公侠, 林尤兴, 裘佩熹, 姚关琥. 1999. 中国植物志4(1). 北京: 科学出版社.

徐兴友, 王同坤, 孟宪东, 王建中, 王华芳. 2003. 河北省蕨类植物分布新记录. 河北职业技术师范学院学报 17(2): 20.

严岳鸿, 秦新生, 邢福武, 陈红锋, 黄忠良. 2004. 海南蕨类植物新记录. 热带亚热带植物学报 12(4): 371–373.

严岳鸿, 王发国, 邢福武. 2005. 蕨类植物门. 澳门植物（第一卷）. 广州: 中国科学院华南植物园; 澳门: 澳门特别行政区民政总署.

严岳鸿, 马其侠, 邢福武. 2007. 广东蕨类植物新资料. 植物研究 27(1): 1–7.

严岳鸿, 秦新生, 王发国, 张荣京, 邢福武. 2006. 海南蕨类植物新记录(II). 华南农业大学学报 27(4): 62–63.

严岳鸿, 陈红锋, 韦强, 陈炳辉, 邢福武. 2003. 广州蕨类植物增补. 热带亚热带植物学报 11(1): 59–63.

杨冬梅. 2011. 中国凤尾蕨属（凤尾蕨科）的系统分类学研究. 中国科学院研究生博士论文, 中国科学院华南植物园.

张荣京, 王发国, 邢福武, 严岳鸿. 2006. 广州蕨类植物增补(续). 西北植物学报 26 (9): 1935–1937.

刘炳荣, 严岳鸿. 2006. 湖南蕨类植物区系新资料. 植物研究 26(1): 25–28.

刘炳荣, 严岳鸿. 2007. 湖南蕨类植物区系新资料(II). 植物研究 27(1): 16–19.

王发国, 严岳鸿, 秦新生, 邢福武. 2005. 海南实蕨科植物分布新资料. 华南农业大学学报 26(3): 82–83.

王发国, 刘东明, 严岳鸿, 叶育石, 邢福武. 2005. 广东蕨类植物分布新记录. 西北植物学报 25 (11): 2307–2309.

许为斌, 梁永延, 张宪春, 刘演. 2008. 水龙骨科一新记录属 — 高平蕨属. 植物分类学报 46: 916–918.

杨昌永. 1992. 新疆植物志（第一卷）. 乌鲁木齐: 新疆科技卫生出版社.

叶育石, 王发国, 曾飞燕, 叶华谷. 2004. 广东植物增补. 热带亚热带植物学报 12(6): 577–579.

于顺利. 1994. 瓦韦属植物的分类学研究. 中国科学院研究生硕士论文, 中国科学院植物研究所.

于顺利, 林尤兴. 1996. 中国产瓦韦属植物的分类学研究. 植物研究 16(1): 3–31.

曾汉元, 丁炳扬. 2005. 湖南蕨类植物新记录. 植物研究 25(1): 14–17.

曾宪锋. 2000. 河北分布新记录植物. 河北师范大学学报（自然科学版）24(1): 117–118.

张朝芳. 1993. 浙江植物志（第一卷）. 杭州: 浙江植物志编辑委员会.

张钢民. 2003. 中国碎米蕨类及其相关类群的系统学研究. 中国科学院研究生博士论文, 中国科学院植物研究所.

张钢民, 张宪春. 2003. 薄鳞蕨属的分类研究. 植物分类学报 41(2): 187–196.

张光飞. 2001. 云南蕨类植物区系新记录. 云南大学学报 24(1): 73–74.

张光飞, 翟书华, 苏文华. 2004. 云南紫萁科 (Osmundaceae) 植物的分类研究. 昆明师范高等专科学校学报 26(4): 59–62.

张宪春. 1991. 国产蹄盖蕨属软刺蹄盖蕨组植物的研究. 植物研究 11(3): 1–15.

张宪春. 1992. 云南蹄盖蕨亚属植物的分类. 植物分类学报 30(3): 245–255.

张宪春. 1996. 中国蹄盖蕨属轴果蹄盖蕨系的研究. 植物分类学报 34(2): 180–193.

张宪春, 刘全儒, 徐静. 2003. 宽带蕨属（水龙骨科）的系统学研究. 植物分类学报 41(5): 401–415.

张宪春, 张丽兵. 2004. 中国植物志6(3). 北京: 科学出版社.

张宪春. 2008. 中国蕨类植物志中两色鳞毛蕨学名的纠正. 植物研究 28 (1): 5–6.

周厚高, 朱维明. 1993. 广西蓧蕨属一新种. 植物分类学报 31(3): 291–293.

周厚高, 黎桦, 黄玉源. 1996. 广西石灰岩地区蕨类新植物. 广西植物 16(3): 203–208.

周厚高, 黎桦. 1997. 广西蕨类植物新资料(1). 贵州科学 15(3): 229–235.

周厚高, 黎桦. 1997. 广西蕨类植物新资料(2). 贵州科学 15(4): 258–263.

周厚高. 2000. 广西蕨类植物概览. 北京: 气象出版社.

朱长山, 高致明, 徐豫文, 田朝阳, 李春凤. 2005. 《河南植物志》鳞毛蕨科增补与订正. 河南农业大学学报39(3): 326–329.

朱维明, 周厚高. 1994. 海南岛及中国蕨类植物分布新记录. 云南植物研究 16(2): 123–130.

朱维明, 王中仁, 张宪春, 和兆荣, 谢寅堂. 1999. 中国植物志3(2). 北京: 科学出版社.

朱维明, 和兆荣. 2000. 云南蕨类植物小志（二）. 云南植物研究22(3): 255–262.

朱维明, 张光飞, 陆树刚, 和兆荣. 2006. 云南植物志（第二十卷）. 北京: 科学出版社.

本书中发表的新组合和新名称
New names and combinations appearing in this book

中国省区直辖市地名对照表
Provinces, autonomous regions, and municipalities of China

以前before		现在 present		缩写 abbreviation*
1. 黑龙江	Heilungkiang	1. 黑龙江	Heilongjiang	HL
2. 吉林	Kirin	2. 吉林	Jilin	JL
3. 辽宁	Liaoning	3. 辽宁	Liaoning	LN
4. 内蒙古	Inner Mongolia	4. 内蒙古	Nei Mongol	NM
5. 河北	Hopei	5. 河北	Hebei	HeB
		6. 北京	Beijing	BJ
		7. 天津	Tianjin	TJ
6. 山西	Shansi	8. 山西	Shanxi	ShX
7. 山东	Shantung	9. 山东	Shandong	SD
8. 河南	Honan	10. 河南	Henan	HeN
9. 陕西	Shensi	11. 陕西	Shaanxi	SaX
10. 宁夏	Ningsia	12. 宁夏	Ningxia	NX
11. 甘肃	Kansu	13. 甘肃	Gansu	GS
12. 青海	Kokonor	14. 青海	Qinghai	QH
13. 新疆	Shinkiang	15. 新疆	Xinjiang	XJ
14. 安徽	Anwhei	16. 安徽	Anhui	AH
15. 江苏	Kiangsu	17. 江苏	Jiangsu	JS
		18. 上海	Shanghai	SH
16. 浙江	Chekiang	19. 浙江	Zhejiang	ZJ
17. 江西	Kiangsi	20. 江西	Jiangxi	JX
18. 湖南	Hunan	21. 湖南	Hunan	HuN
19. 湖北	Hupeh	22. 湖北	Hubei	HuB
20. 四川	Szechuan	23. 四川	Sichuan	SC
		24. 重庆	Chongqing	CQ
21. 贵州	Kweichou	25. 贵州	Guizhou	GZ
22. 福建	Fukien	26. 福建	Fujian	FJ
23. 台湾	Taiwan	27. 台湾	Taiwan	TW
24. 广东	Kwangtong	28. 广东	Guangdong	GD
25. 广西	Kwangsi	29. 广西	Guangxi	GX
26. 云南	Yunnan	30. 云南	Yunnan	YN
27. 西藏	Tibet	31. 西藏	Xizang	XZ
28. 海南岛	Hainan	32. 海南	Hainan	HaN
29. 香港	Hong Kong	33. 香港	Hong Kong	HK
30. 澳门	Macao	34. 澳门	Macao	MC

* 本书中地理分布部分采用的缩写格式。

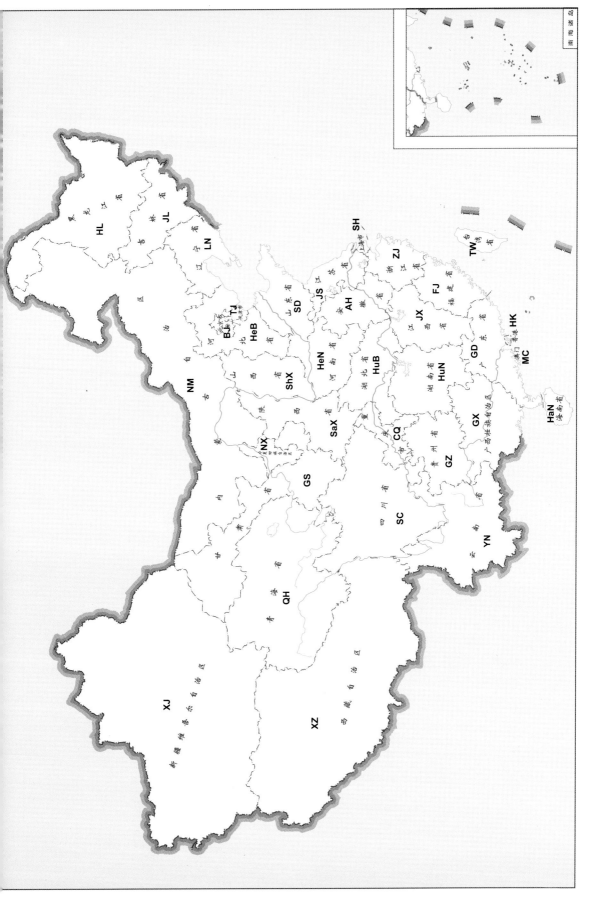

中文名索引
Index to Chinese Name

拉丁名索引
Index to Latin Name

B

致 谢

以下人员提供了部分照片（按拼音排序）：陈彬、陈文俐、陈珍传、David Boufford、丁炳扬、董仕勇、方震东、蒋日红、和光、何丽娟、和兆荣、高信芬、Kirill Tachenko、李保贵、李策宏、李东、李中阳、刘保东、刘冰、刘红梅、陆树刚、齐新萍、Ralf Knapp、Ronald Viane、石雷、税玉民、宿秀江、王丽、王晓楠、卫然、魏雪苹、向建英、邢功侠、徐克学、许天铨、严岳鸿、于胜祥、张代贵、张钢民等。感谢张钢民博士对碎米蕨类，董仕勇博士和严岳鸿博士对三叉蕨类，李中阳对毛蕨类，卫然对双盖蕨类的鉴定提供帮助。感谢孙久琼和魏雪苹协助整理稿件。

本书的主要目的是通过野外彩色照片，展示中国石松类和蕨类植物的多样性，以期为识别这些植物有所裨益，因此在物种的鉴定和划分上力求准确。蕨类分类由于其特征细微，也许有照片被错误鉴定，希望读者能给予指正，以便以适当方式纠正过来。

张宪春 博士，河南南阳人，中国科学院植物研究所系统与进化植物学国家重点实验室研究员，博士生导师，植物标本馆馆长。长期在野外考察研究蕨类，取得了大量标本资料，曾到欧美和亚洲主要植物标本馆查阅模式标本，已经指导了数名从事蕨类植物分类学研究的博士和硕士研究生。参加了《马来西亚植物志》、《韩国植物志》和《中国植物志》中英文版的编研。2008年荣获印度蕨类学会 S. S. Bir 院士蕨类研究突出贡献奖。目前兼任国际植物命名委员会委员，国际植物分类学会理事，国际蕨类植物学家协会理事，印度蕨类协会名誉会员，中国花卉协会蕨类植物分会主任，中国野生植物保护协会蕨类保育委员会主任，《印度蕨类》杂志顾问，《植物分类学报》副主编，《植物分类与植物资源学报》编委，《植物学报》编委，《广西植物》编委，《中国植物志》中英文版编委，《泛喜马拉雅植物志》副主编，喜马拉雅植物学会会员。